Zamyat M. Klein

# 150 kreative
# Webinar-Methoden

**Kreative und lebendige Tools und Tipps**

**für Ihre Live-Online-Trainings**

managerSeminare Verlags GmbH – Edition Training aktuell

Zamyat M. Klein
**150 kreative Webinar-Methoden**
Kreative und lebendige Tools und Tipps für Ihre Live-Online-Trainings

© 2015 managerSeminare Verlags GmbH
2. Aufl. 2019
Endenicher Str. 41, D-53115 Bonn
Tel: 0228-977910, Fax: 0228-9779199
info@managerseminare.de
www.managerseminare.de/shop

Printed in Germany

ISBN: 978-3-95891-005-8

Herausgeber der Edition Training aktuell:
Ralf Muskatewitz, Jürgen Graf, Nicole Bußmann

Lektorat: Ralf Muskatewitz
Cover: Depositphotos_19966329_©maxkabakov
Bilddateien Inhalt: Zamyat M. Klein
Druck: Kösel GmbH und Co. KG, Krugzell

# Inhalt

**Kapitel I** – 150 kreative Webinar-Methoden

**Kapitel II** – 10 Profi-Tipps für erfolgreiche Webinare

## Kapitel III – 5 kreative Webinar-Beispiele

# Vorwort

Als ich zum ersten Mal Online-Seminare kennenlernte, fanden diese ausschließlich in einem Forum statt. Schriftlich und asynchron, das heißt, jeder konnte mit Skripts an den Aufgaben und Übungen arbeiten, wann und wie er wollte. Die Trainerin beantwortete die Beiträge und es entstand ein schriftlicher Austausch.

Später erlebte ich dann als Ergänzung zu asynchronen Online-Seminaren die Telefonkonferenzen. Da konnten die Teilnehmer miteinander sprechen und sich auf diese Weise kennenlernen und miteinander arbeiten.

Und schließlich tauchten dann sogenannte Webinare auf. Dort wurden üblicherweise PowerPoint-Vorträge gehalten. Zuerst lehnte ich dieses Format komplett ab, da ich in meiner über 30-jährigen Trainerkarriere nie ein Freund von Folienschlachten war, weil das meinem Verständnis von ganzheitlichem und kreativem Lehren und Lernen widerspricht.

Doch so nach und nach bekam ich eine Ahnung davon, dass auch Webinare nicht reine Vorträge sein müssen, sondern viele verschiedene Möglichkeiten des Miteinander-Arbeitens beinhalten. Das erfuhr ich einerseits durch positive Beispiele anderer Kolleginnen, die schon sehr früh damit experimentierten und vor allem später durch eigenes Ausprobieren.

Zuerst baute ich Webinare als Ergänzung zu meinen Online-Seminaren der OAZE-Online-Akademie ein. Hier konnte ich sehr frei experimentieren und auch ungewöhnliche Methoden ausprobieren, da wir uns ja alle schon gut aus der Arbeit im Forum kannten und eine geschlossene Gruppe waren.

Nicht lange danach bot ich auch offene Webinare an. Zunächst kostenlos, damit die Teilnehmer mich und meine Arbeit kennenlernen konnten. So führte ich 2013 die Webinar-Reihe „Trainer-Tipps im Web" durch, wo ich jeweils zu einem thematischen Schwerpunkt kreative Methoden für Online- und Präsenzseminare anbot. Ich stellte auch Methoden für Präsenzseminare vor, um damit auch Trainer abzuholen, die bislang gegenüber Online-Seminaren skeptisch waren.

Schließlich bekam ich den Auftrag von einer Akademie, verschiedene Webinar-Schulungen für ihre Trainer zu halten, sodass ich nun auch bezahlte Webinare durchführte. Diese Trainer arbeiteten unter ganz speziellen Bedingungen (sie führten mehrtägige oder sogar mehrwöchige Schulungen durch, die nur per Webinar liefen), sodass ich auch hier noch einmal ganz neue Facetten kennenlernte und neue Schulungsideen erarbeiten musste.

Heutzutage gibt es zahlreiche Spielarten von Webinaren und es werden immer mehr. So führte ich zusammen mit dem Verlag managerSeminare „Autoren-Talks" durch und entdeckte dort ganz neue Möglichkeiten von Lesungen, die das viele Herumreisen ersparen.

In Firmen finden schon lange Meetings und Konferenzen per Webinar statt, ebenso wie Schulungen und Informationsaustausch. Für große Unternehmen mit verschiedenen Standorten bietet es ideale Möglichkeiten, sich schnell und kurzfristig zu treffen, erst recht bei internationalen Kontakten. Andere Konzepte verbinden das bewährte Präsenztraining mit Online-Vor- und -Nachbereitungen, was sehr effizient sein kann. Genauso gut funktionieren Webinare in Verbindung mit der Arbeit in einem Forum. Dort kann ich intensiv über längere Zeit an einem Thema arbeiten und die Teilnehmer sehr intensiv begleiten, ähnlich wie in einem 1:1-Coaching. So kann ich in meiner Online-Trainerausbildung mit jedem Trainer an seinem konkreten Seminarkonzept arbeiten. Daran wäre in einem Präsenzseminar gar nicht zu denken.

Das Webinar als Schulungsformat ist ein Megatrend, der noch in den Kinderschuhen steckt. In diesem Buch stelle ich Methoden für *alle* Formen vor. Für kleine interne Gruppen, die intensiv an einem Thema arbeiten, die parallel dazu vielleicht auch an einem Online-Seminar in einem Forum teilnehmen, für einmalige Webinare von 60 Minuten, für große Webinare mit einigen Hundert Teilnehmern.

Denn in allen Varianten kann man zumindest einige kleine interaktive Elemente einbauen, was ich ausdrücklich empfehle. Es geht darum, die Konzentration, Aufmerksamkeit und Motivation Ihrer Teilnehmer oder Zuhörer so lange wie möglich aufrechtzuerhalten. Probieren Sie fröhlich aus, experimentieren Sie, machen Sie alles – nur keine 60-minütige PowerPoint-Schlacht. Ihre Teilnehmer und Zuhörer werden es Ihnen danken, ebenso wie Ihre Auftraggeber.

Ihre Zamyat M. Klein

# Einleitung

Es geht in diesem Buch um kreative Webinar-Methoden. Hiervon erhalten Sie eine Menge: Insgesamt sind es 150 Vorschläge, jeweils geordnet nach den typischen Phasen eines Webinarablaufs. Bisher beschränkte sich die Literatur auf die technisch-organisatorische Umsetzung von Webinaren. In dieser Sammlung geht es jedoch darum, welche Möglichkeiten Sie als Trainerin oder Webinaranbieter haben, Ihre Inhalte möglichst lebendig und lernfördernd zu transportieren. Wie halte ich möglichst lange die Aufmerksamkeit meiner Teilnehmer aufrecht? Wie beziehe ich sie während des gesamten Webinarprozesses aktiv ins Geschehen ein, wie vertiefe und festige ich Lernstoff und schließlich: Wie bringe ich Spaß ins Geschehen? – Diese Fragen werden Ihnen sehr variantenreich beantwortet, von der Einstiegsphase über die Erarbeitung, Vertiefung und Transfer der Lerninhalte und dem Abschluss Ihres Online-Seminars. Hinzu kommen noch zahlreiche Aufmerksamkeits-, Konzentrations- und Entspannungsübungen, die Sie immer wieder zwischendurch einstreuen können.

Für das bessere Verständnis erhalten Sie kurze und knappe technische, didaktische und methodische Anregungen, die es Ihnen erleichtern werden, sich gut mit dem noch recht jungen Lernformat auseinanderzusetzen. Sie entwickeln rasch ein Gefühl für die zahlreichen Möglichkeiten und können auch bereits natürliche Grenzen einschätzen. Und Sie werden hoffentlich mithilfe einiger ungewöhnlicher Beispiele ermutigt, ruhig selber etwas zu wagen, zu experimentieren und auch mal Ungewöhnliches zuzulassen. Hier gibt es mehr als genug Ansätze, es besser zu machen, als bisher und auch besser, als viele andere.

## Webinare oder Live-Online-Seminare

Treffen wir zunächst eine Unterscheidung. Im Berufverband für Online-Bildung (BVOB) hat man sich intensiv mit der Abgrenzung vom „Live-Online-Seminar" zum „Webinar" auseinandergesetzt.

▶ Als *Webinare* gelten dort preiswerte oder kostenfreie reine Informations- oder Werbeveranstaltungen in Vortragsform. Es können beliebig viele Menschen an ihnen teilnehmen, da sie ohnehin nur zuhören und nicht aktiv beteiligt sind.

▶ Bei *Live-Online-Seminaren* handelt es sich eben um Seminare, in denen Menschen etwas lernen und sich austauschen. Sie sind daher auf höchstens 12 Teilnehmer begrenzt, damit interaktive und kreative Lernformate möglich werden.

Natürlich gibt es wie immer im Leben diverse Mischformen. Und: Sie können auch ein Informations-Webinar lebendig und interaktiv gestalten – was Sie auch immer versuchen sollten, denn nur dann können Sie Menschen für etwas interessieren, auch bei großer Teilnehmerzahl.

**Die Methoden**

Die Beschreibungen der alphabetisch sortierten Methoden folgen einem einheitlichen Muster: Eine kleine Tabelle gibt einen kurzen Überblick über die Charakteristik der Methode. Es schließen sich eine Kurzdarstellung der Methode und das verfolgte Ziel an. Danach erhalten Sie die Verlaufsbeschreibung zusammen mit Variantenvorschlägen, sofern diese sich anbieten. Die Trainer-Hinweise machen Sie auf Besonderheiten der Methode aufmerksam. Wo eine Quelle bekannt ist, wird sie auch benannt. Die Beschreibung endet jeweils mit einer Darstellung, welche Lerntypen von der betreffenden Methode besonders angesprochen werden (V = visuell, A = auditiv, K = kinästhetisch). Unsere fünf Sinne stellen Eingangskanäle dar, über die wir Informationen aufnehmen und lernen. Da hier jeder etwas andere Präferenzen hat, ist es am erfolgreichsten, wenn wir den Methodenmix möglichst so auswählen, dass jeder Lerntyp ausreichend angesprochen wird.

Dort, wo ergänzend zum Buch zusätzliche Inhalte angeboten werden, sind diese mit dem nebenstehenden Icon gekennzeichnet. Die Ressourcen werden in einem geschützten Bereich vorgehalten. Den Link zu den Ressourcen finden Sie in der inneren Umschlagklappe.

Und nun wünsche ich Ihnen viele anregende Momente mit den folgenden 150 kreativen Webinar-Methoden.

# Kapitel I
# 150 kreative Webinar-Methoden

# Methoden zum Einstieg

### Kennenlernen

### Seminarerwartungen

## Kennenlernen

Meiner Überzeugung nach ist die Zeit, die Sie in den Webinar-Einstieg investieren, sehr sinnvoll eingesetzt und notwendig, wenn Sie gut zusammenarbeiten wollen. Mehr noch, Sie sparen Zeit, wenn Sie sich auf einen bewussten und guten Anfang konzentrieren. Der erste Eindruck entscheidet nicht nur im realen Leben, sondern auch in Online-Seminaren. Vielleicht ist er dort sogar noch wichtiger, weil Sie und Ihre Teilnehmer sich ja nicht „live" sehen können. Wenn man online zusammenarbeitet, ist es für die Arbeitsatmosphäre förderlich, wenn die Gruppe erst einmal zusammenkommt und Trainer und Teilnehmer sich **kennenlernen** können. Die Zusammenarbeit ist nicht mehr so anonym.

Für die Teilnehmer ist es interessant zu erfahren, wer vielleicht in der gleichen Branche arbeitet oder, wenn es sich etwa um Trainer handelt, ähnliche Themen anbietet wie sie selbst. Denn dann können sie sich im Anschluss fachlich austauschen und vernetzen.

Als Trainer können Sie durch die Art der Einstiegsmethoden bereits unbewusste Signale setzen: „So wird hier gearbeitet, so gehen wir miteinander um. Es werden interaktive Methoden eingesetzt." Das signalisiert: „Sie können hier nicht Ihre Zeit absitzen, hier geht es kreativ zu. Sie dürfen Spaß beim Lernen haben, weil das Lernen dadurch erfolgreicher wird!"

Selbstverständlich findet auch in Online-Seminaren Gruppendynamik statt, und es ist sinnvoll, diese als Trainer positiv zu steuern. Ermöglichen Sie daher Ihren Teilnehmern, als Gruppe zusammenzufinden und sich gegenseitig zu unterstützen. Sowohl Teilnehmer als auch Trainer sind zu Beginn erst einmal unsicher: Wer ist hier, wie läuft das hier? Nach einer lockeren Einstiegsübung haben sich dann schon manche Unsicherheiten gelegt und man kann ganz anders mit der Arbeit beginnen.

Ein weiterer Effekt: Für Sie als Trainer ist es zu Webinarbeginn interessant, von jedem die Stimme zu hören und sich einen ersten Eindruck von Ihren Teilnehmern zu verschaffen. Wer redet gerne, wem fällt es leicht, wer ist erst einmal zurückhaltender ...?

## Besondere Einstiegsmethoden für Gruppen, die sich bereits kennen

Eine besondere Einstiegssituation entsteht, wenn sich die Teilnehmer untereinander bereits kennen, jedoch der Trainer neu ist. Es gibt modulare Online-Seminare, in denen die Trainer wechseln. In diesen Fällen wollen die Teilnehmer meist keine neuen Vorstellungsrunden, weil sie sich bereits untereinander kennen. Für den Trainer ist die Situation eine andere, er muss in eine neue Gruppe, eine neue Situation hineinfinden.

- Er benötigt Informationen, was die Teilnehmer zum Thema schon wissen, welche Erfahrungen sie damit haben etc.
- Er will ein Gefühl dafür bekommen, wer sehr aktiv ist, wer sich gerne in den Vordergrund stellt, wer eher zurückhaltend ist etc.
- Auch die Teilnehmer müssen sich ja auf einen neuen Trainer einstellen. Durch die Art der Methode kann dieser auch schon indirekt etwas zu seiner Arbeitsweise vermitteln.
- Die Teinehmer können neue Aspekte über sich kennenlernen, die in der bisherigen Zusammenarbeit noch gar nicht sichtbar wurden.
- Es bietet sich die Möglichkeit an, bestehende Strukturen aufzubrechen. Dadurch können Teilnehmer in Kontakt mit anderen kommen, die bisher noch nicht viel miteinander zu tun hatten.
- Gemeinsame Gruppenübungen können dazu beitragen, eine gute Lern- und Arbeitsatmosphäre herzustellen.

In dieser Situation verfolgt die Einstiegsübung andere Ziele als bei einer klassischen Kennenlernübung. Daher ist es wichtig, dass Sie als Trainer bei solchen Einstiegsübungen andere Methoden auswählen als jene, die schon zu Beginn gelaufen sind, und diese auch mit anderen Inhalten füllen. Hilfreich ist es dabei, wenn Sie einen direkten Bezug zum Seminarthema haben, sodass es für die Teilnehmer gar nicht als „Kennenlernen" wahrgenommen wird, auch wenn es für Sie als Trainer diesen positiven „Nebeneffekt" hat.

Geeignete Methoden aus dem Kennenlern-Fundus für diese Art des Einstiegs sind beispielsweise:

- Anfangsbuchstaben
- Flohmarkt
- Netzkarte
- Rasender Reporter
- Vermutungen
- Wahr – unwahr?
- Welche Farbe?

# 3 Gegenstände

| Medien | Whiteboard |
|---|---|
| TN-Aktivität | Einen Zusammenhang herstellen zwischen den Gegen-ständen und der eigenen Person |
| TN-Zahl/Gruppengröße | Bis 12 TN |
| Sozialform | Plenum |
| Webinartyp | Längere Webinar-Reihen oder Schulungen |

Anhand von drei Gegenständen stellen sich die Teilnehmer reihum vor. Sie sollen einfach eine Verbindung herstellen zwischen sich und dem Gegen-stand. Was können sie über sich erzählen, das irgendetwas mit den Ge-genständen zu tun hat? Und sei es, dass sie eben gar nichts damit zu tun haben. Zum Beispiel, dass sie noch nie bei McDonald´s essen waren ...

*Methode*

▶ Etwas mehr voneinander erfahren
▶ Kreative Assoziationen herstellen

*Ziel*

Auf der Folie sind drei beliebige Gegenstände abgebildet. Sie bitten die Teilnehmer, sich reihum vorzustellen und zu erzählen, welche Verbindung ihnen zwischen den Gegenständen und ihrer Person einfallen.

*Verlauf*

Abb.: Fotos von drei beliebigen Gegenständen

Beispiele zum ersten Bild:

► „Ich war noch nie bei McDonald´s, weil ich eine gesunde Ernährung bevorzuge."

► „Wir haben vor Kurzem einen Kindergeburtstag bei McDonalds´s verbracht."

Zum zweiten Bild

► „Ich liebe bunte Farben und trage daher auch gerne bunte Kleidung."

► „Mein Kind hat ein Stofftier, das es seit Jahren mit sich herumschleppt."

Zum dritten Bild

► „Ich interessiere mich für Kunst."

► „Ich sammele auch allen möglichen Schrott :-)."

*Quelle*    Nach einer Idee von Inga Geisler, *www.ingageisler.de/liveonlinetrainer*

*Lerntypen*    A  Das ausgewählte Bild erläutern und den anderen Teilnehmern zuhören
    V  Bilder sehen und auswählen

# Anfangsbuchstaben

| Medien | Papier, Chat, Audio |
|---|---|
| TN-Aktivität | Kreative Schreibübung, mündlich vorstellen |
| TN-Zahl/Gruppengröße | Bis 12 TN |
| Sozialform | Plenum |
| Webinartyp | Webinar-Reihe oder längere Schulung |

Mit dieser Methode haben die Teilnehmer Gelegenheit, selbst auszuwählen, was sie von sich vorstellen möchten. Gleichzeitig ist ein wenig Kreativität gefragt. Sie müssen also aktiv mitmachen.

*Methode*

▶ Kennenlernen der Teilnehmer untereinander
▶ Training von Kreativität

*Ziel*

Die Teilnehmer sollen aus den Anfangsbuchstaben ihres Namens Worte bilden, die etwas mit ihnen zu tun haben. Es kann auch ruhig etwas Privates sein. Sie stellen am besten vorher die Methode an einem Beispiel vor. Ich nehme dazu meinen eigenen Namen und reale Beispiele aus meinem Leben.

*Verlauf*

### Anfangsbuchstaben

Z  ielstrebig
A  kademie
M  orgenmensch
Y  oga
A  benteuer oder A bendstimmung
T  ürkei

Anschließend soll jeder Teilnehmer erst einmal die Übung für sich auf einem Blatt Papier machen. Sie schweigen in der Zeit, sollten das allerdings vorher ansagen: *„Ich werde jetzt für zwei Minuten nicht sprechen, damit Sie in Ruhe die Übung machen können."*

Wenn alle Teilnehmer fertig sind bzw. die geplante Zeit erreicht ist, stellen sie sich reihum mit dem Namen und den Worten mündlich vor und erläutern diese kurz.

---

*Trainer-Hinweis*

▶ Bitten Sie die Teilnehmer, die fertig sind, ein Häkchen hinter ihren Namen in der Teilnehmerliste zu setzen (oder, wenn es bei den Icons kein Häkchen gibt, Daumen hoch), dann müssen Sie nicht immer nachfragen und damit unterbrechen.

▶ Alternativ können die Teilnehmer die vier, fünf Begriffe in den Chat schreiben, dann können die anderen gleichzeitig lesen, während sie den Erläuterungen zuhören.

▶ Nehmen Sie bei Teilnehmern mit sehr langen Namen den Stress etwas heraus, indem Sie anbieten, dass sie nicht zu jedem Buchstaben etwas schreiben müssen. Vier oder fünf Begriffe reichen völlig.

---

*Lerntypen*

V  Die Teilnehmer lesen und schreiben

A  Die Teilnehmer sprechen und stellen sich vor

# Blick aus dem Fenster

| Medien | Whiteboard |
|---|---|
| TN-Aktivität | Etwas erzählen über ihren Aufenthaltsort |
| TN-Zahl/Gruppengröße | Bis 12 TN |
| Sozialform | Plenum |
| Webinartyp | Alle |

Ein Impuls, bei dem man etwas Persönliches über die Teilnehmer erfährt, nämlich wo sie wohnen oder arbeiten.

*Methode*

▶  In der Gruppe ankommen

*Ziel*

Sie bitten die Teilnehmer kurz zu erzählen, was sie sehen, wenn sie aus dem Fenster schauen. Dazu können sie auf der Folie ein Fenster abbilden, vielleicht auch den tatsächlichen Ausblick aus ihrem Bürofenster, ...

*Verlauf*

**Trainer-Hinweis**

Man erhält durch diese einfache Übung oft erstaunliche Informationen über die Teilnehmer, die man sonst nie erfahren hätte.

**Lerntypen**

A   Erzählen

# Blitzlicht oder Einstiegsrunde

| Medien | Whiteboard/Audio |
|---|---|
| TN-Aktivität | In einer Runde äußert sich jeder zur Fragestellung |
| TN-Zahl/Gruppengröße | Bis 12 TN |
| Sozialform | Plenum |
| Webinartyp | Webinar-Reihen oder längere Schulungen |

*Methode*
Bei meinen Online-Seminaren arbeiten wir hauptsächlich in einem Forum. Begleitend dazu gibt es jede Woche zwei Webinare. Auch wenn wir uns die ganze Woche schriftlich im Online-Forum treffen, ist es hier sinnvoll, im Webinar mit einer Einstiegsrunde zu beginnen. Einerseits, um die Situation und die Stimmung in der Gruppe mitzubekommen, aber auch, um etwas zu aktuellen Themen zu erfahren.

*Ziel*
▶ Zusammenkommen
▶ Themen oder Fragen des Webinars klären

*Verlauf*
Sie bitten jeden Teilnehmer, sich kurz zur Fragestellung zu äußern. Hier einige Beispiele für unterschiedliche Fragestellungen:

1. Tageseinstieg gegen Ende einer längeren Schulung

## Einstiegs-Runde

- Wie geht es mir?
- Welches Gefühl habe ich zum Ende des Online-Seminars?
- Was möchte ich heute noch besprechen/ klären?

2. Ein Ereignis

Text: *„Teile uns ein Ereignis mit, das dich gerade beschäftigt …"*

3. Stand der Arbeit

▶ Wie ging es mir diese Woche mit dem Online-Seminar?
▶ Was habe ich geschafft? Was möchte ich noch bis zum nächsten Modul machen?
▶ Wobei hätte ich gerne noch Unterstützung?
▶ Wie geht es weiter bis zum nächsten Modul? Was habe ich vor, bis dahin zu tun?

Sie können die Teilnehmer vor dem Webinar im Forum oder per E-Mail bitten, ihre Fragen und Themen für das Webinar vorab an Sie zu schicken. Dann geht es bei dem Einstiegsblitzlicht nur noch darum, zu sehen, wie es den Teilnehmern gerade geht und was sie beschäftigt.

*Variante*

▶ Die Fragestellung des dritten Beispiels können Sie natürlich auch bei jedem anderen Seminarthema einsetzen, um zu sehen, wie weit die Teilnehmer mit den Inhalten und Aufgaben des jeweiligen Kurses sind, wo es klemmt, wo sie Unterstützung brauchen.
▶ Daraus können sich dann Patenschaften zwischen den Teilnehmern ergeben, in denen einer dem anderen bei einem Punkt weiterhilft oder Tipps gibt, wie er selbst schon etwas bewältigt hat.

*Trainer-Hinweis*

A   Erzählen und den anderen zuhören

*Lerntypen*

# Blume zeichnen

| Medien | Whiteboard, Zeichenwerkzeuge |
|---|---|
| TN-Aktivität | Auf Witeboard zeichnen, Zeichenwerkzeuge ausprobieren |
| TN-Zahl/Gruppengröße | Bis 12 TN |
| Sozialform | Plenum |
| Webinartyp | Webinar-Reihen oder längere Schulungen |

 *Methode*  Diese Methode stellt eine Herausforderung für viele Teilnehmer dar – und das macht unter anderem ihren Reiz aus. Man kann sie nutzen, um Online-Trainer mit den Zeichenwerkzeugen vertraut zu machen, aber auch als Energizer zwischendurch. Man kann sogar einen thematischen Bezug herstellen. (Beispiel Virtuelle Eröffnungsfeier, S. 404)

 *Ziel*  ▶ Zeichenwerkzeug kennenlernen und ausprobieren
▶ Kreatives Spielen

 *Verlauf*  Auf einer Folie sind entsprechend viele Striche für jeden Teilnehmer vorbereitet.

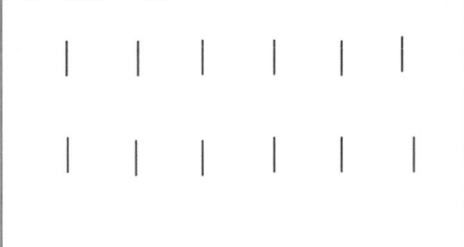 Sie bitten die Teilnehmer, sich jeweils einen Blumenstängel auszuwählen, ihren Namen darunter zu schreiben und dann eine Blume zu zeichnen. Dabei geht es vor allem darum, die Zeichenwerkzeuge auszuprobieren, mit verschiedenen Stiften, Pinselstärken und Farben herumzuexperimentieren.

Zamyat M. Klein: 150 kreative Webinar-Methoden

Die erste Abbildung zeigt die Folie mit
den vorbereiteten Strichen (Blumenstän-
geln) in der Anzahl der Teilnehmer. Die
zweite zeigt die Ausarbeitung.

Sie können natürlich auch etwas ganz anderes zeichnen lassen. Es sollte     *Variante*
nur nicht zu kompliziert sein.

▶ Sie müssen vorher die Zeichenwerkzeuge für Ihre Teilnehmer freischal-     *Trainer-*
ten: bei edudip das Schloss öffnen oder bei Adobe Connect die White-     *Hinweis*
board-Werkzeuge, indem Sie die Teilnehmer zu Moderatoren machen.
▶ Diese Übung kann durchaus auch Widerstände hervorrufen, weil viele
Menschen eine Scheu haben, zu zeichnen („ich kann nicht malen")
und mit einer Maus am PC ist das ja noch viel schwieriger. Gleichzeitig
kann es aber auch die Hemmungen nehmen, denn hier kann niemand
schön zeichnen. Machen Sie es trotzdem. Meist sind nachher alle verblüfft, wie nett und bunt das fertige Bild schließlich aussieht. Vielen
Teilnehmern macht es nach der ersten Verblüffung sogar großen Spaß,
einfach mal wie ein Kind zu zeichnen und die Farben auszuprobieren.

Kennengelernt bei Inga Geisler, *www.ingageisler.de/liveonlinetrainer*     *Quelle*

V   Zeichnen und Bilder sehen     *Lerntypen*
K   Bunte Bilder, Spaß, selbst etwas tun

# Centering

| Medien | Entspannungsbild, Text, evtl. Musik |
|---|---|
| TN-Aktivität | Sich entspannen, die Augen schließen und den Worten lauschen |
| TN-Zahl/Gruppengröße | Beliebig |
| Sozialform | Plenum |
| Webinartyp | Webinar-Reihen oder längere Schulungen |

*Methode*    Das Centering ist eine Methode aus der Suggestopädie, die Teilnehmern hilft, in einem Seminar anzukommen – nicht nur körperlich, sondern auch mental und psychisch. Gerade Webinare finden oft nachmittags oder abends nach einem Arbeitstag statt. Da sind die Teilnehmer erschöpft und können sich nicht mehr so gut konzentrieren.

Diese Methode ist für viele sicher erst einmal ungewohnt. In neuen Gruppen und öffentlichen Webinaren würde ich daher zunächst eine kurze Fassung auswählen. Und vor allem den Teilnehmern vorher erklären, welchen Sinn diese Übung hat. Formulieren Sie es als Einladung, kurz aufzutanken.

Als Begründung, warum solch ein Centering sinnvoll ist, kann man die Indianergeschichte (Folgeseite) vorwegerzählen.

*Ziel*    ▶ Ankommen in einer neuen Situation, auftanken, sich anschließend besser auf das Webinar konzentrieren können

*Verlauf*    Sie stellen eine Folie mit einem schönen Landschaftsbild ein und fordern die Teilnehmer auf, sich bequem hinzusetzen, die Augen zu schließen oder sich das Bild anzuschauen und Ihren Worten zu lauschen. Dann stimmen Sie die Teilnehmer mithilfe der Indianergeschichte auf die Fantasiereise ein.

## Indianergeschichte

Es gab einmal ein großes Bauprojekt in den USA. Dafür wurden sehr viele Arbeiter gebraucht. Es meldeten sich die unterschiedlichsten Leute, darunter auch eine Gruppe von Indianern.
Als nun der erste Arbeitstag kam, trafen alle pünktlich am Treffpunkt ein und wurden dann zur Baustelle gefahren. Sie zogen sich um und fingen zu arbeiten an.

Nur die Indianer setzten sich auf eine Bank und blickten ganz ruhig vor sich hin. Als der Baustellenleiter dies sah, ging er empört auf sie zu: „Was macht ihr hier? Warum arbeitet ihr nicht wie all die anderen?"

Die Indianer sahen zuerst sich, dann den Baustellenleiter etwas verblüfft an. „Meister, unsere Körper sind da, aber unsere Seelen noch nicht."

Nun können Sie den Bogen hin zur Fantasiereise spannen: *„Ja, und dieses Ankommen der Seelen und des Geistes ist eine wichtige Sache – wofür wir uns leider oft nicht die Zeit nehmen ..."* Lesen Sie den Text vor, mit möglichst normaler, ruhiger Stimme.

## Beispiel-Text für ein Centering

Ich lade Sie zu einer kleinen Übung ein, um ganz hier im Webinar anzukommen. Vielleicht ist sie für Sie etwas ungewöhnlich. Sie brauchen nichts zu tun. Sie können einfach meiner Stimme lauschen ... und sich dabei immer mehr entspannen.

Nehmen Sie wahr, wie Sie auf dem Stuhl sitzen ... wie Ihre Füße auf dem Boden stehen ... wie Sie vom Stuhl getragen ... und von der Lehne gehalten ... werden.

Sie können Ihren Atem wahrnehmen ... die Einatmung ... und die Ausatmung ... und mit jedem Atemzug ... können Sie sich tiefer und tiefer entspannen ... und dabei noch einmal vor Ihrem inneren Auge vorbeiziehen lassen ... wie der heutige Tag begann. Wie

Sie aufgestanden sind ... vielleicht noch gefrühstückt haben ... und sich hier eingeloggt haben. Mit welchem Gefühl, mit welchen Gedanken haben Sie sich zugeschaltet?

Und Sie können beginnen ... während Sie im Geiste hier im Webinar ankommen ... sich immer mehr zu entspannen ... Vielleicht sind Sie ganz neugierig auf das, was der Tag Ihnen bringen wird ... während Sie sich weiter entspannen ... Sie fragen sich, wie Sie das, was Sie hier erfahren und lernen, möglichst effektiv und sinnvoll in Ihre Arbeit integrieren können ...

Ich weiß nicht, welche Fähigkeiten Sie am besten nutzen können, um möglichst viel aus diesem Webinar zu ziehen. Aber Sie können durch Ihre Erfahrungen gehen, um diese Fähigkeiten zu finden ...

Sie wundern sich vielleicht, wie einfach es ist, Spaß und Freude gleichzeitig beim Lernen zu erleben und Sie erlauben sich, etwas zu erleben, das vielleicht neu für Sie ist und dass Sie vielleicht so nicht erwartet haben ...

Vielleicht können Sie sich vorstellen, wie es sich anfühlt, voller Energie und Freude Neues zu lernen und anschließend in der Praxis umzusetzen ... Es ist interessant zu erleben, wie Menschen Freude erleben und wachsen, wenn sie ihre Potenziale entdecken und einsetzen ...

Und während Sie sich immer weiter entspannen ... werden Sie gleichzeitig immer wacher und erfrischter ... und Sie können beginnen ... immer mehr hier anzukommen ... in diesem Augenblick ... und wahrnehmen ... wie Ihre Atmung Ihren Körper bewegt ... beim Ein- und Ausatmen ... und wie Sie mit jeder Einatmung ... mehr Wachheit und Frische spüren ... bis Sie wieder ganz hier sind ... die Augen öffnen ... und sich strecken und räkeln ... ruhig auch einmal gähnen ... um wieder ganz da zu sein.

### Nach dem Centering

Nach dem Centering können Sie ein Blitzlicht machen. Entweder auf das Centering bezogen, um zu erfahren, wie es den Teilnehmern damit ging oder ganz allgemein, um in das Seminar einzusteigen und von jedem kurz zu hören, wie es ihm geht.

Beispiel für ein auf das Centering bezogenes Blitzlicht:

**Blitzlicht**

Wie geht es mir jetzt?
– Bitte einen Satz sagen

Wie war das Centering für mich?
▶ entspannend
▶ doof
▶ komisch
▶ nett
▶ weiß nicht

Wenn es technisch möglich ist, können Sie ruhige Entspannungsmusik im Hintergrund laufen lassen. Ich habe mir auch schon damit beholfen, dass ich direkt neben das Laptop einen CD-Player gestellt habe und das Mikro nah an den Lautsprecher gehalten habe. Das ist jedoch etwas umständlich und für mich nicht sehr entspannend, da die Musik relativ laut sein muss, damit die Teilnehmer sie noch hören.

*Trainer-Hinweis*

V    Während des Centerings entstehen innere Bilder
A    Die Teilnehmer hören dem Text und der Musik zu
K    Entspannung, Wohlfühlen

*Lerntypen*

# Flohmarkt

| Medien | Folien, Audio |
|---|---|
| TN-Aktivität | Gegenstand auswählen, Fragen beantworten |
| TN-Zahl/Gruppengröße | Bis 10-12 TN |
| Sozialform | Plenum |
| Webinartyp | Webinar-Reihen oder längere Schulungen |

**Methode**　Statt der üblichen Vorstellungsrunden („Wie heißen Sie", „Was machen Sie", „Woher kommen Sie") wird hier ein Gegenstand als Ausgangspunkt und Assoziationsauslöser genommen. Das macht es etwas lebendiger und erfordert auch schon gleich etwas Kreativität von den Teilnehmern. Die Runde ist durch zwei, drei konkrete Fragen vorstrukturiert und dadurch zeitlich begrenzt.

**Ziel**
▶ Kennenlernen der Teilnehmer und des Trainers auf etwas kreativere Art, bei der man vielleicht auch etwas Persönliches erfährt
▶ Gleichzeitig bekommen Trainer schon einen Einblick, wie leicht oder schwer den Teilnehmern solches kreative Assoziieren fällt

**Verlauf**　Sie zeigen die erste Folie mit verschiedenen Gegenständen und bitten die Teilnehmer, dass sich jeder einen Gegenstand auswählt. Den sollen sie aber noch nicht verraten, weder im Chat noch mündlich. Sie können die Teilnehmer bitten, einen Haken zu setzen, wenn jeder einen Gegenstand ausgewählt hat.

Anschließend präsentieren Sie die Aufgabe auf einer zweiten Folie:

1. Warum habe ich diesen Gegenstand gewählt?
2. Was hat der mit mir zu tun?
3. Was hat er mit dem Webinar-Thema zu tun?

Sie schalten die Teilnehmer nun reihum frei, sodass jeder kurz zu den drei Fragen antworten kann. So hören sich einmal alle Teilnehmer gleich zu Anfang und bekommen einen ersten Eindruck voneinander.

Manchmal erfahren Sie schon bei der Frage 1, aber auf jeden Fall bei Frage 2 ein wenig über den persönlichen Hintergrund des Teilnehmers. Vor allem bei der dritten Frage ist Kreativität gefragt. Sie können sogar einen Wettbewerb ausrufen: *„Wer stellt die verrückteste Verbindung her?"*

---

Im obigen Verlauf wurde die Fragestellung bewusst erst nach der Auswahl der Gegenstände formuliert. Sie können die Frage aber auch schon vorher stellen und die Teilnehmer danach auswählen lassen. Dann werden sicher andere Gegenstände gewählt und es fällt allen leichter, den Bezug zum Thema herzustellen. Diese Variante ist aber nicht mehr ganz so kreativ.

*Variante*

Aufgabe: *„Bitte wählen Sie einen Gegenstand aus, der für Sie mit dem Seminarthema zu tun hat."*

---

V   Foto und Gegenstände sehen

A   Auswahl erläutern, Fragen beantworten

K   Lustige oder ungewöhnliche Requisiten wahrnehmen, einfach drauflos assoziieren, kreativ spinnen

*Lerntypen*

# Ihre Themen

| Medien | Vorbereitete Folie mit Bildern und Tabelle |
|---|---|
| TN-Aktivität | Auf Tabelle schreiben |
| TN-Zahl/Gruppengröße | Bis 12 TN |
| Sozialform | Plenum |
| Webinartyp | Webinar-Reihen oder längere Schulungen |

*Methode*  Bei Trainerschulungen ist es interessant zu wissen, welche Themen die anderen Trainer anbieten. Auch bei anderen Zielgruppen kann es interessant sein, in welchen Bereichen sie arbeiten oder welche Schwerpunkte sie haben. Da es gerade bei Einstiegsmethoden neben dem Kennenlernen auch gleichzeitig immer darum geht, erste Webinar-Tools und Werkzeuge kennenzulernen, ist dies eine weitere Methode, um auch einmal das Textwerkzeug auszuprobieren und zu schreiben.

*Ziel*  ▶ Seminarthemen oder andere berufliche Schwerpunkte kennenlernen
▶ Textwerkzeug kennenlernen und ausprobieren

*Verlauf*  Sie haben eine Folie vorbereitet bzw. bei 12 Teilnehmern zwei Folien, mit zwei Spalten. In der linken Spalte stehen die Namen der Teilnehmer mit Foto (wenn es ein längerer Kurs ist), in der Kopfzeile der rechten Spalte steht „Ihre Seminarthemen" oder „Ihr Arbeitsfeld".

Sie bitten die Teilnehmer nun, ihre Seminarthemen oder ihren Beruf, ihre Branche neben ihren Namen einzutragen.

| Foto und Name | Ihre Themen |
| --- | --- |
| Karl Müller | SAP |
| Ulrike Schmitz | Kommunikation, Personalwesen |
| Werner Bechmann | CAD-Konstruktion |
| Raimund Meier | Gesundheitsökonomie |
| Elfried Windhammer | Projektmanagement |

Sie können die Teilnehmer mündlich erläutern lassen, welche Seminarthemen sie bearbeiten und das dann als Trainer in Stichworten in die Tabelle schreiben. Das geht in der Regel etwas schneller.

*Variante*

V   Auf Whiteboard schreiben
A   Evtl. erläutern

*Lerntypen*

# Landkarte

| Medien | Folie mit Landkarte<br>Pointer oder Pfeile oder Zeichenstift |
|---|---|
| TN-Aktivität | Wohnort markieren |
| TN-Zahl/Gruppengröße | Für kleine und große Gruppen geeignet |
| Sozialform | Plenum |
| Webinartyp | Alle |

**Methode**  Zum Einstieg und zum Kennelernen einer neuen Gruppe ist diese Methode sehr beliebt. Gleichzeitig kann der Trainer damit Teilnehmer, die zum ersten Mal an einem Webinar teilnehmen, in ein oder zwei Whiteboard-Werkzeuge einführen.

**Ziel**  ▶ Einen Überblick bekommen, wo jeder der Teilnehmer wohnt (oder arbeitet)
▶ Die Teilnehmer in die Benutzung eines Pointers oder in den Gebrauch des Stempels einführen

**Verlauf**  Auf der Folie präsentieren Sie eine Landkarte von Deutschland oder Europa und bitten die Teilnehmer, einmal zu zeigen, wo sie wohnen. Je nach Plattform gibt es die Möglichkeit, mit einem beweglichen Pfeil (Pointer) auf den Ort zu zeigen. Das empfiehlt sich aber nur bei kleineren Gruppen und läuft auch nicht besonders stabil. Der Pfeil zittert oft unkontrolliert über die Folie.

Hier eine Beispiel-Landkarte für eine überregio-
nale Darstellung:

Bei Adobe Connect gibt es einen Stempel, bei
dem man einen Pfeil oder einen Stern auswählen kann. Damit können die Teilnehmer ihren
Wohnort markieren, wenn das auch nicht ganz
exakt sein wird. Eventuell überlappen sich mehrere Markierungen. Aber das macht nichts. Dann
sehen die Teilnehmer, wer ganz nah zusammen
wohnt.

Sie können auch mit dem Zeichenstift einen
Punkt setzen lassen.

Im Forum können Sie ein Arbeitsblatt als Word-Datei mit der Landkarte
und daneben leere Fähnchen vorbereiten. Der erste Teilnehmer lädt nun
die Landkarte hoch, beschriftet ein Fähnchen und setzt es auf den entsprechenden Platz auf der Landkarte. Dann speichert er diese neue Fassung
ab. Der zweite Teilnehmer öffnet diese Fassung, ergänzt sein Fähnchen
usw.

*Variante*

Auch hier können sich die Fähnchen überlappen. Als das bei einer meiner
Online-Trainer-Ausbildungen einmal der Fall war, stellten wir fest, dass wir
alle ganz in der Nähe wohnten und trafen uns zum Abendessen in Köln.
Das war natürlich noch netter, als nur ein Fähnchen zu stecken :-).

Wenn möglich, schauen Sie vorher in der Teilnehmerliste, ob Sie vielleicht
auch Teilnehmer aus anderen Ländern dabeihaben. Dann bieten Sie noch
eine zweite Karte an, auf der die entsprechenden Länder gezeigt werden.

*Trainer-*
*Hinweis*

V   Landkarte und Stempel sehen
A   Eventuell erläuternde Worte sagen
K   Mit Pointer zeigen, Fähnchen schieben, Stempel setzen

*Lerntypen*

# Netzkarte

| Medien | Whiteboard |
|---|---|
| TN-Aktivität | In Paaren Gemeinsamkeiten finden, auf Whiteboard schreiben |
| TN-Zahl/Gruppengröße | Bis 12 TN |
| Sozialform | Paare |
| Webinartyp | Webinar-Reihen, längere Schulungen, interne Webinare |

**Methode** Diese Methode ist auch geeignet für Gruppen, die sich schon kennen, beispielsweise bei Mitarbeitern einer Abteilung.

**Ziel**
▶ Vielleicht ganz neue Seiten von Kollegen kennenlernen, mit denen man schon länger zusammenarbeitet oder von anderen Teilnehmern einer Gruppe, die schon länger in einem Kurs zusammen ist
▶ Gemeinsamkeiten finden

**Verlauf** Sie haben Folien mit Namen der Teilnehmer vorbereitet. Es sollten nicht mehr als sechs Namen auf der ganzen Folie verteilt sein.

Die Aufgabe besteht nun darin, dass immer zwei Teilnehmer eine Gemeinsamkeit herausfinden und diese dann auf dem Whiteboard zeigen, indem sie eine Verbindungslinie zwischen ihren beiden Namen ziehen und an die Linie schreiben, was die Gemeinsamkeit ist. Oder ein entsprechendes Bild dazu zeichnen (wie es in der Präsenzvariante vorgesehen ist) oder ein Foto einfügen.

Sie können auch schon die Verbindungslinien zwischen den Namen ziehen und somit vorgeben, wer sich mit wem austauscht.

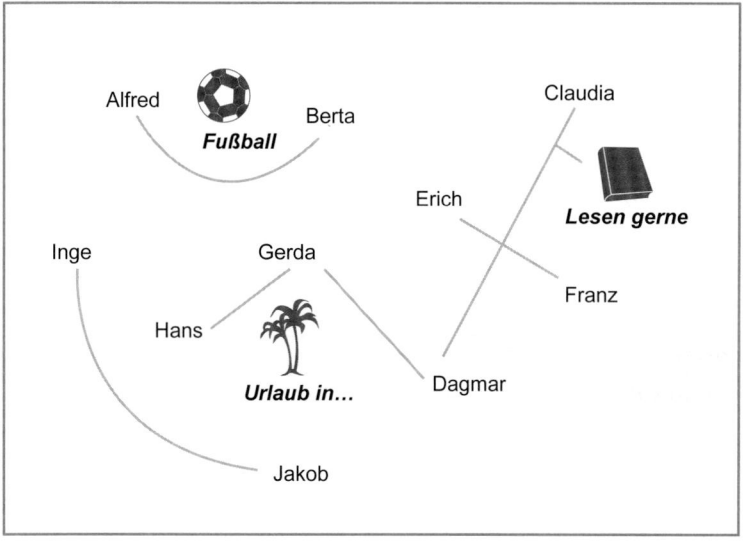

▶ Die Herausforderung ist die Art und Weise, wie sich jeweils die Paare gleichzeitig austauschen. Wenn es einen Privatchat gibt, ist das kein Problem. Wenn es genügend Gruppenräume gibt wie bei Adobe Connect, können die Teilnehmer direkt miteinander sprechen.

▶ Ansonsten, wenn es sich beispielsweise um eine Gruppe handelt, wo sich die Teilnehmer schon länger aus dem Forum kennen, können sie auch einfach kurz miteinander telefonieren.

▶ Wichtig ist, dass Sie als Trainer eine Zeit vorgeben, wann die einzelnen Paare „zurückkommen" und dann eventuell eine zweite neue Paarung vornehmen.

*Trainer-
Hinweis*

Eine Abwandlung der Methode „Netz-Werk" von A. Fährmann aus Axel Rachow (Hrsg.): Spielbar. managerSeminare.

*Quelle*

A   TN tauschen sich miteinander aus
V   TN schreiben und zeichnen ans Whiteboard

*Lerntypen*

# Rasender Reporter

| Medien | Arbeitsblatt |
|---|---|
| TN-Aktivität | Fragebogen ausfüllen |
| TN-Zahl/Gruppengröße | Bis 8 TN |
| Sozialform | Plenum |
| Webinartyp | Webinar-Reihen, längere Schulungen, in Verbindung mit Arbeit in einem Forum |

*Methode*

Der Rasende Reporter ist in Präsenzseminaren eine meiner beliebtesten Einstiegsmethoden. Dort laufen alle durch den Raum und jeweils zwei Teilnehmer stellen sich eine der Fragen, die auf einem Bogen stehen.
In einem Online-Forum kann jeder das Blatt für sich ausfüllen und wieder hochladen. In einem Webinar gibt es nun verschiedene Möglichkeiten, wie Sie diese Methode ähnlich einsetzen können.

*Ziel*

▶ Intensiveres Kennenlernen der Teilnehmer untereinander
▶ Je nach Fragestellung erfahren Sie als Trainer auch schon etwas über das Vorwissen oder Meinungen der Teilnehmer zum Thema

*Verlauf*

**Vorarbeit**

Die Teilnehmer erhalten den Fragebogen vor dem Webinar – jeder füllt ihn für sich aus und schickt ihn wieder an den Trainer (oder lädt ihn während des Webinars hoch oder schaltet seinen Bildschirm frei – je nach Möglichkeiten der Plattform).

**Im Webinar**

Im Webinar wird dann nach und nach jeder Bogen gezeigt, die anderen Teilnehmer lesen die Antworten der anderen.

Das können Sie noch mit verschiedenen Aufgaben und Aktivitäten verbinden:

▶ Jeder Teilnehmer macht sich Notizen, wo er bei den anderen Teilnehmern und sich Gemeinsamkeiten sieht.

▶ Jeder Teilnehmer notiert sich, wozu er gerne etwas nachfragen möchte. Sie eröffnen dann nach jedem Bogen eine kurze Fragerunde, worauf der Befragte dann noch kurz antwortet.

Diese Methode ist natürlich sehr zeitintensiv. Ob das Sinn macht, hängt von der Zeit ab, die die Gruppe weiter zusammenarbeitet, vom Thema und natürlich auch von der Art der Fragen, die ja auch schon mit dem Seminarthema zu tun haben können.

▶ Sie zeigen den Fragebogen auf dem Whiteboard. Die Teilnehmer tragen während des Webinars ihre Antworten ein. Dabei können Sie folgende Vorgabe machen: Jeder sucht sich drei Fragen aus, die er beantwortet.

▶ Sie können die Fragen auch so stellen, dass man nur mit „Ja" oder „Nein" antworten kann. Dann sollen alle Teilnehmer, die auf eine Frage mit „Ja" antworten können, in das Feld ihren Namen eintragen.

*Variante*

**Beispiel**

Für Ja-Nein-Antworten: Bei Ja mit dem Namen unterschreiben.
Der gleiche Bogen kann aber auch dazu genutzt werden, dass jeder ausführlicher auf jede Frage antwortet und Beispiele dazu bringt.

| Lesen Sie gerne Fachliteratur? (Tipp) | Haben Sie im letzten Monat etwas Neues angefangen? | Waren Sie dieses Jahr schon einmal auf einer Fortbildung? | Haben Sie einen Vornamen, der mit R, B oder G anfängt? |
|---|---|---|---|
| Haben Sie schon mal etwas erfunden? | Können Sie andere für etwas begeistern? | Spielen Sie gerne? | Probieren Sie in Seminaren öfter Neues aus? |
| ... | ... | ... | ... |

V   Lesen und schreiben

A   Erläutern, nachfragen

*Lerntypen*

# Teilnehmer-Runde

| Medien | Folie mit Namen und Fotos der TN |
|---|---|
| TN-Aktivität | Sich ein „Bild" voneinander machen |
| TN-Zahl/Gruppengröße | Bis 12 TN |
| Sozialform | Plenum |
| Webinartyp | Prinzipiell für alle, vor allem Webinar-Reihen, längere Schulungen |

*Methode*  Zumindest bei Kursen, wo die Teilnehmer länger miteinander arbeiten, fördert es die Gruppenzusammenführung, wenn sich die Teilnehmer auch über Fotos ein Bild voneinander machen können.

Eine Folie mit den Bildern aller Teilnehmer kann ein Trainer auch im Verlauf bei etlichen anderen Methoden nutzen, etwa wenn er eine Runde anleitet oder bei Lernspielen zur Wiederholung wie die „Perlenkette" (Seite 207). Dabei wird die Reihenfolge klar, in der die Teilnehmer bei der Übung sprechen sollen.

*Ziel*  ▶ Fotos und Namen der Teilnehmer zu Beginn eines Webinars oder Kurses kennenlernen

*Verlauf*  Blenden Sie die Folie mit den Fotos und Namen der Teilnehmer ein. Es ist sinnvoll, wenn sie eine Weile sichtbar ist. Sie können sie eingeblendet lassen, während Sie beispielsweise mit jedem Teilnehmer einen kurzen Soundcheck machen oder sonst irgendwelche formalen Dinge vorab klären.

▶ Für die Darstellung brauchen Sie natürlich vor Beginn des Webinars Fotos Ihrer Teilnehmer.

▶ Je nach Veranstaltung und Plattform können Sie diese entweder selbst von der Plattform herunterladen, wenn die Fotos der angemeldeten Teilnehmer dort erscheinen.

▶ Oder Sie schicken den Teilnehmern ca. eine Woche vor Start des Seminars eine E-Mail mit der Bitte, Ihnen ein Foto im Passbildformat zuzusenden. Es ist sinnvoll, wenn nur der Kopf abgebildet ist, weil man sonst bei der kleinen Bildgröße nichts mehr erkennen kann.

▶ Sie schreiben in die Mitte der Folie „Herzlich willkommen" oder gestalten solch ein Banner wie in meinem Beispiel und fügen dann Fotos und Namen dort ein. Das ist ein bisschen arbeitsintensiv und lohnt sich sicher nur bei Kursen, die Sie über längere Zeit durchführen.

▶ Bei der Arbeit in einem Forum sieht man ohnehin ein Foto neben jedem Beitrag, aber bei reinen Webinaren nur, wenn Sie die Webcams einschalten lassen.

▶ Bei edudip sieht man nur ein Foto, wenn die Teilnehmer für einen Audio-Beitrag freigeschaltet werden oder wenn man vom Chat weg auf die TN-Liste klickt.

*Trainer-Hinweis*

V   Fotos und Namen der Teilnehmer sehen

*Lerntypen*

# Trainer-Vorstellung

| Medien | Whiteboard |
|---|---|
| TN-Aktivität | Zuhören und schauen |
| TN-Zahl/Gruppengröße | Beliebig |
| Sozialform | Plenum |
| Webinartyp | Für alle |

*Methode*　　Bei einem Webinar ist es selbstverständlich, dass sich der Trainer zu Beginn kurz vorstellt, damit die Teilnehmer wissen, mit wem sie es zu tun haben und vor allem auch, warum er für sein Thema qualifiziert ist. Gleichzeitig sollen die Teilnehmer einen Eindruck vom Trainer als Person bekommen.

*Ziel*　　▶　Hintergrund und Kompetenz des Trainers vermitteln

*Verlauf*　　**Visualisieren:** Bereiten Sie eine Folie vor, auf denen die wichtigsten Infos über Sie in Stichworten dargestellt sind. Ob Sie mit einem abfotografierten Flipchart arbeiten oder mit einer schlichten Folie, hängt von Ihrem persönlichen Stil ab. Denn damit zeigen Sie auch schon, in welcher Art Sie trainieren, wie Sie Ihre Folien gestalten. Zeigen Sie sich von der Form her so, wie es zu Ihnen passt.

**Erläutern:** Die einzelnen Stichworte erläutern Sie kurz. Je nach Thema und Gruppe gehen Sie auf einzelne Punkte ausführlicher ein, andere überschlagen Sie, weil es reicht, wenn die Teilnehmer das sehen und lesen. Sie können anschließend den Teilnehmern die Gelegenheit geben, Fragen zu stellen.

## Zwei Beispiele

Im ersten Beispiel habe ich ein Flipchart aus meinen Präsenzseminaren abfotografiert. Wenn ich ein Flipchart extra für ein Webinar herstellen würde, würde ich es natürlich im Querformat gestalten. Den freien Platz habe ich hier für mein Foto genutzt. Wenn Sie – wie ich oft – keine Webcam im Webinar einsetzen, erscheint bei den meisten Webinar-Plattformen ein Foto von Ihnen. Dann brauchen Sie es natürlich nicht noch ein zweites Mal auf eine Folie zu packen.

Das zweite Beispiel zeigt eine Trainer-Vorstellung auf einer gefertigten Folie.

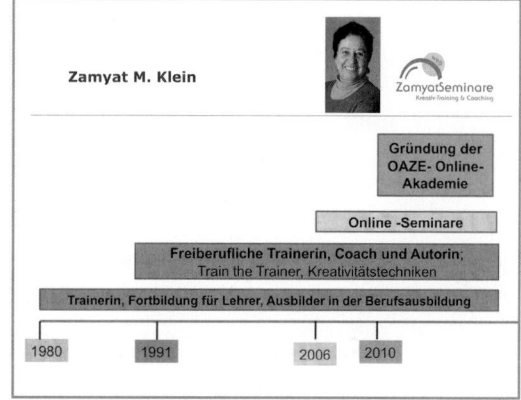

V   Folie schauen
A   Zuhören

*Lerntypen*

# Verbindungslinien

| Medien | Whiteboard |
|---|---|
| TN-Aktivität | Daten merken, Verbindungslinien herstellen |
| TN-Zahl/Gruppengröße | Bis 12 TN |
| Sozialform | Plenum |
| Webinartyp | Prinzipiell für alle, vor allem Webinar-Reihen, längere Schulungen |

*Methode*   Die Methode erinnert optisch an die Netzkarte (Seite 32), die Vorgehensweise ist aber eine andere.

*Ziel*   ▶ Informationen über die anderen Teilnehmer erfahren und sich merken

*Verlauf*   Öffnen Sie ein leeres Whiteboard. Sie beginnen und stellen sich vor. Dazu schreiben Sie auf das Whiteboard Ihren Namen, den Tätigkeitsschwerpunkt und einige Ihrer Hobbys oder irgendeine andere Besonderheit zu Ihrer Person (jeweils in einem eigenen Textfeld).

Anschließend fährt ein Teilnehmer fort, schreibt ebenfalls drei Textfelder über sich. Die Aufgabe aller ist es, genau aufzupassen und sich zu merken, welche Textfelder zu wem gehören.

Wenn sich die Teilnehmer beim nächsten Webinar treffen, wählt sich jeder eine Person aus und verbindet den Namen mit der dazugehörigen Tätigkeit und den Hobbys. Die betreffenden Teilnehmer können das dann natürlich korrigieren, falls es nicht stimmt.

> Zamyat M Klein
> segeln     Türkei
> Trainerin, Couch, Autorin
> Horst Haberstädt
> Haus bauen
> Kommunikationstrainerin
> Gesine Müller   Verkaufstrainer

▶ Alternativ können Sie auch für die Teilnehmer die Textfelder auf dem Whiteboard erstellen.

▶ Die Teilnehmer erläutern noch kurz ihre Stichpunkte oder erzählen Beispiele dazu.

*Variante*

▶ Sie können die Verbindungslinien auf unterschiedliche Art herstellen lassen. Mit geraden Linien, mit Textmarkern oder mit dem Stift. Je nachdem, was Sie mit den Teilnehmern an Werkzeugen gleichzeitig üben möchten.

▶ Sie können es auch ganz freistellen, wie jeder es machen möchte. Hier sehen Sie zwei Beispiele.

*Trainer-Hinweis*

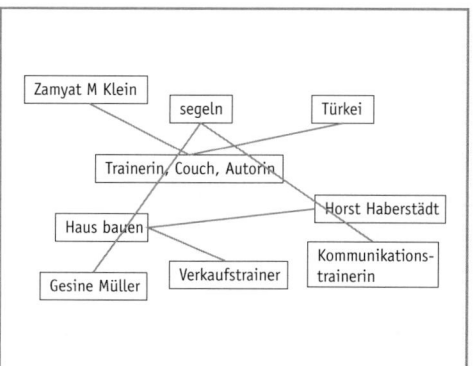
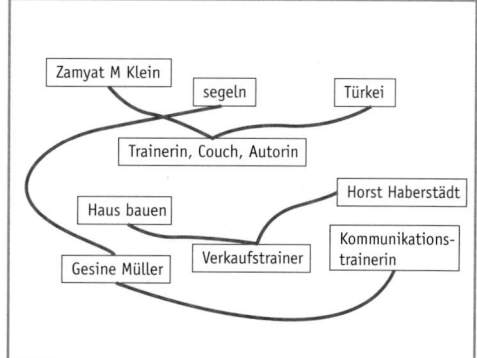

Kennenglernt bei Inga Geisler, *www.ingageisler.de/liveonlinetrainer*

*Quelle*

V   Schreiben, zeichnen
A   Sich austauschen

*Lerntypen*

# Vermutungen äußern

| Medien | Audio |
|---|---|
| TN-Aktivität | Vermutungen äußern und richtig stellen |
| TN-Zahl/Gruppengröße | Bis 12 TN |
| Sozialform | Paare, Plenum |
| Webinartyp | Webinar-Reihen, längere Schulungen, interne Webinare |

**Methode**  Hier lernen sich die Teilnehmer noch etwas anders kennen. Das Spannende ist nicht nur, die Gemeinsamkeiten herauszufinden, sondern auch durch die Vermutungen der anderen mitzubekommen, welchen Eindruck sie von einem selbst haben. Da kann man manche Überraschung erleben.

**Ziel**
- ▶ Sich in andere hineinversetzen und mehr voneinander erfahren
- ▶ Neue Aspekte von den anderen Teilnehmern kennenlernen

**Verlauf**  Sie stellen die Aufgabe, dass jeder eine Gemeinsamkeit mit jeweils einem anderen Teilnehmer herausfinden soll.

In der ersten Runde wählt jeder eine Person aus, zu der er einfach eine Vermutung äußert.

In der zweiten Runde werden jeweils zwei Personen freigeschaltet und tauschen sich darüber aus, ob die Vermutung stimmt oder nicht. Wenn nicht, müssen sie eine wirkliche Gemeinsamkeit finden.

Damit Sie als Trainer wissen, wen Sie jeweils freischalten müssen, notieren Sie am besten jeweils die Paare. Bei 12 TN können das ja bis zu 12 Paare sein, da sich ja nicht immer die gleichen einschätzen. A vermutet was zu B und B vielleicht zu F etc.

*Trainer-
Hinweis*

Kennengelernt bei Anja Röck, *www.arise-coaching.de*

*Quelle*

A   Die Teilnehmer sprechen miteinander
K   Etwas Spielerisches, Ungewöhnliches, es kann lustig werden

*Lerntypen*

# Vier Ecken

| Medien | Whiteboard, Stiftwerkzeug, Textwerkzeug |
|---|---|
| TN-Aktivität | Kreuz zeichnen, Namen schreiben, evtl. Pfeil oder Häkchen setzen |
| TN-Zahl/Gruppengröße | Für kleine und große Gruppen geeignet |
| Sozialform | Plenum |
| Webinartyp | Webinar-Reihen, längere Schulungen, interne Webinare |

**Methode**
Diese Methode ist eine Variante der Methode „Landschaften stellen", die Sie vielleicht aus Präsenzseminaren kennen. Statt sich den Antworten entsprechend im Raum aufzustellen, setzen die Teilnehmer hier Häkchen oder Kreuze.

Da hier alle gleichzeitig antworten und nur ein Kreuz oder Häkchen setzen, kann man mit dieser Methode Zeit sparen, die man mit endlosen Vorstellungsrunden verlieren würde.

**Ziel**
► Etwas über den Hintergrund der Teilnehmer, über ihr Vorwissen oder ihre Erwartungen erfahren

**Verlauf**
Sie zeigen die erste Folie mit vier Ecken (siehe Bild) und stellen Ihre Frage. Beispielsweise: *„Wie lange arbeiten Sie schon als Trainer?"*, *„Wie lange sind Sie Verkäufer?"*

In den vier Ecken stehen vier verschiedene Zeiträume. Die Teilnehmer sollen ein Zeichen in das Feld setzen, das auf sie zutrifft.

Wenn es eine kleinere Gruppe ist, die länger zusammenarbeitet, können die Teilnehmer auch mit dem Textwerkzeug ihre Namen in das Feld schreiben, ansonsten eben ein Häkchen oder ein Kreuz setzen.

Je nach Thema können Sie nach dem Ankreuzen bei bestimmten Fragen nachhaken und die Teilnehmer ergänzen lassen.

**Trainer-Hinweis**

▶ Für jede Frage setzen Sie eine neue Folie ein, die durchaus immer gleich gestaltet sein kann.

▶ Damit etwas Abwechslung hineinkommt, können Sie die Teilnehmer bitten, unterschiedliche Zeichen zu setzen. Bei der ersten Folie können alle ein Kreuz mit dem Stift zeichnen, bei der zweiten Folie ein Häkchen setzen etc. Das hängt natürlich auch von den Tools ab, die auf der jeweiligen Plattform zur Verfügung stehen.

▶ Sie können je nach Seminarthema natürlich ganz unterschiedliche Dinge abfragen: Wie gerne jemanden seinen Job macht, wie viele Mitarbeiter oder Kollegen die Teilnehmer haben, welche Kreativitätstechniken die Teilnehmer schon kennen ...

▶ Bei manchen Fragen gibt es nur Ja- oder Nein-Antworten: *„Wer kennt Mind Mapping?"* Entsprechend gestalten Sie dann nur zwei Felder.

**Beispiele (Abb.)**

▶ Ich arbeite in meinem Unternehmen seit ...

▶ Wie viel Prozent Ihrer Arbeit verbringen Sie mit Besprechungen?

▶ Zu meinen Teilnehmern (Mitarbeitern, Kollegen) habe ich ...

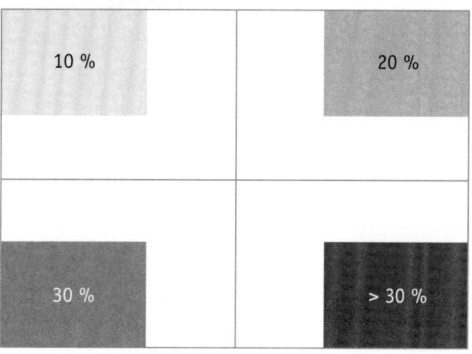

Kennengelernt bei Inga Geisler, *www.ingageisler.de/liveonlinetrainer*     *Quelle*

V   Folie, Kreuzchen oder Häkchen setzen     *Lerntypen*
K   Mini-Aktion

# Vorstellung mit eigener Folie

| Medien | Whiteboard |
|---|---|
| TN-Aktivität | Folie und Vorstellung vorbereiten |
| TN-Zahl/Gruppengröße | Bis 12 TN |
| Sozialform | Plenum |
| Webinartyp | Webinar-Reihen, längere Schulungen, interne Webinare |

**Methode**  Diese Vorstellungsmethode ist eher für eine längerfristige Schulung geeignet, weniger für einmalige Webinare.

**Ziel**
- ▶ Kennenlernen
- ▶ Mini-Präsentation üben

**Verlauf**  Sie fordern die Teilnehmer vor dem Webinar auf, eine Folie zur eigenen Vorstellung vorzubereiten. Wie sie die Folie gestalten, bleibt den Teilnehmern selbst überlassen.

Bei einer längeren Schulung ist es sinnvoll, wenn jeder für die eigene Vorstellung selbst eine Folie erstellt. Diese wird dann vorher an Sie geschickt. Sie schalten sie dann während des Webinars frei. Jeder Teilnehmer stellt sich mit seiner Folie vor, die anderen können nachfragen. Alle lernen von den Präsentationsideen der anderen.

Wenn es gleichzeitig darum geht, die Art der Präsentation anschließend zu reflektieren, können Sie dazu bestimmte Stichworte vorgeben. Hier einige Beispiele. Sie können natürlich ganz andere Fragen vorgeben oder es auch ganz offen lassen.

Zamyat M. Klein: 150 kreative Webinar-Methoden

▶ Feedback zum Layout
  • Was fiel auf? Was fanden Sie gut, was weniger?
▶ Feeback zum Inhalt
  • Beim wem hatten Sie den Eindruck, etwas mehr von ihm kennenge-
    lernt zu haben?
  • Mit wem haben Sie Gemeinsamkeiten gefunden?
▶ Feedback zur Präsentation
  • Welche Präsentation fanden Sie interessant, spannend?
  • Was fanden Sie daran gelungen? Was hat Ihnen besonders daran
    gefallen?

Abschließend können Sie noch einige Hinweise geben. Natürlich möglichst
konstruktiv mit Hinweisen, was Ihnen bei jeder Präsentation gut gefallen
hat und wertschätzend mit konkreten Hinweisen, was man noch verbes-
sern könnte.

---

V   Folie gestalten                                    *Lerntypen*
A   Vorstellung und Präsentation, Auswertung

# Wahr – unwahr

| Medien | Folie oder Whiteboard, Audio |
| --- | --- |
| TN-Aktivität | 3 Behauptungen über sich nennen, ankreuzen |
| TN-Zahl/Gruppengröße | Bis 12 TN |
| Sozialform | Plenum |
| Webinartyp | Webinar-Reihen, längere Schulungen, interne Webinare |

*Methode*  Eine spannende Vorstellrunde für Gruppen, die schon länger zusammenarbeiten.

*Ziel*
- ▶ Neues voneinander erfahren
- ▶ Die anderen einschätzen und mitbekommen, wie andere einen einschätzen

*Verlauf*  Den Einstieg zu dieser Methode können Sie variieren.

### Variante 1

Die Teilnehmer bekommen schon vor dem Webinar die Aufgabe, eine Folie vorzubereiten, auf der sie drei Aussagen zu ihrer Person darstellen, durch Bilder und Worte. Eine Aussage stimmt, zwei sind falsch.

### Variante 2

Die Teilnehmer bekommen während des Webinars einen Moment Zeit, sich drei Aussagen zur eigenen Person auszudenken und diese dann in den Chat oder auf ein Whiteboard zu schreiben. Alternativ äußern sie sich nur mündlich.

**Verlauf**

Der erste Teilnehmer beginnt und stellt seine Folie mit seinen drei Aussagen vor. Die anderen Teilnehmer kreuzen nun die Aussage an, von der sie meinen, dass sie die richtige ist.

Je nach Zeit und Interesse kann man sich darauf beschränken, dass der Präsentierende am Ende nur sagt, welche Aussage stimmt. Oder es werden etwas ausführlichere Erläuterungen zugelassen und auch die anderen können ergänzen, wie sie zu ihrer Einschätzung gekommen sind und was dazu geführt hat. Das hat dann noch einen größeren gruppendynamischen Effekt.

Bei Variante 2 ist es auf jeden Fall günstiger, wenn es visualisiert wird, damit die anderen Teilnehmer durch Haken oder Kreuze ihre Abstimmung zeigen können.

*Trainer-Hinweis*

Kennengelernt bei Anja Röck, *www.arise-coaching.de*

*Quelle*

V   Aussagen auf Folie oder in den Chat schreiben
A   Erläuterungen
K   Hat sicher Spaß an so einer Methode

*Lerntypen*

# Welche Farbe?

| Medien | Whiteboard |
|---|---|
| TN-Aktivität | Farbe auswählen und erläutern |
| TN-Zahl/Gruppengröße | Bis 12 TN |
| Sozialform | Plenum |
| Webinartyp | Alle |

 *Methode*    Ein kurzer Impuls, um eine Runde zu gestalten.

 *Ziel*    ▶ Als Gruppe zusammenkommen

 *Verlauf*    Sie zeigen eine Folie mit einem Farbkreis oder einer anderen Farbtabelle und bitten die Teilnehmer, eine Farbe auszuwählen, die gerade zu ihnen passt.

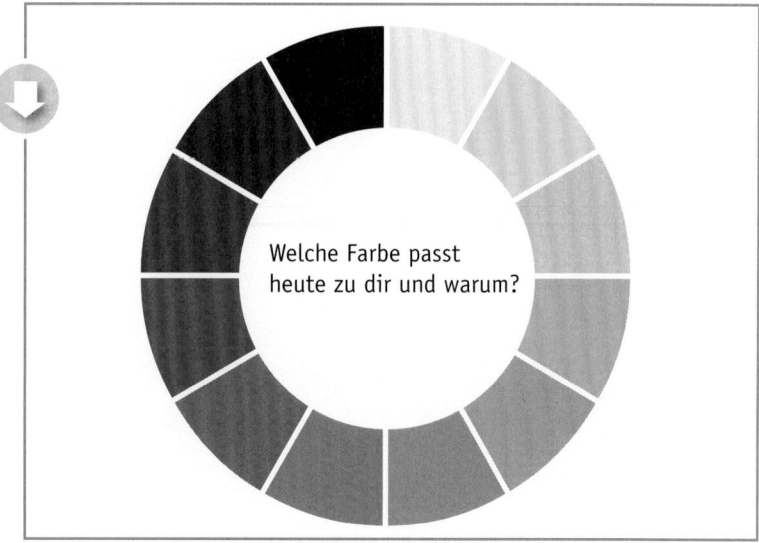

Welche Farbe passt heute zu dir und warum?

Zamyat M. Klein: 150 kreative Webinar-Methoden

Dann starten Sie die Runde. Der Teilnehmer, der jeweils dran ist, zeigt kurz mit dem Pointer auf die entsprechende Farbe und erläutert dann, warum er sie jetzt gerade gewählt hat.

▶ Es muss hier nicht die Lieblingsfarbe sein, sondern eine Farbe, die mit der momentanen Stimmung oder Situation zu tun hat.

▶ Im Buch ist nur eine Schwarz-Weiß-Darstellung abgebildet. Eine farbige Abbildung ist als Download-Ressource erhältlich.

*Trainer-Hinweis*

Kennengelernt bei Anja Röck, *www.arise-coaching.de*

*Quelle*

| V | Farben schauen |
|---|---|
| A | Erläutern |
| K | Emotionen werden angesprochen |

*Lerntypen*

# Wer sitzt mir virtuell gegenüber?

| Medien | Whiteboard |
|---|---|
| TN-Aktivität | Bilder auswählen und erläutern |
| TN-Zahl/Gruppengröße | Bis 12 TN |
| Sozialform | Plenum |
| Webinartyp | Alle |

**Methode**  Dies ist eine Variante, wie man Bilder als Einstieg nutzen kann. Hier sind neben Bildern auch schon die Stichworte vorgegeben, zu denen die Teilnehmer etwas sagen sollen. Sie können sie auch zwischendurch als Blitzlicht einsetzen – dann mit anderen Stichworten.

**Ziel**  ▶ Sich kennenlernen und alle mal sprechen hören
▶ Blitzlicht zwischendurch

**Verlauf**  Sie zeigen eine Folie, unsterstützen sie ggf. visuell mit verschiedenen Bildern und geben entsprechende Stichworte vor, zu denen jeder kurz etwas sagen soll. Beispiele:

**Kennenlern-Stichworte**

▶ Name
▶ Beruf
▶ Schwerpunkte (Seminarthemen)
▶ Hobby

Zamyat M. Klein: 150 kreative Webinar-Methoden

**Blitzlicht zwischendurch**

▶ Wie geht es mir?
▶ Worauf freue ich mich am nächsten Wochenende?
▶ Was fällt mir zum Thema ein?
▶ Welches Bild gefällt mir gerade am besten?

Jeder Teilnehmer wählt sich ein oder mehrere Bilder aus und erläutert seine Auswahl und beantwortet damit die vorgegebene Frage. Sie können auch vorgeben, dass nur zu einem Stichwort ein Bild ausgewählt wird (z.B. Hobby) und die anderen nur so erläutert werden.

Kennengelernt bei  Inga Geisler, *www.ingageisler.de/liveonlinetrainer*          *Quelle*

V   Bilder sehen und auswählen                                      *Lerntypen*
A   Auswahl und Beziehung zur Fragestellung erläutern

# Wie war das Wochenende?

| Medien | Whiteboard |
|---|---|
| TN-Aktivität | Eine Episode mitteilen |
| TN-Zahl/Gruppengröße | Bis 12 TN |
| Sozialform | Plenum |
| Webinartyp | Webinar-Reihen, längere Schulungen, interne Webinare |

**Methode**  Über Bilder oder Fotos findet man immer einen leichten Einstieg. Die Teilnehmer können selbst auswählen, wozu sie etwas erzählen wollen.

**Ziel**  ▶ Die Gruppe zu Beginn des Webinars zusammenbringen und in einer Art Blitzlicht von jedem etwas erfahren

**Verlauf**  Sie zeigen sechs verschiedene Zeichnungen oder Fotos, die unterschiedliche Situationen und Orte darstellen. Darüber steht die entsprechende Frage.

**Beispiele**

▶ Wie ging es Ihnen in der Zwischenzeit?
▶ Ein wichtiges Ereignis seit dem letzten Webinar
▶ Was haben Sie in der Zwischenzeit gemacht?
▶ Wie war das Wochenende? (Das macht nur Sinn, wenn das Webinar montags stattfindet.)

Sie bitten die Teilnehmer, jeweils ein Bild anzukreuzen, einen Stern zu setzen oder den eigenen Namen (bzw. ein Kürzel) dazuzuschreiben. Anschließend kann jeder kurz erläutern, warum er welches Bild im Zusammenhang mit der Frage ausgewählt hat.

Bei der Beispielfolie sind vielleicht nicht alle Fotos so eindeutig erkennbar. Das macht aber nichts. Es geht einfach darum, dass die Teilnehmer assoziieren. Was sie in den Bildern sehen, ist egal. Ob sie nun erkennen, dass das erste Bild links oben eine Bushaltestelle ist oder sie damit den Kindergarten ihrer Tochter assoziieren, ist unwesentlich. Bei dem unteren mittleren Bild wird sicher auch niemand eine mongolische Jurte erkennen, aber dennoch irgend etwas damit verbinden.

▷ Es müssen keine eigenen Fotos sein, Sie können ebensogut Fotografien oder Zeichnungen aus Bild-Datenbanken auf Ihrer Folie einfügen.

*Trainer-Hinweis*

▷ Sie können es ganz offenlassen, was die Teilnehmer darin sehen (Folie links) oder Stichworte vorgeben (Folie rechts):

Kennengelernt bei Inga Geisler, *www.ingageisler.de/liveonlinetrainer*

*Quelle*

*Lerntypen*

V  Bilder sehen und auswählen
A  Auswahl erläutern
K  Sich über etwas Persönliches austauschen, das vielleicht auch mit Gefühlen verbunden ist

## Seminarerwartungen

Sie können die **Seminarerwartungen** vor dem Seminar oder zu Beginn abfragen, jeweils mit unterschiedlicher Zielsetzung. Danach richtet sich dann auch die jeweilige Methode, die zum Einsatz kommt. Hier zwei typische Zielsetzungen:

**1. Sie wollen als Trainer erfahren, ob die Erwartungen Ihrer Teilnehmer mit dem übereinstimmen, was Sie geplant haben.**

Wenn es vonseiten der Teilnehmer andere Vorstellungen an das Webinar gibt, als von Ihnen vorgesehen, können Sie rechtzeitig klären, was davon berücksichtigt werden kann und was nicht. Sie können dann darauf hinweisen, dass ein Punkt aus Zeitgründen nicht behandelt werden kann oder nicht zum Thema gehört. Eine Umstellung kann auch beispielsweise daran scheitern, dass Sie einen Auftrag zu erfüllen haben. Oder weil Sie so völlig andere Aspekte nicht mal eben aus dem Ärmel schütteln können. Es ist besser, diese Dinge von vornherein klarzustellen und dann gemeinsam herauszufinden, wie die Teilnehmer sich trotzdem auf den geplanten Stoff einlassen können. Es kann auch sein, dass Sie in Ihrer Planung genug Spielräume haben, sodass Sie die Wünsche berücksichtigen können. Dann ist es ebenfalls wichtig, sich darüber vorher verständigt zu haben und mit allen abzusprechen, dass der Plan entsprechend verändert wird.

**2. Die Teilnehmer sollen sich zu Beginn des Online-Seminars klar werden, was ihr Ziel ist und was sie aus der Veranstaltung mitnehmen wollen.**

Mit einem klaren Fokus können die Teilnehmer bewusster und effektiver lernen als mit der Haltung: „Zurücklehnen und erst mal sehen, was da kommt, was der so bringt." Wenn es Ihnen vor allem um diesen Punkt geht, können Sie Methoden auswählen, bei denen die Teilnehmer weniger im Plenum arbeiten, sondern sich in Einzelarbeit Notizen machen oder sich in Paaren oder Gruppen zu bestimmten Fragestellungen austauschen. Diese Ergebnisse müssen dann auch nicht öffentlich gemacht werden.

# An virtueller Pinnwand sammeln

| Medien | Whiteboard |
|---|---|
| TN-Aktivität | Auf Pinnwand schreiben |
| TN-Zahl/Gruppengröße | Bis 12 TN |
| Sozialform | Plenum |
| Webinartyp | Einzel-Webinar, Webinar-Reihe, längere Schulung |

Nicht nur bei einmaligen Webinaren oder kürzeren Einheiten kann es auch Sinn ergeben, die Erwartungen der Teilnehmer vorher abzufragen. Damit spart man nicht nur im Webinar selbst Zeit, sondern kann sich als Trainer auch viel spezieller vorbereiten. Zudem sehen alle Teilnehmer, was die anderen für Wünsche und Ziele haben.

*Methode*

▶ Seminarerwartungen vor Beginn des Webinars klären

*Ziel*

**Vorab**

*Verlauf*

Sie schicken ein bis zwei Wochen vor dem Webinar eine E-Mail an die Teilnehmer. Darin bitten Sie diese, auf einer virtuellen Pinnwand ihre Seminarerwartungen (oder Ziele) zu notieren.

Sie stellen am besten eine Frage, beispielsweise:
▶ Warum haben Sie sich zu dem Seminar angemeldet?
▶ Was wollen Sie in dem Webinar lernen?
▶ Was interessiert Sie an dem Thema besonders?
▶ Was sind Ihre Hauptprobleme bei (z.B. Zeitmanagement)?
▶ Was möchten Sie am Ende mitnehmen (können/wissen)?

In der E-Mail befindet sich ein Link zu der virtuellen Pinnwand, die die Teilnehmer direkt auf die Seite bringt, die Sie schon eingerichtet haben. Dort stehen auch noch einmal die Fragen oben an der Pinnwand und am besten auch ein Post von Ihnen, wo Sie kurz die Technik erklären. Die Technik können Sie ebenso gut in der E-Mail erklären, es ist sehr einfach. Einen Doppelklick auf die Pinnwand, um ein Post zu erstellen. Die Pinnwand ist beliebig nach unten oder rechts erweiterbar.

Am besten schauen Sie zwei Tage vor dem Webinar noch einmal auf der Pinnwand vorbei, ob sich alle eingetragen haben und schicken sonst noch einmal an die Fehlenden eine freundliche Erinnerungs-Mail.

Kurz vor dem Webinar machen Sie einen Screenshot oder notieren sich die Themen der Teilnehmer und übertragen diese auf ein Whiteboard, das Sie dann während des Webinars zeigen können.

Sie können auch mit verschiedenen Farben oder Symbolen Markierungen an den Aussagen der Teilnehmer anbringen, auf die Sie dann im Webinar eingehen.

### Im Webinar

Sie veröffentlichen im Webinar die Ergebnisse, entweder als Screenshot oder per Screensharing, also Bildschirmübertragung, sodass alle gemeinsam auf die Pinnwand sehen können.

Sie können alle Beiträge vorlesen und erläutern. Sie können aber auch zusammenfassend darauf eingehen und sagen: *„Die folgenden von Ihnen genannten Themen bearbeiten wir am … (Termin nennen)."*

Wenn Sie vorher entsprechende Markierungen oder Symbole eingefügt haben, können Sie diese kurz erläutern. Zum Beispiel:

▶ Alle Rotmarkierten bearbeiten wir in diesem Webinar.
▶ Zu den Grünmarkierten kann ich Ihnen weiterführende Links einstellen.
▶ Die mit den Fragezeichen – zu denen habe ich noch Fragen und bitte um Erläuterungen.

---

*Trainer-Hinweis*

Als virtuelle Pinnwand können Sie beispielsweise einsetzen:
▶ padlet *https://de.padlet.com* oder
▶ trello *https://trello.com*

---

*Lerntypen*

V Pinnwand und Einträge schreiben und lesen
A Erläuterungen im Webinar

# Auf Whiteboard sammeln

| Medien | Whiteboard |
|---|---|
| TN-Aktivität | Schreiben und sprechen |
| TN-Zahl/Gruppengröße | Bis 12 TN |
| Sozialform | Plenum |
| Webinartyp | Einzel-Webinar, Webinar-Reihe, längere Schulung |

**Methode**

Zu Beginn eines Seminars die Erwartungen der Teilnehmer für alle sichtbar zu visualisieren, hat mehrere Effekte. Zum einen sehen alle, ob sie mit ihren Erwartungen alleine sind oder ob es Gemeinsamkeiten mit anderen Teilnehmern gibt. Die Teilnehmer werden zudem gezwungen, sich selbst bewusst zu machen, was das Ziel des Seminars für sie ist. Und was sie eventuell selbst dazu beitragen müssen, um es zu erreichen.

Der Trainer bekommt ebenfalls wichtige Informationen und kann anschließend darauf eingehen, welche der Erwartungen bearbeitet werden und was vielleicht nicht zum Seminarthema gehört.

**Ziel**

▶ Bewusstwerden der eigenen Erwartungen
▶ Informationen über die Erwartungen aller Teilnehmer

**Verlauf**

Sie stellen am besten eine einzige Frage und bitten die Teilnehmer, ihre Antworten stichwortartig auf das Whiteboard zu schreiben.

Beispiel-Fragen:
▶ Warum haben Sie sich zu diesem Thema angemeldet?
▶ Was ist Ihr besonderes Interessen an diesem Thema?
▶ Was möchten Sie hier lernen (mitnehmen)?
▶ Welches sind Ihre Hauptprobleme mit dem Thema XY?
▶ Was möchten Sie am Ende mitnehmen (können/wissen)?

Die Teilnehmer können die Fragen anonym beantworten oder mit den Namenskürzeln kennzeichnen. Wenn ein Whiteboard nicht ausreicht, können Sie auch ein zweites freischalten.

Sobald alle Aussagen gesammelt sind, können Sie unterschiedlich fortfahren:

▶ Sie bitten jeden Teilnehmer, kurz seine Notizen zu erläutern.
▶ Oder Sie lesen alle Stichworte vor und fordern die Teilnehmer auf, sich zu äußern, wenn sie zu einzelnen Punkten Fragen haben. Auch Sie als Trainer haben vielleicht Fragen. Dann antworten diejenigen, die das Stichwort geschrieben haben.
▶ Sie clustern gemeinsam mit den Teilnehmern und schieben die Antworten wie Moderationskarten auf einer Pinnwand zu Clustern zusammen und suchen dann gemeinsam nach Oberbegriffen.

Anschließend erläutern Sie den Seminarplan und zeigen, wo welche Themen behandelt werden – bzw. welche nicht.

*Trainer-*
*Hinweis*

▶ Das Visualisieren auf einem Whiteboard hat noch zusätzliche Effekte. Es ist für die Teilnehmer „verbindlicher", als wenn sie nur eine mündliche Runde machen. Sie lesen dann klar und deutlich: „Ich möchte hier dieses und jenes lernen."
▶ Außerdem wird deutlich, wenn jemand völlig aus dem Rahmen fällt und er ein Thema hat, das niemand anderen interessiert und auch nicht zum Seminarthema passt. Dann wird transparent, warum es vielleicht nicht behandelt werden kann.
▶ Sie können auch bei den entsprechenden Seminarsequenzen immer noch mal auf das Whiteboard verweisen und die Ergebnisse kurz einblenden und zeigen: *„Das machen wir als nächsten Schritt."* Dann fühlen sich die Teilnehmer eingebunden und sehen auch, dass die Erwartungsabfrage keine reine Beschäftigungstherapie war.

*Lerntypen*

V Erwartungen aufs Whiteboard schreiben, clustern
A Erläutern

# Das trifft zu

| Medien | Whiteboard |
|---|---|
| TN-Aktivität | Passende Aussagen umkringeln, evtl. Ergänzungen in den Chat schreiben und erläutern |
| TN-Zahl/Gruppengröße | Bis 12 TN |
| Sozialform | Plenum |
| Webinartyp | Einzel-Webinar, Webinar-Reihe, längere Schulung |

Mit dieser Methode kann schnell geklärt werden, warum Teilnehmer an einem Webinar teilnehmen. Anders als bei offenen Runden mit der Frage „Warum haben Sie sich zu dem Seminar angemeldet?" jede Antwort zuzulassen, kann der Trainer mit dieser Methode schon einige Schwerpunkt-Antworten vorgeben, die vielleicht sogar teilweise etwas provokativ formuliert sind. Die vorgegebenen Antwortvarianten erleichtern es den Teilnehmern, sich schnell über ihre Motive klar zu werden und zeigen ihnen gleichzeitig Möglichkeiten auf, die sie vorher vielleicht noch nicht in Erwägung gezogen haben.

*Methode*

▶ Als Trainer einen Überblick bekommen, welche Erwartungen und Vorstellungen die Teilnehmer haben und mit welcher Haltung sie anwesend sind

▶ Als Teilnehmer einen Eindruck gewinnen, welche Interessen die anderen haben und ob und wie sich diese mit den eigenen decken

*Ziel*

Sie zeigen die Folie mit einer Überschrift und mit mehreren Antwortmöglichkeiten zur Auswahl. Ein Beispiel für eine Überschrift: „Darum habe ich mich zu diesem Seminar angemeldet."

Sie bitten die Teilnehmer, die Aussagen zu umkringeln, die auf sie zutreffen. Entweder stellen Sie frei, wie viele Aussagen sie umkringeln dürfen

*Verlauf*

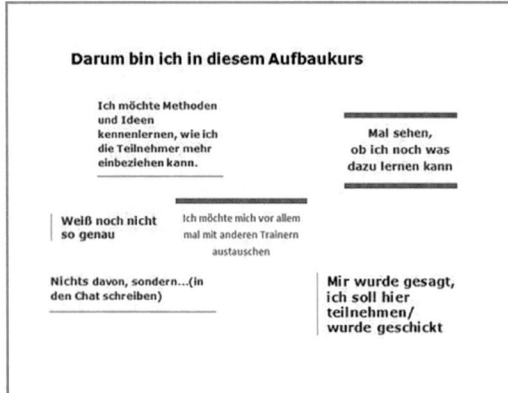

**Darum bin ich in diesem Aufbaukurs**

Ich möchte Methoden
und Ideen
kennenlernen, wie ich
die Teilnehmer mehr
einbeziehen kann.

Mal sehen,
ob ich noch was
dazu lernen kann

Weiß noch nicht
so genau

Ich möchte mich vor allem
mal mit anderen Trainern
austauschen

Nichts davon, sondern...(in
den Chat schreiben)

Mir wurde gesagt,
ich soll hier
teilnehmen/
wurde geschickt

Abb.: „Bitte umkringeln
Sie das Zutreffende mit
dem Stift ..."

oder Sie geben vor, dass jeder nur die eine Aussage auswählt, die für ihn am wichtigsten ist.

Es empfiehlt sich, als letzte Aussage einzufügen: „Es trifft gar nichts davon zu. (Bitte Erläuterung in den Chat schreiben.)"

Je nach Thema und Ergebnis der Abfrage, können Sie die Teilnehmer zusätzlich ihre Auswahl mündlich erläutern lassen. Oft reicht es aber, an die Ergebnisse anzuknüpfen, sie kurz noch einmal zusammenzufassen und dann fortzufahren.

*Variante*

Sie können diese Methode natürlich auch an ganz anderer Stelle im Online-Seminar einsetzen und andere Dinge abfragen, nicht nur Seminarerwartungen. Beispielsweise, wenn Sie die Teilnehmer einen Schwerpunkt auswählen lassen, an dem sie gemeinsam weiterarbeiten wollen. Sie können ebenfalls Meinungen damit abfragen.

*Trainer-
Hinweis*

▶ Bei einer sehr großen Teilnehmerzahl lassen Sie die Antworten nicht umkringeln, sondern nur kleine Striche oder Kreuze daneben setzen. Dabei wird zwar dann der Text bald überschrieben, aber Sie bekommen einen deutlichen Eindruck auf einen Blick.

▶ Damit die Teilnehmer die Aussagen mit dem Stift umkringeln können, müssen Sie das Whiteboard freischalten.

▶ Bei einer kleinen Gruppe können Sie auch vorher die Farben zuordnen, dann können Sie sehen, wer was umkringelt hat.

*Lerntypen*

V  Zeichnen (umkringeln), Erläuterungen in den Chat schreiben
A  Falls Sie eine mündliche Runde anschließen

# Fantasiereise zum Transfer

| Medien | Audio/Fantasiereise |
|---|---|
| TN-Aktivität | Zuhören, innerlich visualisieren |
| TN-Zahl/Gruppengröße | Beliebig |
| Sozialform | Plenum |
| Webinartyp | Einzel-Webinar, Webinar-Reihe, längere Schulung |

Mit dieser Methode können sich die Teilnehmer zu Webinarbeginn auf das Webinar einstimmen und sich bewusst werden, was sie von dem Webinar oder der Schulung erwarten, was sie dadurch anschließend in ihrer Arbeit verändern wollen und was sie selbst dazu beitragen können. Es ist ein ruhiger, konzentrierter Einstieg in ein Seminar, der die Teilnehmer in einen möglichen inneren Zielzustand am Seminarende versetzt.

*Methode*

▶ Ziele des Seminars bewusst machen und sich darauf einstimmen

*Ziel*

Sie führen die Teilnehmer durch eine geleitete Fantasiereise, bei der sie schon das Ergebnis und den Nutzen des Seminars erleben (Text siehe unten). Die Fantasiereise kann unter dem Motto stehen: „Wenn jetzt schon das Webinar-Ende ist, welche Erfolge haben Sie dann verzeichnet?"

*Verlauf*

Sie können die Teilnehmer auffordern, sich bequem auf ihre Stühle zu setzen, sich an der Rückenlehne anzulehnen, die Füße gerade vor sich auf dem Boden, die Arme locker auf den Beinen/die Armlehne abgelegt.

Sprechen Sie den Text ruhig, machen Sie genügend viele Pausen. Nach der Fantasiereise können sich die Teilnehmer kurz Notizen machen und evtl. ihr Symbol zeichnen.

Anschließend können Sie die wichtigsten Ergebnisse auf dem Whiteboard oder im Chat sammeln oder auch die Mikros freischalten und eine Runde durchführen.

---

**Text einer Fantasiereise**

Machen Sie es sich auf Ihrem Stuhl ganz bequem … und nehmen Sie Ihre Atmung wahr. Während Sie mit jeder Ein- und Ausatmung … tiefer und tiefer entspannen … können Sie beobachten … wie Sie Ihre Gedanken immer mehr loslassen … und Sie sich mit jeder Ausatmung mehr und mehr entspannen.

Vielleicht können Sie sich noch erinnern, welche Gedanken Sie hatten, als Sie sich für dieses Webinar angemeldet haben? Welche Gefühle waren damit verbunden? Was sind Ihre Wünsche und Ihre Ziele für dieses Webinar (für diese Schulung)?

Was möchten Sie erreichen? Wie möchten Sie sich in diesem Webinar verhalten, damit es erfolgreich für Sie wird? Wie möchten Sie sich hier fühlen? Und stellen Sie sich vor, wie das Webinar für Sie abläuft und was hier passiert, damit das geschieht, damit Sie Ihr Ziel, Ihre Wünsche erreichen.

Wie werden Sie sich dann am Ende des Webinars fühlen? Was wird anders für Sie sein? Was haben Sie für sich erreicht oder geklärt und welche neuen Erfahrungen haben Sie gemacht? Was haben Sie hier gelernt?

Wenn Sie diese Erfahrung aus dem Webinar mitnehmen, was wird sich in Ihrem beruflichen Alltag ändern? Wie werden Sie sich anders verhalten oder fühlen? Was denken Sie dann über Ihre Arbeit? Was wird Ihnen gelingen?

Stellen Sie sich diese neue Situation vor, so konkret wie möglich, mit allen Sinnen. Wie sieht Ihre Umgebung aus, in der Sie arbeiten? Hat sich etwas in Ihrem Umfeld geändert? Mit welchen Kollegen sind Sie zusammen? Gehen Sie jetzt anders miteinander um? Sprechen Sie anders miteinander?

---

Und wie fühlen Sie sich während der Arbeit? Wie nehmen Sie Ihren Körper wahr? Hat sich auch hier etwas verändert?

Und wenn Sie all dies jetzt erleben, was denken Sie, wird Ihr größter Nutzen von diesem Webinar sein?

Vielleicht entsteht in Ihnen dazu ein Bild, ein Symbol, eine Farbe oder ein Wort. Bringen Sie es mit, wenn Sie jetzt gleich ganz bewusst hierhin zurückkommen.

Nehmen Sie ein paar tiefe Atemzüge, ballen Sie Ihre Hände zu Fäusten, strecken und recken Sie sich und öffnen Sie Ihre Augen.

---

Solch eine ausführliche Einstimmung lohnt sich sicher eher bei mehrteiligen Webinaren und längeren Schulungen, kann je nach Thema aber durchaus auch bei einem einzelnen Webinar Sinn machen.

*Trainer-Hinweis*

---

Der Fantsiereisetext ist angelehnt an Ralf Besser: Transfer. Damit Seminare Früchte tragen. Beltz Verlag.

*Quelle*

---

V   Innere Bilder
A   (Musik und) Text hören
K   Entspannen, Geschichte wahrnehmen

*Lerntypen*

# Gruppen-Mind-Map

| Medien | Whiteboard |
|---|---|
| TN-Aktivität | Schreiben, sprechen |
| TN-Zahl/Gruppengröße | Bis 12 TN |
| Sozialform | AGs |
| Webinartyp | Längere Schulungen, Webinar-Reihen |

*Methode*

Die Teilnehmer werden sich bewusst, warum sie sich zu diesem Webinarthema angemeldet haben und was genau sie mitnehmen wollen. Denn das ist leider oft nicht klar.

Der Trainer erfährt, mit welchen Vorstellungen und Erwartungen die Teilnehmer gekommen sind und kann frühzeitig klären, was bearbeitet wird und was vielleicht nicht zum Thema gehört.

*Ziel*

▶ Klarheit und Fokussierung für die Teilnehmer
▶ Übernahme von Eigenverantwortung für den Lernerfolg
▶ Informationen über die Erwartungen der Teilnehmer für den Trainer

*Verlauf*

Sie haben je nach Gruppengröße 3-4 Mind Maps mit verschiedenen Themen oder Fragen in der Mitte vorbereitet.

Zu Beginn erläutern Sie die Vorgehensweise, danach werden die Teilnehmer in Gruppen von drei oder vier Personen aufgeteilt. Die Gruppen wechseln in ihre Gruppenräume und beginnen mit einem Mind Map, das sie gemeinsam ausfüllen. Dort sammeln sie gemeinsam ihre Punkte zur Fragestellung und ein Gruppenmitglied schreibt sie an das Mind Map.

Nach ca. fünf Minuten geben Sie ein Signal und die Gruppen wandern zum nächsten Mind Map. Dazu ist es sinnvoll, vorher genau anzusagen, welche

Gruppe wohin gehen soll oder welches Mind Map als Nächstes bearbeitet werden soll.

### Beispiel 1: Train-the-Trainer-Seminar – Kreative Seminarmethoden

1. An Seminarmethoden kenne ich (und setze ich ein – noch eine kleine Hand dahinter)
2. Ich möchte neue Methoden kennenlernen zu ...
3. Besondere Schwierigkeiten habe ich mit ...
4. Das möchte ich hier ausprobieren ...
4. Was sind Sie bereit zu investieren, damit das Seminar für Sie ein Erfolg wird?

Abb.: Mind Map

### Beispiel 2: Thema Zeitmanagement

1. Was sind Ihre besonderen Probleme und Herausforderungen bezüglich Ihres Zeitmanagements?
2. Welche Methoden und Tools kennen Sie schon? (Dazu eine Markierung, welche Sie auch schon nutzen)
3. Was ist Ihr größter Zeitfresser?
4. Was wünschen Sie sich von diesem Seminar?

▶ Ob Sie in Gruppen arbeiten können, hängt von Ihrer Plattform ab. Bei Adobe Connect können Sie Gruppenräume einrichten. Dort empfiehlt es sich, vorher schon die Mind Maps auf einem Whiteboard vorzubereiten und einzustellen.

*Trainer-Hinweis*

▶ Auch bei vitero gibt es Gruppenräume. Wenn Sie diese Möglichkeit nicht haben, müssen Sie ein wenig improvisieren. Das bedeutet, dass die Teilnehmer für die Zeit den Webinarraum verlassen müssen und zu einem anderen Tool wechseln. Mehr Infos zu plattformeigenen Gruppenräumen und passende kollaborative Tools sowie eine Linkliste aktueller Anbieter finden Sie im Kapitel „Gruppenarbeiten anleiten" auf Seite 392 ff.

*Lerntypen*  V  Gruppen-Mind-Map schreiben und sehen
             A  Sich in Gruppen austauschen, Gruppenarbeit
             K  Auf anderen Plattformen experimentieren, selbstverantwortlich arbeiten ohne Trainer

# Postkarte

| Medien | Whiteboard, Fotos von Postkarten |
|---|---|
| TN-Aktivität | Postkarte auswählen, sprechen |
| TN-Zahl/Gruppengröße | Bis 12 TN |
| Sozialform | Plenum |
| Webinartyp | Einzel-Webinar, Webinar-Reihe, längere Schulung |

Dies ist ein Beispiel, wie Trainer eine Präsenzmethode auf Online-Seminare übertragen können. Sie ist vor allem dann schön, wenn man am Ende des Seminars damit weiterarbeitet und so die Sache rund macht.

*Methode*

▶ Mit Visualisierungen deutlich machen, was die Teilnehmer wünschen bzw. nicht möchten

*Ziel*

**Vorbereitung**

In der Vorbereitung fotografieren Sie eine Sammlung von sehr unterschiedlichen Postkarten.

*Verlauf*

**Im Webinar**

Im Webinar zeigen Sie den Teilnehmern die Fotos von verschiedenen Postkarten. Sie können dazu immer mehrere Motive auf ein Whiteboard packen und anschließend jede einzeln etwas größer zeigen. Sie bitten die Teilnehmer schon vorher, sich zwei Postkartenmotive auszuwählen. Eine Karte, die das ausdrückt, was sie sich vom Webinar wünschen und eine zweite, die das vermittelt, was sie auf keinen Fall möchten.

Anschließend schalten Sie die Teilnehmer nach und nach frei. Jeder sagt zuerst, welche Karte er zu Punkt 1 gewählt hat. Sie klicken dann zu diesem Motiv und der Teilnehmer erläutert, was seine Wünsche sind. Dann erläutert er die Karte zwei, die Sie ebenfalls einblenden.

Vor allem, wenn Sie auch die dazugehörige Abschlussübung am Ende des Webinars machen wollen, ist es gut, die Ergebnisse irgendwie zu fixieren.

*Varianten*
▶ Die Teilnehmer notieren sich selbst die Nummern der Karten und halten in Stichworten fest, was sie dazu erläutern wollen. Erst anschließend findet dann die Runde wie beschrieben statt.

▶ Während ein Teilnehmer seine Auswahl erläutert, notieren Sie als Trainer die Kartenauswahl und die Stichworte. Das können Sie öffentlich am Whiteboard machen oder parallel auf einem Papier.

▶ Die Teilnehmer schreiben ihre Auswahl und Erläuterungen in den Chat.

*Trainer-Hinweis*
▶ Die verwandte Abschluss-Übung „Postkarte am Ende" finden Sie auf Seite 286.

▶ Wenn Sie mit eigenen Fotomotiven nicht zufrieden sind, können Sie auf diverse Kartensets für Trainer zurückgreifen, die auf dem Markt erhältlich sind.

*Lerntypen*
V Postkarten anschauen, evtl. Stichworte schreiben oder lesen, in den Chat schreiben

A Auswahl erläutern

K Postkarte auswählen

# Wer kennt schon ...?

| Medien | Whiteboard, Audio |
|---|---|
| TN-Aktivität | Auf Whiteboard eintragen und erläutern |
| TN-Zahl/Gruppengröße | Bis 12 TN |
| Sozialform | Plenum |
| Webinartyp | Einzel-Webinar, Webinar-Reihe, längere Schulung |

Bevor der Trainer einen Input zu einem Thema oder einer Methode gibt, ist es sinnvoll, abzufragen, was die Teilnehmer schon dazu wissen und kennen. Ob das Thema für sie neu ist oder eher schon vertraut. So werden die Teilnehmer gleich mit einbezogen und man erspart sich vielleicht unnötige Erläuterungen.

*Methode*

▶ Vorkenntnisse und Erfahrungen der Teilnehmer erfahren

*Ziel*

Sie haben eine Folie vorbereitet, auf der die Teilnehmer ihre Antworten per Kreuz, Stempel oder Namen eintragen können. Sie können anschließend in einer Runde die Teilnehmer noch Erläuterungen ergänzen lassen.

*Verlauf*

Jeder Teilnehmer kann sich ein Feld auswählen und dort die Kreativitätstechniken notieren, die er schon kennt. Dazu sollte auch jeder seinen Namen schreiben.

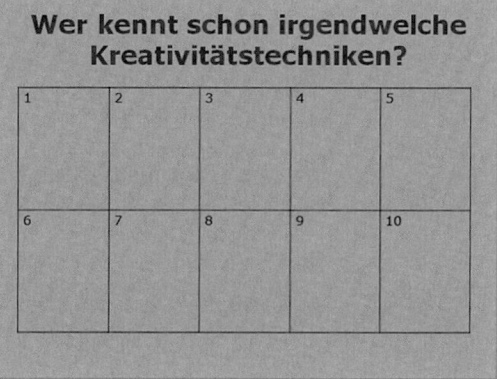

### Beispiel Mind-Map-Methode

**Wer kennt die Mind-Map-Methode?**

Ja                                    Nein

Sie können mit verschiedenen Folien ausführlichere Antworten erfragen: Zuerst fragen Sie, wer überhaupt beispielsweise die Mind-Map-Methode kennt. Alle, die hier „Ja" ankreuzen oder ihren Namen hinzuschreiben, beantworten dann auch die nächste Folie, indem sie dort ein Häkchen setzen oder ein Kreuz malen. Denn „kennen" kann ja vieles bedeuten: „Mal davon gehört" – „Darüber gelesen" – „Eine Fortbildung dazu gemacht" bis hin zu „Ich wende es selbst schon an". Bei Trainern oder Lehrern kann man dann noch fragen, wer es auch in seinen Seminaren oder im Unterricht einsetzt.

**Ja**

Darüber gelesen                          Fortbildung

Wende sie selber an                       Unterrichte sie

Was machen Sie dann mit den Antworten? Natürlich sind die Antworten unterschiedlich verteilt. Einige kennen die Methode gut, andere weniger und einige gar nicht. Dann haben Sie schon einmal einen groben Eindruck und die Teilnehmer selbst sehen auch: „Aha, das kennen noch nicht alle" und haben daher eher Verständnis, wenn Sie die Methode später im Seminar doch kurz vorstellen. Ich betone stets, dass auch die Teilnehmer, die sie schon kennen, im Seminar vielleicht noch neue Aspekte kennenlernen, wie und wofür sie diese einsetzen können. Denn die Anwendungsbereiche sind sehr vielfältig.

---

*Variante*      Es könnten sich daraus Patenschaften ergeben. Ein Teilnehmer, der die Methoden schon kennt, bringt sie einem anderen Teilnehmer bei, der sie noch nicht kennt.

---

*Lerntypen*     V   Schreiben, Zeichen setzen
                A   Erläutern

# Methoden zur Hinführung und Einführung in ein Thema

## Hinführung und Einführung

Wir befinden uns nun in der Phase der Hin- und Einführung in ein Thema. Bei der **Hinführung** geht es um ein Anwärmen, um ein Vorbereiten und Einstimmen auf das Thema. Ähnlich wie man beim Sport erst einmal die Muskeln aufwärmt, wird hier der Geist auf das neue Thema eingestimmt. Die Hinführung kann auch eine Art „Vorentlastung" emotionaler Art darstellen. Wenn Teilnehmer vielleicht Befürchtungen haben, dass das Thema schwierig oder langweilig ist oder sie es nicht bewältigen können, dann kann man durch eine kreative Einführung vermitteln, dass selbst Buchführung oder ein Software-Programm lebendig und anschaulich erarbeitet werden können.

Die **Einführung** ist inhaltlich schon näher am Thema. Hier bezieht sich die „Vorentlastung" auf den Stoff, es ist eine Annäherung an den Stoff. In dieser Phase kann auch deutlich werden, was die Teilnehmer schon zum Thema wissen oder welche Einstellungen, Gefühle und Fragen sie dazu haben.

## Nutzen für die Teilnehmer

Die Teilnehmer erhalten einen Überblick über das Thema und erfahren, was sie erwartet, welchen Stellenwert das Thema im Gesamtseminar hat, warum sie sich damit beschäftigen sollen. Bei angstbesetzten Themen kann diese Hinführung auch dabei helfen, die Scheu vor dem Thema zu nehmen, indem es auf humorvolle Weise eingeführt wird oder deutlich wird, dass es ja gar nicht so schwer oder trocken ist.

## Nutzen für den Trainer

Als Trainer haben Sie einen Gewinn, wenn Sie Methoden zur Einführung und Hinführung einsetzen. Denn Sie erfahren interessante Aspekte:

▶ Was wissen die Teilnehmer schon zum Thema?
▶ Was interessiert die Teilnehmer am Thema?
▶ Welche Fragen und Assoziationen haben sie dazu?

Lernen Sie hier verschiedene Methoden kennen, die Sie in dieser Phase Ihrer Webinar-Veranstaltung unterstützen.

# Alphabet

| Medien | Whiteboard, Papier und Stift |
|---|---|
| TN-Aktivität | Schreiben und evtl. sprechen |
| TN-Zahl/Gruppengröße | Bis 12 TN |
| Sozialform | EA/Plenum |
| Webinartyp | Einzel-Webinar, Webinar-Reihe, längere Schulung |

*Methode*  Zu einem konkreten Thema füllen die Teilnehmer das Arbeitsblatt aus. Dazu schreiben sie zu jedem Buchstaben des Alphabets Assoziationen, die sie mit dem Thema verbinden. Hier kann der Trainer bereits Hinweise über den Wissensstand der Teilnehmer bekommen sowie über ihre Einstellungen und Gefühle zum Thema. Die ausgefüllten Listen können Ausgangspunkt sein für eine weitere Bearbeitung des Themas.

*Ziel*  ▶ Einstimmung auf ein Thema
▶ Erfahren, was die Teilnehmer zum Thema denken, fühlen und schon wissen

*Verlauf*  Sie geben ein Thema vor, z.B. das Seminarthema generell oder einen Themenausschnitt. Die Teilnehmer schreiben zu jedem Buchstaben des Alphabets ihre Assoaziationen zu diesem Thema.

Da es zu viel Zeit in Anspruch nimmt, wenn alle Teilnehmer ihre Ergebnisse vorlesen, können Sie mit unterschiedlichen Varianten weiterarbeiten:

**Beispiel Thema Motivation**

| | |
|---|---|
| A | Abenteuer, Anstrenung, Anfang, Aktion, Anerkennung |
| B | Begeisterung, Beginn, Beharrlichkeit |
| C | Chaosbewältigung, Charisma |
| D | Durchhaltevermögen, Disziplin, Dauer |
| E | Energie, Erfolg, Erreichen, Empfehlung |
| F | Furcht, Freude, Festhalten |
| G | Gewohnheit |
| H | Hindernisse, Heiterkeit |
| I | Interesse, Impulse |
| J | Jammern, Jagdfieber |
| K | Kreativität, Kleine Schritte, Kunst |
| L | Lust, Leidenschaft, Langeweile, Laune, Lob |
| M | Miteinander, Mangel |
| N | Neugier, Natürlich, Natur |
| O | Ordnung, Orientierung, Online |
| P | Pausen, Preise, Planung, Projekte |
| Q | Quälerei, Quatsch |
| R | Risiko, Reisefreude, Reaktion |
| S | Spielerisch, Sinn, Seilschaften |
| T | Teamarbeit, Tun |
| U | Unternehmung, Unterbrechung |
| V | Vorbilder, Veranstaltung, Vision |
| W | Wille, Weisheit, Weitsicht |
| X | XL |
| Y | Yoga |
| Z | Ziele, Zeitmanagement, Zauberei |

**Variante 1**

*Variante*

Sie haben ein Whiteboard mit dem Alphabet vorbereitet und bitten jeweils einige Teilnehmer, einen ihrer Begriffe zu nennen. Diesen schreiben Sie dann auf das Whiteboard.

**Variante 2**

Sie bitten die Teilnehmer, einige Beispiele in den Chat zu schreiben. Davon suchen Sie dann einige aus, die Sie selber auf das Whiteboard schreiben.

### Variante 3

Wenn Ihre Teilnehmer parallel in einem Forum arbeiten, können alle Teilnehmer ihre Ergebnisse dort veröffentlichen und Sie können dann damit weiterarbeiten.

### Variante 4

Sie bilden Arbeitsgruppen, die sich ihre Ergebnisse vorlesen und vergleichen: Welche Begriffe tauchen doppelt oder öfter auf?

### Weiterarbeit

Die gesammelten Begriffe werden anschließend zugeordnet (beispielsweise durch verschiedenfarbige Textmarker):

1. Was sind Voraussetzungen für Motivation?
2. Was sind Merkmale von Motivation?
3. Was sind Ergebnisse oder Folgen von Motivation?

Damit hat man dann schon einen guten Einstieg ins Thema, da es einige Diskussionen auslöst. Zum Beispiel: Ist „Disziplin" eine Voraussetzung für Motivation oder das Ergebnis?

 Ein Beispiel für das Thema „Word" finden Sie in den Download-Ressourcen.

 *Lerntypen*   V  Assoziationen aufschreiben
                     A  In AGs vergleichen, darüber diskutieren

# Ankreuzen

| Medien | Whiteboard |
|---|---|
| TN-Aktivität | Auswählen und ankreuzen |
| TN-Zahl/Gruppengröße | Beliebig |
| Sozialform | Plenum |
| Webinartyp | Einzel-Webinar, Webinar-Reihe, längere Schulung |

*Methode*

Bei dieser Methode werden die Teilnehmer in die Hinführung zu einem Thema miteinbezogen und zur eigenen Reflexion aufgefordert. Teilnehmer einer Online-Trainer-Ausbildung werden zudem in die Nutzung von Webinar-Tools wie die Zeichenwerkzeuge eingeführt.

*Ziel*

▶ Kennenlernen und Ausprobieren eines neuen (Zeichen-)Tools
▶ Sich bewusst machen, wie die eigene Sicht zu einer Frage ist

*Verlauf*

Sie haben vorher im Laufe des Webinars unterschiedliche Folien gezeigt, beispielsweise Folien zur Begrüßung und die Agenda (siehe Folgeseite). Diese Folien sind abfotografierte DIN-A4-Zeichnungen, was Sie den Teilnehmern bisher nicht verraten haben.

Dann präsentieren Sie eine zweispaltige Folie und stellen die folgende Frage:

*„Die gerade gezeigten Charts waren ...*

*a) abfotografierte Flipcharts?*
*b) abfotografierte DIN-A4-Blätter?"*

Erläutern Sie die Handhabung des Zeichen-Tools, in diesem Fall das Stiftwerkzeug, und bitten Sie die Teilnehmer, ein Kreuz in die Spalte zu setzen, die ihres Erachtens nach zutrifft. Meistens vermuten die Teilnehmer eine

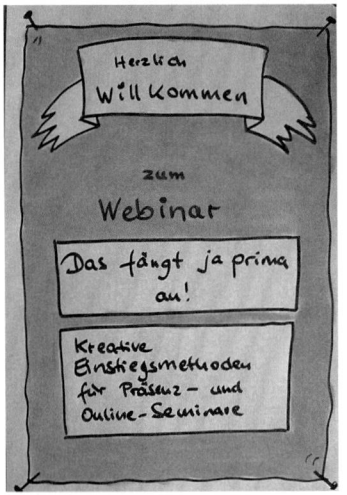

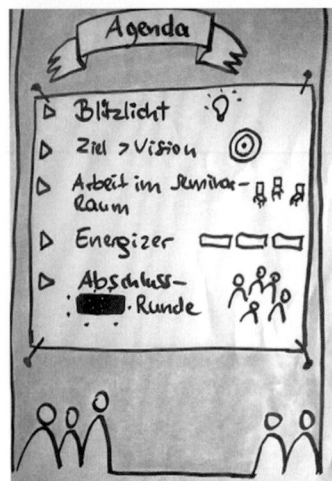

Flipchart-Darstellung und kreuzen das Falsche an, was den Lerneffekt in diesem Fall verstärkt.

So können Sie dann den folgenden Tipp anschließen:

*„Für PowerPoint-Folien, die ihr im Webinar einsetzt, reicht es, wenn ihr auf DIN-A4 zeichnet, es hat bei der Präsentation im Webinar den gleichen Effekt wie ein richtiges Flipchart. Außerdem habe ich den positiven Zusatzeffekt, dass ich das Blatt quer nehmen kann, was dem Folienformat besser entspricht. Flipcharts sind ja meist hochkant angelegt."*

### Varianten

In der beschriebenen Version ist die Methode eher eine allgemeine Aufwärmübung, um mit Webinarwerkzeugen vertraut zu werden. Sie kann aber auch als Hinführung in das Thema „Visualisierung im Webinar" eingesetzt werden.

Wie kann das bei anderen Themen aussehen? Sie können im Grunde jede beliebige Frage stellen, wo es zwei Antwortmöglichkeiten als Alternative gibt. Dabei muss es nicht immer um „Richtig" oder „Falsch" gehen, wie beim obigen Beispiel. Sie können auch eine Meinungsumfrage oder eine Bestandsabfrage durchführen.

### Beispiel Zeitmanagement

*„Organisieren Sie Ihre Termine mit Outlook?"*
▶ Linke Spalte „Ja", rechte Spalte „Nein"

*„Berücksichtigen Sie das Pareto-Prinzip?"*
▶ Linke Spalte „Ja", rechte Spalte „Nein"

### Fotos

Sie können rechts und links zwei unterschiedliche Fotos einstellen, beispielsweise links ein chaotisch-voller Schreibtisch – rechts ein vollkommen leerer Schreibtisch. Dann könnten Sie beispielsweise fragen:
▶ *„Welches Foto hat für Sie mehr mit unserem Seminarthema zu tun?"*
▶ *„In welchem Foto sehen Sie sich eher?"*
▶ *„Wie sieht Ihr Arbeitsplatz aus?"*

Die Teilnehmer setzen ein Kreuz auf das entsprechende Foto.

Um eine Flipchart-Anmutung herzustellen und damit die Teilnehmer aufs Glatteis zu führen, habe ich die Beispiel-Charts hochkant gezeichnet. Üblicherweise würde ich bildschirmgerecht im Querformat visualisieren.

*Trainer-Hinweis*

---

V  Folien anschauen, lesen und ankreuzen

*Lerntypen*

# Büroklammer

| Medien | Papier, Chat |
|---|---|
| TN-Aktivität | Kreative Ideen sammeln und aufschreiben |
| TN-Zahl/Gruppengröße | Bis 12 TN |
| Sozialform | EA/Plenum |
| Webinartyp | Einzel-Webinar, Webinar-Reihe, längere Schulung |

**Methode** Diese Methode setze ich zu Beginn von Seminaren zum Thema Kreativitätstechniken ein. Einerseits als „Warmtrainieren" des Gehirns, als Kreativübung und gleichzeitig, um deutlich zu machen, wie wichtig es für die kreative Ideenfindung ist, auch verrückte Ideen zuzulassen.

**Ziel** ▶ Lernen, aus einem „normalen" Brainstorming auszubrechen und sich an verrückte Ideen zu wagen

**Verlauf** Fragen Sie die Teilnehmer, ob alle Papier und Stift in Reichweite haben. Auf Ihre Frage hin *„Was kann man alles mit einer Büroklammer machen?"* sollen die Teilnehmer 1-2 Minuten lang in Einzelarbeit so viele ungewöhnliche und verrückte Ideen wie möglich auf einem Zettel notieren.

Nach der vereinbarten Zeit stoppen Sie und bitten die Teilnehmer, sich ihre Ideen noch einmal anzusehen.

Die Weiterarbeit kann auf unterschiedliche Weise erfolgen:

**Variante 1**

Aufgabe: *„Wählen Sie eine Ihrer Ideen aus, die Sie selbst am verrücktesten oder lustigsten finden und schreiben Sie diese in den Chat."*

Zamyat M. Klein: 150 kreative Webinar-Methoden

**Variante 2**

Bei einer kleinen Gruppe können reihum alle Teilnehmer ihre Worte vorlesen.

**Reflexion**

Im Anschluss schauen Sie mit den Teilnehmern gemeinsam, wie sich die Ideen unterscheiden. Nach welchen Oberbegriffen könnte man sie ordnen? Und so arbeiten Sie heraus, welche Ideen „praktisch" sind und durchaus schon mal angewendet werden (Resetknopf drücken, Fingernägel säubern, kaputten Reißverschluss flicken) und welche scheinbar nur „verrückt" sind (Autos zerkratzen, Löcher in Rasen stechen). Oft kommen auch unerwartete, sehr kreative Ideen zutage (Schmuck damit basteln, Glasuntersetzer basteln). Am Ende ermutigen Sie die Teilnehmer für das spätere Brainstorming, mehr von solchen „verrückten" Ideen zu spinnen, damit sich wirklich neue Ideen entwickeln können.

---

Dies ist ein weiteres Beispiel für eine kreative Einführung in ein Thema. Sie können eine ganz andere Fragestellung oder Aufgabe formulieren, die zu Ihrem Thema passt und wozu die Teilnehmer Ideen oder Assoziationen sammeln. Wo gibt es auch bei Ihrem Thema die Möglichkeiten, einmal gewohnte Bahnen zu verlassen und „verrückte" Ideen zu spinnen? Die Methode hat dann zusätzlich noch die Funktion der Gehirn-Auflockerung.

*Trainer-Hinweis*

---

V   Ideen aufschreiben
K   Etwas „verrückte" Gedanken zulassen und notieren

*Lerntypen*

# Fotos und Bilder

| Medien | Whiteboard, Foto oder Zeichnung |
|---|---|
| TN-Aktivität | Schauen |
| TN-Zahl/Gruppengröße | Bis 12 TN |
| Sozialform | Plenum |
| Webinartyp | Einzel-Webinar, Webinar-Reihe, längere Schulung |

*Methode*    Wenn ein Bild sehr ausdrucksstark ist, kann es mehr veranschaulichen als ein langer Vortrag. Bilder können verblüffen, zum Nachdenken anregen, schockieren, zum Lachen bringen – auf jeden Fall werden damit Emotionen geweckt, die einen Einstieg in das folgende Thema fördern.

*Ziel*  ▶  Einstimmung auf das Thema

*Verlauf*    Bevor Sie mit einem Input oder der Erarbeitung eines Themas beginnen, stellen Sie einfach ein Bild ein.

Sie können nun unterschiedlich vorgehen:

▶ Wenn es ein nettes Bild zum Schmunzeln ist, geben Sie den Teilnehmern einfach kurz Zeit, es auf sich wirken zu lassen und dann steigen Sie ins Thema ein.

▶ Wenn es ein sehr provokantes Bild ist, können Sie anschließend die Meinung und Kommentare der Teilnehmer dazu einholen, mündlich oder im Chat.

▶ Sie können auch ein Bild einstellen und die Teilnehmer raten lassen, worum es da geht. Und erst anschließend das Thema benennen, mit dem Sie nun weiterarbeiten.

▶ Sie können ein Bild als Ausgangspunkt nehmen, wild drauflos zu assoziieren. Und dann können Sie schauen, ob und wie Sie mit diesen Assoziationen ans Thema anknüpfen.

                    Zamyat M. Klein: 150 kreative Webinar-Methoden

**Beispielfotos**

Hier zwei Beispielfotos zum Thema Zeitmanagement. Eine größere Auswahl an passenden Farbmotiven mit Nutzungserlaubnis finden Sie in den Online-Ressourcen. Wenn Sie sie einsetzen, dann bitte mit dem Quellenvermerk „Zamyat M. Klein".

V  Was sonst ;-)

*Lerntypen*

# KaWa®

| Medien | Papier |
|---|---|
| TN-Aktivität | Schreiben |
| TN-Zahl/Gruppengröße | Bis 12 TN |
| Sozialform | EA/Plenum |
| Webinartyp | Webinar-Reihe, längere Schulung |

*Methode*  Es geht um ein kunterbuntes Assoziieren zu einem Begriff, der mit dem Thema der Schulung zu tun hat. Hierbei fördern der Einsatz von bunten Farben sowie Scribbeln und Zeichnen das kreative assoziative Denken.

*Ziel*  ▶ Assoziationen zum Thema finden
▶ Evtl. auch Haltungen, Gefühle und Meinungen dazu

*Verlauf*  Sie stellen auf einer Folie ein Beispiel-KaWa® vor und erläutern das Prinzip: Ein Schlüsselwort wird vorgegeben. In Einzelarbeit soll nun jeder Teilnehmer jeden Buchstaben des Wortes als Ausgangspunkt für eine eigene Wortassoziation heranziehen. Die Begriffe können beliebig an das Wort geschrieben und wenn möglich auch grafisch aufbereitet werden. Das alles entweder in einer festgelegten Zeit oder bis zu einem vereinbarten Termin.

Die Teilnehmer entwickeln nun ein eigenes KaWa® auf einem Blatt Papier, das sie später mit dem Handy abfotografieren oder direkt auf einer Power-Point-Folie.

Dazu müssen Sie natürlich Zeit einräumen. Bei mehrteiligen Veranstaltungen geben Sie beim ersten Treffen die Aufgabe vor und vor der zweiten Veranstaltung lassen Sie sich die KaWas® der Teilnehmer zuschicken und laden diese hoch. Bei längeren Webinaren können Sie eine Bearbeitungszeit vorgeben, in der die Teilnehmer ihre KaWas® erstellen und Ihnen zusenden.

Im Webinar stellt nun jeder sein KaWa® vor. Wenn Sie parallel auch in einem Forum arbeiten, können die Teilnehmer alternativ ihre KaWas im Forum hochladen, sich dort die Werke der anderen anschauen und diese (schriftlich) besprechen.

Hier einige Beispiele:

Abb: KaWa® auf Papier gezeichnet

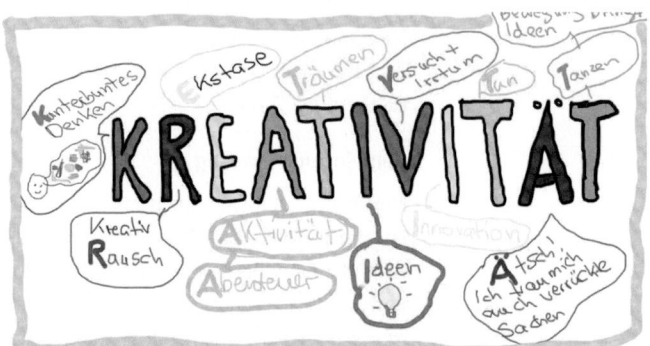

Abb: KaWa® mit dem Tablet
gezeichnet

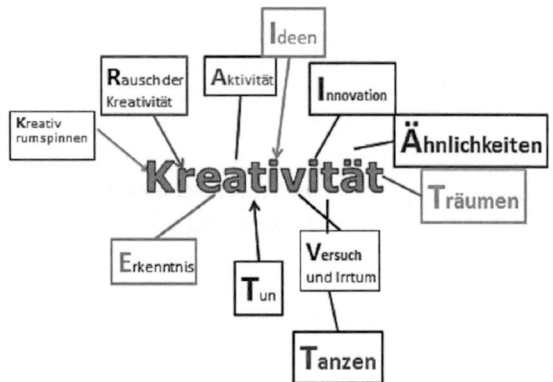

Abb: KaWa® als PowerPoint-Folie

**Weiterarbeit**

In der Weiterarbeit tauchen Fragen bei den Teilnehmern auf:

▶ Wie kommst du denn auf diese Assoziation?

▶ Warum ist das für dich negativ/positiv?

Oder es knüpft sich eine inhaltliche Diskussion an, etwa beim Thema Motivation:

▶ Welche Assoziationen sind Voraussetzungen für Motivation, welche sind Ergebnis?

▶ Welche erleben wir als positiv, welche als negativ?

*Varianten* **Visualisieren**

Statt nur Worte anzufügen, können die Teilnehmer auch Zeichnungen ergänzen und mit Farben arbeiten.

**Geschichten entwickeln**

Man kann ein kleines Kreativitäts-Spiel daran anschließen und aus den Assoziationen Geschichten schreiben oder erzählen lassen. Hierzu braucht es allerdings Zeit.

**Gemeinsame Planung**

Man kann ein KaWa® auch nutzen, um etwas zu planen. Ich habe einmal mit der Methode ein für mich ganz neues Seminarthema geplant. Zunächst habe ich assoziiert, was mir zu dem Thema einfällt und kam so auf Ideen und Aspekte, die mir sonst sicher nicht gekommen wären. Vielleicht gibt es etwas, das Sie mit Ihren Teilnehmern gemeinsam planen wollen?

*Quelle* Diese Methode ist von Vera F. Birkenbihl (Kreative Wort-Assoziation), die sie für ganz unterschiedliche Dinge einsetzte. Das Akronym steht für Kreativ, Analoggraffiti, Wort, Assoziativ. Ich stelle hier sicher eine vereinfachte Form vor.

*Lerntypen* V Schreiben und zeichnen

K Freude am Herumspinnen, Assoziieren, Scribbeln, kunterbunten Gestalten

# Mini-Test

| Medien | Chat, Audio |
|---|---|
| TN-Aktivität | Test durchführen, Ergebnisse aufschreiben |
| TN-Zahl/Gruppengröße | Bis 12 TN |
| Sozialform | Plenum |
| Webinartyp | Einzel-Webinar, Webinar-Reihe, längere Schulung |

*Methode*

Dies ist kein wirklicher Lerntypen-Test. Ich setze ihn zu Beginn einer längeren Einheit zum Thema „Lerntypen" ein, um daran zu demonstrieren, wie unterschiedlich Lernen und Wahrnehmen sein kann. Sie können auf ähnliche Weise zu ganz anderen Themen einführen, es muss auch gar kein „ernsthafter" Test sein, sondern nur ein Instrument, um die Teilnehmer zu Beginn ganz spielerisch einzubeziehen.

*Ziel*

▶ Erkenntnis, dass es sehr unterschiedlich ist, über welche Sinneskanäle die Menschen wahrnehmen

*Verlauf*

Vor dem Test werden die Sinne und die damit zusammenhängenden Begriffe der Wahrnehmungskanäle kurz erläutert, so wie wir sie für den Test brauchen.

visuell – sehen
auditiv – hören
kinästhetisch – fühlen
gustatorisch – schmecken
olfaktorisch – riechen

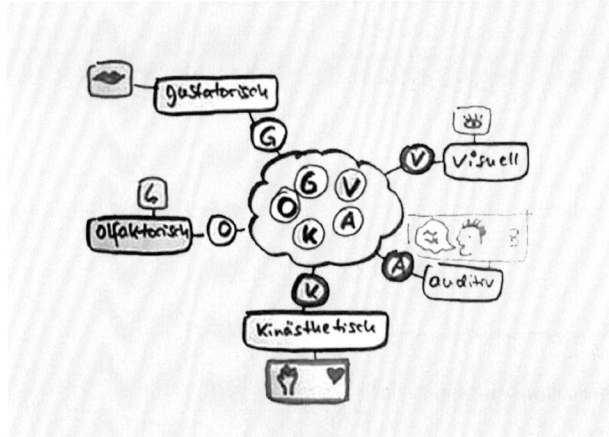

Diese fünf Sinne stelle ich nur für diesen Mini-Test vor. Bei der nachfolgenden Einheit zum Thema Lerntypen beschränken wir uns auf die Sinneskanäle V-A-K (visuell, auditiv, kinästhetisch), wobei diese dann noch weitere Zuschreibungen erhalten.

**Der Mini-Test**

Bitten Sie die Teilnehmer, jeweils kurz die Augen zu schließen und wahrzunehmen, in welchem Sinneskanal ihre erste Reaktion erfolgt, wenn sie einen Begriff wahrnehmen. Taucht als Erstes ein Bild auf oder ein Geräusch oder ein Geruch, ein Gefühl oder ein Geschmack?

Danach öffnen alle sofort wieder die Augen und Sie fragen die Sinne ab: *„Wer hat als Erstes gehört? Gesehen? Gefühlt? Geschmeckt? Gerochen?"* Im Online-Seminar sollen die Teilnehmer den bevorzugten Kanal in den Chat schreiben. Es reicht der jeweilige Buchstabe: V-A-K-O-G.

Im Vergleich mit den anderen sehen sie, dass nicht immer alle den gleichen Sinn notieren, sondern dass es meist ziemlich verteilt ist. Weisen Sie darauf noch mal ausdrücklich hin, denn nur darum ging es bei diesem Test. Er sagt noch überaupt nichts darüber aus, welcher bevorzugter Lerntyp jemand ist!

---

*Trainer-Hinweis*  Gibt es irgendeine Form von (spielerischem) Test, den Sie als Einstieg in ein Thema nutzen können? Sie können einfach etwas erfinden, das gar keinen großen Sinn, aber den Teilnehmern Spaß macht. Gerade bei trockenen Themen könnte so eine Variante sehr hilfreich sein, um den Teilnehmern die Angst zu nehmen, dass das Thema vielleicht zu schwierig oder zäh werden könnte.

---

*Lerntypen*  V  Folie sehen und in den Chat schreiben
A  Begriffe hören

# Mit Requisiten und Humor

| Medien | Whiteboard, Fotos |
|---|---|
| TN-Aktivität | Assoziieren, schreiben, sprechen |
| TN-Zahl/Gruppengröße | Für alle Gruppengrößen |
| Sozialform | Plenum |
| Webinartyp | Einzel-Webinar, Webinar-Reihe, längere Schulung |

*Methode*

Requisiten können Dinge anschaulicher machen. Sie können auch Verblüffung auslösen und neugierig machen. Sie sorgen für Aufmerksamkeit und laden die Teilnehmer zu kreativen Assoziationen ein.

*Ziel*

▶ Teilnehmer für ein Thema „aufschließen", vor allem, wenn es eher trocken und schwierig ist
▶ Neugierde und Interesse wecken

*Verlauf*

Sie haben verschiedene Möglichkeiten, Requisiten und Gegenstände zu nutzen. Rein technisch gesehen können Sie Fotos auf der Folie zeigen oder wenn Sie mit einer Webcam arbeiten, auch Gegenstände in die Kamera halten.

## Kurzer Bildimpuls

Wenn Sie es nur kurz als Einstieg nutzen wollen, bieten sich Gegenstände an, die witzig oder sogar etwas provokativ wirken. Wie den Boxhandschuh zum Thema „Gewaltfreie Kommunikation".

## Beispiel Gewaltfreie Kommunikation

Sie zeigen das Foto, lassen es einen Moment wirken und fangen dann mit Ihrem Vortrag an.

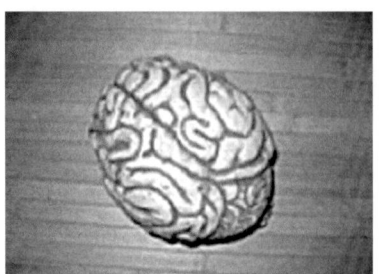

### Beispiel Lernen und Gedächtnis

Wenn ich dieses Plastikgehirn in Präsenzseminaren den Teilnehmer zuwerfe, löst es natürlich ein stärkeres „Ihhh" aus, als bei einem Foto im Webinar. Doch auch online ist es zumindest anschaulich.

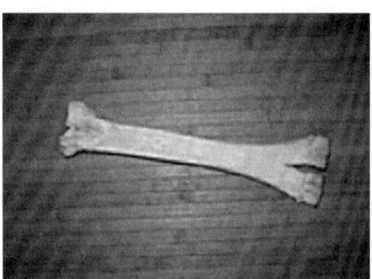

### Beispiel Akquise

Auch mein echter Kamelknochen aus der Sahara macht in Präsenzseminaren mehr her. Wenn Sie dazu eine lustige Geschichte erzählen, kann er auch in Webinaren beeindrucken.

### Anlass für Assoziationen

Sie können einen Gegenstand zeigen und die Teilnehmer auffordern, Assoziationen zu sammeln zu der Frage: „Was hat dieser Gegenstand mit dem Thema zu tun?" Die Teilnehmer schreiben diese Assoziationen dann in den Chat. Zusätzlich können Sie diese mündlich erläutern lassen bzw. in einen Austausch darüber treten. Damit ist man schon mitten im Thema.

---

*Lerntypen*     V   Fotos sehen
                 K   Spaß an ungewöhnlichen Requisiten und Gegenständen

# Schule der Tiere

| Medien | Bild, Audio |
|---|---|
| TN-Aktivität | Zuhören |
| TN-Zahl/Gruppengröße | Für jede Gruppengröße |
| Sozialform | Plenum |
| Webinartyp | Einzel-Webinar, Webinar-Reihe, längere Schulung |

Es ist eine schöne Abwechslung, mit einer Geschichte in ein Thema einzustimmen. In diesem Fall gibt es noch einen passenden Cartoon dazu, der sehr schön veranschaulicht, worum es geht.

*Methode*

*„Um es gerecht zu machen, bekommt ihr alle die gleiche Aufgabe: Klettert auf den Baum!"*

Abb.: Cartoon nach George Reavis Geschichte, Gestaltung: Stefanie Diers

▶ Bewusst machen, warum es für Lehrende wichtig ist, auf die verschiedenen Lerntypen einzugehen

*Ziel*

*Verlauf*   Sie zeigen die Folie mit einem Cartoon und lesen dazu die Geschichte vor.

**Geschichte: Schule der Tiere**

Vor langer Zeit, da hatten die Tiere eine Schule. Der Lernstoff bestand aus Laufen, Klettern, Fliegen und Schwimmen. Alle Tiere wurden in allen Fächern unterrichtet.

Die beste Schwimmerin war eindeutig die Ente, sie schwamm sogar besser als der Lehrer. Sie konnte fliegen – aber eher durchschnittlich, doch im Rennen war sie völlig unter dem Durchschnitt. Da sie in diesem Fach schlechte Noten hatte, wurde sie zum Nachsitzen verdonnert. Dort musste sie Rennen üben. Immer wieder. Leider verpasste sie dadurch den Schwimmunterricht so lange, bis sie auch im Schwimmen nur noch durchschnittlich war. Allerdings waren durchschnittliche Noten durchaus akzeptabel – daher waren außer der Ente alle zufrieden.

Im Vergleich zur Ente war der Adler ein richtiges Sorgenkind. Er wurde regelmäßig streng gemaßregelt, weil er darauf bestand, auf den Baum zu fliegen. Obwohl er so vor allen anderen als Erster den Wipfel eines Baumes erreichte, erreichte er das Klassenziel nicht, weil er partout nicht klettern wollte.

Bester Läufer war zu Beginn des Schuljahrs das Kaninchen. Leider bekam es einen Nervenzusammenbruch. Es musste schließlich von der Schule genommen werden wegen des vielen Nachhilfeunterrichts im Schwimmen.

Das Eichhörnchen war Klassenbester im Klettern, aber im Fach Fliegen bekam es Muskelkater durch Überanstrengung bei Startübungen und immer mehr „Dreien" im Klettern und Rennen.

Mit viel Sinn fürs Praktische ausgestattet, gaben die Präriehunde ihre Kinder bereits in jungen Jahren zum Dachs in die Lehre. Allerdings lehnte es die Schulbehörde ab, das Fach Buddeln in den Lehrplan aufzunehmen.

Am Ende des Jahres wurde ein junger, etwas aus der Art geschlagener Aal Schulbester, der gut schwimmen, ein wenig rennen und ein kleines Stück weit fliegen konnte.

*Quelle*   Nach George Reavis (1940): The Animal School. Public Domain (PD).

*Lerntypen*   V   Randstimulus (Cartoon) sehen
            K   Geschichte, Parabel

# Sketch und Verkleidung

| Medien | Whiteboard, Webcam |
|---|---|
| TN-Aktivität | Eigene Ideen entwickeln |
| TN-Zahl/Gruppengröße | Bis 12 TN |
| Sozialform | Plenum |
| Webinartyp | Einzel-Webinar, Webinar-Reihe, längere Schulung |

Nicht nur in Präsenzseminaren kann man sehr schön mit einer Art Sketch oder durch die Darstellung einer anderen Person in ein Thema einführen. Das weckt auf jeden Fall die Aufmerksamkeit der Teilnehmer. Und es ist vor allem hilfreich, wenn das Thema vielleicht eher angstbesetzt ist, trocken daherkommt oder Sie als Trainer mit Vorbehalten rechnen. Für Webinare muss man sich daher passende Varianten überlegen.

*Methode*

▶ Auf ungewöhnliche Weise an ein Thema herangeführt
▶ Trockene oder schwierige, abstrakte Fachinhalte anschaulich und konkret einführen und damit Lernblockaden verhindern
▶ Das Verstehen und Behalten erleichtern

*Ziel*

Einen Sketch in Verkleidung können Sie in einem Webinar nur begrenzt aufführen. Mit der Webcam können Sie eine kleine Variante durchaus durchführen. Setzen Sie sich eine Kopfbedeckung oder Brille auf und schlüpfen Sie kurz in eine Rolle. Hier sind etwas Mut und ein wenig Entertainment-Qualitäten gefordert.

*Verlauf*

Die Wahl der Rolle hängt natürlich vom Ziel ab, das Sie verfolgen. Wollen Sie etwa nur Neugierde wecken und die Teilnehmer zum Lachen bringen? Oder wollen Sie damit auch das Thema etwas plastischer gestalten?

Bei meinem Beispiel von *„Kawil Namziss"* (Bild) ging es mir auch darum, mich als Trainerin aus der Schusslinie zu nehmen und die vielleicht erst

**Sketch**

einmal seltsam wirkenden Thesen von Dale Carnegie zu guten Geschäftsbeziehungen als fremde Person vorzutragen, nämlich als Kawil Namziss. Der Name setzte sich aus den Anfangsbuchstaben der 12 Prinzipien zusammen.

Abb.: Links als Kawil Namziss, rechts als der menschliche Geist

*Varianten*

### Sich verkleiden

Sie können sich vor laufender Webcam verkleiden und dann mit verschiedenen Stimmen sprechen.

### Foto einstellen

Sie können aber auch einfach ein Foto von sich oder anderen Personen in Verkleidung und entsprechenden Rollen einstellen und dazu eine passende Geschichte erzählen.

### Sketch

Sie können mit verschiedenen Stimmen eine Art Hörspiel vortragen, einen Sketch, eine Unterhaltung, einen Dialog.

### Comics oder Bildergeschichten

Sie können Ihre Erläuterungen zum Thema mit Comics oder Bildergeschichten untermalen.

Zu allen Varianten können Sie Geräusche und Klänge hinzunehmen. Hierzu gibt es gutes Soundmaterial im Internet oder auf CD.

*Lerntypen*

V   Bilder und Requisiten
A   Geschichte oder anderes hören
K   Spaß an Unterhaltung durch Verkleidung und verrückten Requisiten, Geräuschen und Hörspiel oder Sketch

# Test

| Medien | Umfrage, Chat, Audio |
|---|---|
| TN-Aktivität | Test durchführen, Ergebnisse aufschreiben |
| TN-Zahl/Gruppengröße | Bis 12 TN |
| Sozialform | Plenum |
| Webinartyp | Einzel-Webinar, Webinar-Reihe, längere Schulung |

Sie können spielerische Tests durchführen (siehe Beispiel), die eher humorvoll einstimmen oder ernsthafte Tests, die zeigen, was die Teilnehmer schon zum Thema wissen.

*Methode*

▶ Erfahren, was die Teilnehmer schon zum Thema wissen oder erfahren möchten

*Ziel*

Sie können Tests auf verschiedene Art in einem Webinar durchführen:

*Verlauf*

## Als Umfrage

Die meisten Webinar-Plattformen haben Umfrage-Tools. Diese könnten Sie für kleine Tests umwandeln. Dazu wählen Sie die Variante der „Einfach"-Antwortmöglichkeiten. Pro Frage öffnen Sie ein Umfrage-Tool und lassen die Teilnehmer dort anklicken, was ihrer Meinung nach die richtige Antwort ist.

Eine solche Umfrage ist natürlich anonym. Sie sehen dann aber, wie viele Antworten richtig sind und wo es noch Verbesserungsbedarf gibt – und können diesen thematisieren, ohne dass sich ein Teilnehmer blamiert fühlt. Es führt gleichzeitig dazu, dass die Teilnehmer sich selbst einzuschätzen lernen.

### Im Chat

Sie visualisieren nach und nach die Fragen auf einer Folie. Nach jeder Frage sollen die Teilnehmer ihre Antworten in den Chat schreiben. Damit sie nicht voneinander abschreiben, bitten Sie die Teilnehmer, ihre Antworten in das Feld zu tippen und dann gemeinsam auf „senden" zu klicken, wenn Sie dazu das Signal geben.

### Privatchat

Manche Plattformen haben einen Privatchat, dann können die Teilnehmer ihre Antworten an Sie senden, ohne dass die anderen sie lesen können.

### Folien

Sie können auch alle möglichen „Formulare" entwerfen und diese auf einer Folie darstellen. Dort können die Teilnehmer dann …

▶ die Antworten ankreuzen,
▶ Verbindungslinien zwischen zwei Begriffen ziehen, die zusammengehören,
▶ mündlich antworten.

### Beispiel eines spielerischen Tests

In dem „Handbuch Kreativität" von Bernd Weidenmann fand ich ein nettes Beispiel für einen Test, bei dem man anschließend schmunzelt, gleichzeitig findet eine sinnvolle Einführung in das Thema statt.

Es geht um die Fragestellung *„Bist du kreativ?"*

Die Teilnehmer sollen zu sieben Fragen immer eine von vier Möglichkeiten ankreuzen. Nachdem das alle gewissenhaft gemacht haben, kommt als Auflösung:

*„Lassen Sie alle Fragen außer der Frage 5 ‚Du betrachtest dich als …' beiseite. Wenn Sie dort ‚A) extrem kreativ' angekreuzt haben – dann sind Sie extrem kreativ. Wenn Sie ‚E) so unkreativ wie eine Rübe' angekreuzt haben, dann stimmt auch das."*

Weidenmann erläutert amschließend, dass ein Psychologenteam im Auftrag eines Unternehmens der Frage nachging: Wie unterscheiden sich die kreativen Mitarbeiter von den weniger kreativen Mitarbeitern? Nach einer dreimonatigen Untersuchung der Mitarbeiter in dem auftraggebenden Unternehmen kamen sie genau zu diesem Forschungsergebnis: Die Mitarbeiter, die sich selbst als kreativ einschätzten, waren auch kreativ – die anderen, die sich als unkreativ beurteilten, waren unkreativ.

Dieser Test dient also nur dazu, klarzumachen, dass Kreativität viel mit der eigenen inneren Einstellung zu tun hat und dass man selbst in der Hand hat, wie kreativ man ist. Und dass man Kreativität eben auch trainieren kann.

▶ Die „Auswertung" des geschilderten Tests geschieht mit der Geschichte von dem Ergebnis, welches das Forschungsprojekt in einem Unternehmen hervorbrachte.

▶ Tipp: Wenn Sie mit einem Test einen Überblick bekommen möchten, wo Ihre Teilnehmer gerade stehen, sollte er in einer möglichst lockeren Form durchgeführt werden.

▶ Anders sehen Tests aus, die am Ende einer Schulung mit Zertifizierung durchgeführt werden. Dazu gibt es meist entsprechende Tools, die müssen Sie dann nicht selbst basteln.

*Trainer-Hinweis*

Das Beispiel stammt aus Bernd Weidenmann: Handbuch Kreativität. Beltz Verlag.

*Quelle*

Je nach Variante:

V  Teilnehmer kreuzen Umfrage an

A  Mündliche Antworten

*Lerntypen*

# Methoden für den Themen-Input

## Input

In der **Input**-Phase geht es um eine inhaltliche Vermittlung von Informationen, Wissenshintergrund, Fachtheorie – alles, was die Grundlage für die spätere Arbeit bildet.

Im Webinar ist hier die Versuchung groß, sich nun auf einen PowerPoint-Vortrag zu beschränken. Denn wie sonst soll man Informationen weitergeben? Und zwar möglichst viel in möglichst kurzer Zeit?

Das scheint ein immerwährendes Dilemma für jeden Trainer zu sein: Keine Zeit, Dinge in Ruhe zu entwickeln und zu bearbeiten. Die Seminarzeiten werden immer kürzer. Gab ich früher noch fünftägige Präsenzseminare, wurden es später dreitägige, inzwischen bin ich froh, wenn ich zwei Tage für ein Thema vereinbaren kann. Nun verführen Webinare dazu, alles in noch komprimierterer Form zu liefern.

Doch bei Webinaren gilt das Gleiche wie bei Präsenzseminaren: Es ist eine Illusion zu glauben, dass die Informationen, die Sie während eines Vortrags von sich geben, eins zu eins beim Empfänger landen und auch hängen bleiben – auch wenn Sie sie gleichzeitig mit Folien visualisieren. Wirkliches Wissen, Verstehen und Können wird nur dadurch erreicht, dass sich die Teilnehmer aktiv mit dem Stoff auseinandersetzen. Das sollte spätestens in den anschließenden Erarbeitungs- und Wiederholungs-Phasen geschehen, doch schon während der Stoffpräsentation können Sie diese inneren Prozesse bei den Teilnehmern unterstützen, indem Sie sie bereits in dieser Phase einbeziehen. Mindestens innerlich, aber auch durch äußere Aktivitäten.

Dazu sollte auch der „Vortrag" alle Sinne ansprechen und lebendig, kreativ und vor allem höchst anschaulich sein, damit er innere Bilder und Gefühle bei den Zuhörern auslöst, sie innerlich beteiligt sind und sich eigene Gedanken zum Thema machen. Das können Sie als Trainer durch die Art der Präsentation und der Fragestellungen beeinflussen und unterstützen. Hierzu lernen Sie in diesem Kapitel einige Methoden kennen.

Grundsätzlich gilt: Der Wechsel macht es. Sie müssen vielleicht mehrfach eine Vortrags- oder Informationsphase einbauen. Dann wechseln Sie die Methoden. Führen Sie das erste Mal ein Lernkonzert durch, beim nächsten Input eine Lernlandschaft und beim dritten Mal erzählen Sie eine Geschichte oder verpacken Ihr Thema in eine Metapher. Dazu stellen Sie entsprechende Fotos oder Zeichnungen ein, schwenken Requisiten vor der Webcam oder spielen einen Sketch. Es ist mehr möglich, als Sie vielleicht denken.

Hinzu kommt, dass sehr stark visuell orientierte Teilnehmer nicht gut durch reines Zuhören lernen. Sie brauchen zwischendurch einfach mal Zeit, in der sie in Ruhe selbst die Inhalte lesen können, dabei die Texte markieren und sich Notizen machen. Anschließend können sie in einen Austausch gehen. Aber permanentes Zuhören und Austauschen in einem Webinar ist für sie sehr anstrengend und daher nicht befriedigend. Sie empfinden es als oberflächlich, weil sie keine Gelegenheit haben, sich selbst in Ruhe Gedanken zu machen.

Menschen unterscheiden sich nicht nur durch ihre bevorzugten Wahrnehmungskanäle, sondern auch in ihren Lernrhythmen. Manche sind einfach schneller, andere brauchen etwas mehr Zeit. Das sofortige Reagieren in Webinaren, mündlich oder im Chat, ist für manche belastend und sie kommen da nicht zum Zuge. Hier können Sie aktiv und lernfördernd die Weichen stellen.

# Beobachtungsaufgabe

| Medien | Whiteboard, Papier für Notizen |
|---|---|
| TN-Aktivität | Konzentriert zuhören, Notizen zu ihren Aufgaben machen |
| TN-Zahl/Gruppengröße | Für jede Gruppengröße, anschließender Austausch nur bei Gruppen von 8-10 TN |
| Sozialform | EA/AGs/Plenum |
| Webinartyp | Webinar-Reihe, längere Schulung |

Damit sich Teilnehmer bei einem Input nicht nur berieseln lassen, werden ihnen vorab konkrete Aufgaben oder Fragen gegeben, worauf sie während des Vortrags besonders achten sollen. Das fokussiert die Aufmerksamkeit.

*Methode*

▶ Konzentration und (innerlich) aktive Teilnahme, auch bei einem Vortrag oder Input des Trainers

*Ziel*

Nach der Benennung des Themas, das im folgenden Vortrag behandelt wird, verteilen Sie verschiedene Aufgaben (Beispiele unten).

*Verlauf*

Dazu haben Sie verschiedene Möglichkeiten:
▶ Sie können die Teilnehmer frei wählen lassen, welche Aufgabe sie für sich wählen.
▶ Sie verteilen die Aufgaben mit einer Zuordnungsübung gleichmäßig auf die Gruppe oder legen es einfach selbst fest.

Während Ihres Vortrags machen sich die Teilnehmer Notizen zu allen Aspekten, die ihre Aufgabe betreffen. Anschließend werden diese ausgetauscht.

### Gruppenaufteilung

Zu Beginn des Vortrags werden die Teilnehmer in Gruppen aufgeteilt, z.B. A-B–C, jede Gruppe erhält eine andere Aufgabe.

Zur Gruppenaufteilung gibt es verschiedene Methoden:
- ▶ Lassen Sie durchzählen (ABC, ABC …)
- ▶ Sie gehen die Teilnehmerliste durch und zählen diese jeweils bis 3 durch. Alle Einser sind dann Gruppe A, alle Zweier sind Gruppe B etc.
- ▶ Sie haben schon vorher auf einer Folie alle Namen der Teilnehmer vorbereitet und ganz willkürlich die Buchstaben der Gruppen zugeordnet.
- ▶ Sie haben auf einer Folie alle Namen der Teilnehmer vorbereitet und stellen die drei Aufgaben für die Gruppe A, B und C vor. Jeder Teilnehmer ordnet nun seinem Namen dem Buchstaben zu, dessen Aufgabe er gerne bearbeiten möchte.

### Aufgaben – Beispiele

1. Beispiel: Inhaltliche Fragen
Bitte beobachten Sie …
- ▶ Was ist neu für mich?
- ▶ Was kann ich wohl nur schwer in meiner Arbeit umsetzen?
- ▶ Was möchte ich auf jeden Fall umsetzen?

2. Beispiel: Aufgaben (hier im Kontext einer Trainerausbildung)
- ▶ A: Notiert, welche Seminarmethoden der Trainer im Vortrag nennt
- ▶ B: Notiert, welche andere Formen außer Vortrag der Trainer anwendet
- ▶ C: Notiert, welche Seminarphasen der Trainer anspricht und welche Ziele mit ihnen angestrebt werden

3. Beispiel: Reflexionsfragen
- ▶ A: Welche Fragen sind offen, was ist mir noch unklar, sollte vertieft werden?
- ▶ B: Was macht scheinbar keinen Sinn, wo gibt es Widerspruch?
- ▶ C: Welche Möglichkeiten zur Anwendung fallen mir ein.

### Weiterarbeit

Nun werden die Beobachtungen der Gruppen zusammengetragen. Auch hierfür gibt es verschiedene Möglichkeiten.

- ▶ Sie gehen der Reihe nach die Fragen durch, beginnen dabei mit Aufgabe A. Dazu schalten Sie die Teilnehmer reihum frei, die ihre Beobachtungen dann mündlich mitteilen. Sie können als Trainer parallel dazu die Ergebnisse in Stichworten auf dem Whiteboard festhalten.
- ▶ Sie schalten das Whiteboard für die Teilnehmer frei und beginnen mit Aufgabe A. Die entsprechenden Teilnehmer notieren ihre Beobach-

tungen auf das Whiteboard und können sie anschließend noch erläutern.

Als Nächstes das Gleiche dann zur Aufgabe B und C.

---

V Teilnehmer machen sich Notizen zu ihrer Aufgabe

A Dem Vortrag zuhören, evtl. eigene Erläuterungen

*Lerntypen*

# Geräusche raten

| Medien | Audio |
|---|---|
| TN-Aktivität | Geräusche raten |
| TN-Zahl/Gruppengröße | Bis 12 TN |
| Sozialform | Plenum |
| Webinartyp | Einzel-Webinar, Webinar-Reihe, längere Schulung |

**Methode**  Jede Abwechslung von den gängigen Methoden wie Folien und Vortrag dient der erhöhten Konzentration der Teilnehmer. Wenn Sie die Methode nicht nur als reinen Energizer zwischendurch einsetzen wollen, stellen Sie eine Verbindung zu Ihrem Webinarthema her.

**Ziel**
- ▶ Konzentration
- ▶ Kreativität

**Verlauf**  **Freies Geräusche-Raten**

Sie machen nach und nach verschiedene Geräusche, die die Teilnehmer raten sollen. Aber erst einmal soll niemand etwas verraten, vielmehr macht sich jeder Teilnehmer nach jedem Geräusch zuächst Notizen.

Nehmen wir mal an, Sie haben fünf Geräusche vorgeführt. Sie bitten Ihre Teilnehmer, ihre Ideen zunächst in den Chat zu schreiben und auf Ihr Kommando „Jetzt!" senden alle gleichzeitig ab. So kann niemand vom anderen abschauen.

Bei Bedarf können Sie vorher das gesuchte Geräusch noch mal wiederholen. Wer die meisten Geräusche richtig geraten hat, hat gewonnen!

**Multiple Choice – mit oder ohne Fotos**

Sie machen ein Geräusch vor und präsentieren anschließend auf einer Folie fünf Möglichkeiten, was es gewesen sein könnte:

▶ das Knistern einer Plastiktüte
▶ das Rascheln eines Butterbrotpapiers
▶ das Aufreißen einer Verpackung
▶ das Zusammenknüllen eines Papiers
▶ sich am Arm kratzen

Dann können die Teilnehmer ankreuzen, was ihnen richtig erscheint. Auch hier empfiehlt es sich, dass alle gleichzeitig auf ein Kommando hin das Kreuz setzen, damit sie sich nicht gegenseitig beeinflussen und verunsichern.

**Mit dem Thema verbundene Geräusche**

Sie wollen in ein bestimmtes Thema einführen. Zur Einstimmung erzählen Sie zu Beginn eine Geräusche-Rate-Geschichte mit Geräuschen, die mit dem Thema zu tun haben. Das ist sicher nicht so einfach. Sie können entweder das Thema vorher bekannt geben oder – noch anspruchsvoller – es eben als Überraschung für den Einstieg einsetzen und die Teilnehmer das Geräusch und das dazugehörige Thema erraten lassen. Eine zusammenhängende Geschichte bekommen Sie vielleicht nicht hin, aber zum „Themen-Raten" können Sie ja einfach Geräusche kombinieren.

▶ Beispielthema: Zeitmanagement
Geräuschkombi: Telefon-Klingeln, Wecker klingeln, E-Mail-Eingangsgeräusch, Timerle (PC-Wecker), Tastaturklappern, lauter Schrei ...

**Die Teilnehmer schreiben eine Geschichte**

Sie können sich ein ganzes Hörspiel mit einer Kette von Geräuschen ausdenken und beispielsweise nur die Headline oder das Genre (Krimi) vorgeben. Sie können aber auch alles ganz offen lassen.

Geräusche können beispielsweise sein: Schritte, eine knarrende Tür, ein Schlag, ein Schrei ... Oder auch ganz harmlose Alltagsgeräusche: Wasser, das in eine Tasse geschüttet wird, mit dem Löffel umrühren, trinken, klappern, etwas geht kaputt ...

Die Teilnehmer bekommen 5-10 Minuten Zeit, um sich eine zu den Geräuschen passende Geschichte auszudenken und diese aufzuschreiben. Reihum lesen anschließend alle ihre Geschichte vor.

**Die Teilnehmer machen Geräusche**

Sie können die Aufgabe entweder spontan stellen oder den Teilnehmern vorher als Aufgabe geben, auf die sie sich vorbereiten sollen.
Jeder Teilnehmer führt fünf Geräusche vor, die anderen müssen raten.
Bewertet werden kann anschließend:

▶ Wer hat die interessantesten Geräusche zusammengestellt?
▶ Wer hatte die schwierigsten?
▶ Wer hat am meisten richtig geraten?

*Lerntypen*

A   Geräusche hören, Vermutungen äußern
K   Spaß an ungewöhnlicher Methode und am Raten

# Geschichten

| Medien | Audio |
|---|---|
| TN-Aktivität | Zuhören, innere Bilder entstehen lassen |
| TN-Zahl/Gruppengröße | Beliebig |
| Sozialform | Plenum |
| Webinartyp | Einzel-Webinar, Webinar-Reihe, längere Schulung |

Gerade trockene Fakten und Informationen lassen sich viel leichter in Form einer Geschichte aufnehmen und auch verstehen. Wenn man bestimmte Fakten in eine Metapher, Parabel oder Ähnliches packt, haben die Teilnehmer leichteren Zugang und verstehen meist sofort, worum es im Wesentlichen geht. Diese Methode ist nicht für Detailwissen geeignet, aber sehr gut als Überblick, um auch Zusammenhänge oder den Sinn eines Themas zu begreifen.

*Methode*

▶ Das große Bild eines Themas und grundlegende Informationen vermitteln

*Ziel*

Sie erzählen eine Geschichte zu Ihrem Thema oder lesen diese vor. Anschließend können die Teilnehmer Fragen stellen (je nach Thema) oder Sie lassen die Geschichte einfach wirken. Begleitend können Sie eine Folie einblenden, die die Hauptfakten der Geschichte darstellt.

*Verlauf*

**Beispiel: Brainland-Geschichte**

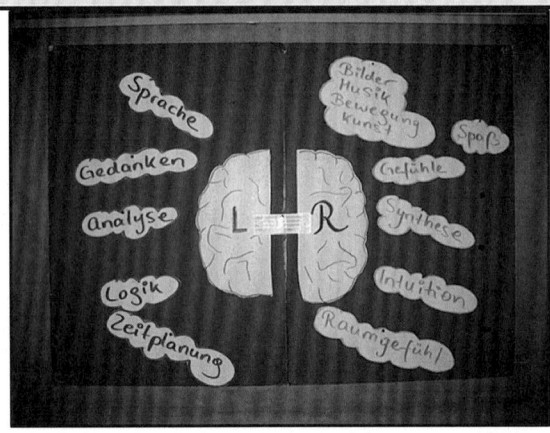

### Die Brainland-Geschichte

Ich möchte Sie zu einer Reise einladen, zu einer Art Ländervergleich. Wir besuchen ein geteiltes Land, dessen beide Hälften sehr unterschiedlich, ja fast gegensätzlich sind. Sie könnten sich sehr gut ergänzen, wenn – ja wenn da nicht das Problem der fehlenden der Zusammenarbeit wäre.

Es herrscht zwar nicht gerade Krieg, auch kein kalter, eher eine friedliche Ignoranz: Man lässt die andere Seite gewähren, wagt sich aber nur selten über die Brücke, die über eine tiefe Schlucht führt und den Grenzübergang zwischen den beiden Landeshälften darstellt.

Es handelt sich um Brainland, das in einen rechten und linken Teil gespalten ist, verbunden nur durch diese Brücke, die den Namen „Corpus Callosum" trägt.

Der Name stammt sicher von den Linkshirnis, wie die Bewohner der linken Landeshälfte genannt werden. Entsprechend leben auf der rechten Seite die Rechtshirnis.

*(Hektische Musik im Hintergrund)*

Wir beginnen unsere Reise im linken Teil. Es ist ziemlich graues Wetter hier, alles sieht aus wie auf einem Schwarz-Weiß Film, aber die Konturen sind gestochen scharf. Die Straßen sind schnurgerade und übersichtlich, statt mit Straßennamen sind sie durch Zahlen gekennzeichnet und durchnummeriert. Der Gesamteindruck ist nüchtern und klar, es gibt keine unnötigen Schnörkel und Verzierungen. Die Menschen in diesem Land sind sehr ordentlich und strebsam. Sie zeichnen sich durch Fleiß, Pünktlichkeit und Disziplin aus. Sie arbeiten sehr viel und müssen oft Überstunden machen, da sich Aktenberge auf ihren Schreibtischen türmen. Sie sind sehr an der Zeit orientiert, überall sieht man auf den Straßen große Uhren hängen.

*(Ruhige und beschwingte Gitarrenmusik)*

Ganz anders sieht es auf der rechten Seite aus. Wir begeben uns mit dem Hubschrauber dorthin, um erst einmal einen Gesamtüberblick zu bekommen. Sofort fällt uns der große Kontrast ins Auge. Alles ist bunt und ungeheuer vielfältig. Die Landschaft ist sehr abwechslungsreich, voller Hügel, Berge und Täler, die Wege sind verschlungen, manche Landstriche sind fast verwildert. In den Städten führen die Straßen kreuz und quer, sie sind keinesfalls gerade und schon gar nicht quadratisch angeordnet wie im linken Teil. Sie machen unvorhersehbare Kurven, verbinden sich mit Nebengassen und Wegen. Die Häuser sind bunt, mit vielen Ornamenten und Verzierungen ausgestattet. Überall sind Parks und Blumen, die uns mit ihrem Duft betören. Durch die Straßen schweben Klänge einer wunderschönen Musik, man sieht viele Menschen tanzen und lachen.

Überhaupt scheinen die Menschen hier viel mehr Freizeit zu haben. Viele sitzen in Cafés oder gehen in den Parks spazieren. Wenn sie allerdings Arbeit haben, sind sie sehr kreativ, neigen zu ungewöhnlichem Vorgehen und erzielen ganz verblüffende, oft ganz neue Lösungen. Allerdings kann es auch passieren, dass sie sich im kreativen Spiel etwas verlieren, die Zeit und alles um sich herum vergessen. Disziplin, Liebe zum Detail und Sorgfalt im Kleinen fehlen ihnen. Darüber sehen sie dann ganz großzügig hinweg.

Da die Rechtshirnis gerne fliegen oder auf Berge steigen, um das große Ganze im Blick zu haben, können sie öfter ins linke Land hinüberschauen. Und einigen besonders kreativen, fast revolutionären Köpfen ist aufgefallen, dass sich die Linkshirnis fast zu Tode schuften und die Rechtshirnis sich fast ein wenig langweilen, weil sie so wenig herausgefordert werden.

Und sie kommen auf die tollkühne Idee, dass alle doch viel glücklicher wären und vor allem die Arbeit insgesamt viel schneller und leichter erledigt werden könnte, wenn die Bewohner der beiden Landeshälften zusammenarbeiten würden. Sie könnten alle Aufgaben gemeinsam bewältigen, indem jede Seite den Teil der Aufgabe übernimmt, der ihr besonders leicht fällt, ihren besonderen Fähigkeiten entspricht und vor allem Spaß macht. Beide Seiten zusammen wären zu ganz ungeahnten Produktionen fähig, es könnten noch viel bessere Ergebnisse dabei herauskommen als zurzeit.

Die Frage ist jetzt, wie man beide Seiten davon überzeugen kann, dass es völlig unnötig ist, solch eine krampfhafte Distanz zu halten, sondern dass sie sich gegenseitig befruchten können, ohne dass sie ihre Eigenarten und Vorlieben aufgeben müssen. Im Gegenteil, diese sind ja gerade das Kostbare, mit dem das Wunder zu bewirken ist: spielend leichtes Lernen!

Ich vermute, dass einige Rechtshirnis das am ehesten einsehen und begreifen. Sie können dann mit ihrem Charme und ihrer Liebenswürdigkeit einzelne Linkshirnis bezaubern, ein wenig umgarnen und ihnen vor allem einige positive Beispiele präsentieren. Diese sollten allerdings nicht nur zum Anfassen und Ansehen sein, sondern sollten noch durch eine wissenschaftliche Analyse und empirische Forschung, durch Tabellen und logische Ableitungen untermauert und begründet werden. Dann haben die Linkshirnis auch leichteren Zugang zu diesen ungeheuerlichen Gedanken – und:

In jedem Linkshirni steckt ein verborgener Rechtshirni – und umgekehrt.

Wenn Sie die Geschichte ablesen, sagen Sie das vorher: *„Ich lese Ihnen jetzt eine kurze Geschichte vor"*, denn die Teilnehmer hören an Ihrer Stimme, ob Sie frei sprechen oder ablesen. Da es bei solchen Geschichten oft auf jede einzelne Formulierung ankommt, ist es manchmal besser, sie abzulesen.

*Trainer-Hinweis*

A   Einer Geschichte zuhören

*Lerntypen*

K   Können abstrakte Fakten durch Metaphern und Geschichten besser verstehen und behalten

V   Innere Bilder visualisieren

# Hörspiel

| Medien | Audio, Sound Machine |
|---|---|
| TN-Aktivität | Zuhören, eventuell raten, Geschichte dazu schreiben |
| TN-Zahl/Gruppengröße | Beliebig |
| Sozialform | Plenum |
| Webinartyp | Einzel-Webinar, Webinar-Reihe, längere Schulung |

*Methode*  Um auch einmal ganz andere Elemente in ein Webinar einzubeziehen, sind Geräusche und Klänge eine schöne Ergänzung.

*Ziel*
▶ Die Teilnehmer verblüffen
▶ Methodenvielfalt: Einmal andere Elemente einbauen

*Verlauf*  Sie wollen beispielsweise in die verschiedenen Phasen oder Strategien eines guten Verkaufsgesprächs einführen. Statt die Punkte einfach aufzuzählen, können Sie diese auf einer Folie visualiseren, dazu Ihre Erläuterungen abgeben und begleitende Geräusche mit der Sound Machine erzeugen.

Hier ist als Beispiel eine mögliche Situation in einem Verkaufstraining dargestellt:

*„Natürlich wollen Sie letztendlich etwas verkaufen, damit dann die Kasse klingelt."* (Geräusch einer Kasse)

*„Doch bevor es so weit ist, müssen Sie erst einmal in Ihrem Kunden bestimmte Erkenntnisse erzeugen."* (Pling von einer Glühbirne)

*„Sie können Ihren Kunden regelrecht begeistern, weil er sich und seine Be-
dürfnisse endlich mal verstanden fühlt.“* (Applaus)

*„Sie erkundigen sich einmal nach seinem Problem bzw. hören es sich an.“*
(Bäähhh-Geräusch)

*„Dann greifen Sie es verständnisvoll auf und fragen nach.“* (...)

*„Auf jeden Fall vermeiden Sie es, zu viel herumzuspringen ...* (Spirale –
boing, boing, boing)
*... sondern beschränken sich auf Ihre drei wichtigsten Argumente.“*

*„Geschickt platzieren Sie einen Höhepunkt in Ihrer Argumentation.“* (Trom-
melwirbel)

*„Am Ende kann Ihr Kunde gar nicht mehr anders, als völlig begeistert zu
sagen: DAS will ich haben.“* (Tusch)

*„Nun klingelt die Kasse ...“* (Kassengeräusch)
*„... und alle freuen sich.“* (Lachen)

---

▶ In Spielzeugläden finden Sie die passenden Gerätschaften, die hier zum    *Trainer-*
   Einsatz kommen können. Die Sound Machine, die viele verschiedene    *Hinweis*
   Geräusche zur Auswahl hat, finden Sie beispielsweise beim Ausstatter
   „Pappnase.de“, manchmal auch bei Tschibo oder anderen Anbietern.

▶ Es gibt beispielsweise auch kleine Döschen, die ganz unterschiedliche
   Geräusche produzieren, wenn man draufdrückt: Grillen, Vogelzwit-
   schern und Kükentschilpen und Kühe muhen.
▶ Ganz großartig finde ich eine Dose, die eine ganze Geschichte er-
   zählt: Zuerst hört man das „Dong dong dong“ einer herabgehenden
   Schranke, dann Zugfahrgeräusche unterschiedlichster Art, Signale etc.
   Wenn Sie nach „Gagbag“ googeln, erhalten Sie eine Auswahl anderer
   Sound-Geschichten.
▶ Sie können auch ganz einfach Geräusche mit allen möglichen Geräten
   (von einer Plastiktüte bis hin zum Kammblasen) selbst produzieren.

---

A   Geräusche hören und der Geschichte zuhören    *Lerntypen*
K   Mögen alles Ungewöhnliche, das aus dem Rahmen fällt

# Komplexere Themen bearbeiten:
# Beispiel Motivation

| Medien | Whiteboard |
|---|---|
| TN-Aktivität | Reflexion und Bearbeitung eigener Themen |
| TN-Zahl/Gruppengröße | Bis 12 TN |
| Sozialform | Plenum |
| Webinartyp | Webinar-Reihe, längere Schulung |

*Methode*  Wenn bei komplexeren Themen ein längerer Input erforderlich ist, teilen Sie das Thema besser in Abschnitte und beziehen Sie die Teilnehmer jeweils nach jedem Abschnitt aktiv mit ein – sei es nur durch kurze Reflexionen und der Möglichkeit, Fragen zu stellen. Alternativ lassen Sie sie je nach Thema auch schon eigene Übertragungsleistungen durchführen.

*Ziel*  ▶ Längere Konzentration bei umfangreichem Input
▶ Übertragung des Gehörten und Gelernten auf die eigene Arbeit

*Verlauf*  Sie beginnen Ihren Vortrag, den Sie mit Folien begleiten, auf denen
▶ entweder Stichworte stehen
▶ oder eine entsprechende Visualsierung der Stichworte mit Fotos oder Grafiken zu sehen ist.

Nach einer Sinn-Einheit, einem thematischen Abschnitt, machen Sie eine Pause und stellen den Teilnehmern eine Aufgabe, die sich auf das bisher Erläuterte bezieht.

Das können kleine Reflexionsfragen sein, wie:

▶ Was war neu für mich?
▶ Wozu habe ich noch Fragen?
▶ Was hat mich verblüfft?

Oder es können schon kleine Transfer-Übungen sein.

Im Beispiel Motivation geht es um die „5 Leitfragen", anhand derer man überprüfen kann, wie stark zu einem konkreten Thema die eigene Motivation ausgeprägt ist.

Nach jedem Punkt kann eine entsprechende Aufgabe gestellt werden. Vorher wählt jeder Teilnehmer ein konkretes Thema aus, ein Vorhaben, das er gerne umsetzen möchte – das er vielleicht bisher immer aufgeschoben und nicht realisiert hat, etwa regelmäßig joggen gehen, jeden Abend den Schreibtisch aufräumen, die Ernährung umstellen ...

**Beispiel Motivation**

Die fünf Leitfragen lauten:

1. Was treibt mich?
2. Was zieht mich?
3. Wie sehe ich die Aufgabe/den Weg zum Ziel?
4. Wie sehe und fühle ich mich dabei?
5. Wie schätze ich die Folgen ein?

**1. Was treibt mich?**

**Transfer-Aufgabe zwischendurch**

*„Nehmen Sie sich Ihr konkretes Thema vor und prüfen Sie es zu jedem dieser Punkte. Beispiel: Sie wollen regelmäßig Sport machen."*

▶ Wie hoch ist der Leidensdruck?

▶ Welche Nachteile entstehen Ihnen, wenn Sie Ihr Vorhaben nicht umsetzen?

▶ Mit welchen „Strafen" müssen Sie rechnen?

▶ Welche Ängste treiben Sie an?

Die Teilnehmer machen sich dazu Notizen.

### 2. Was zieht mich?

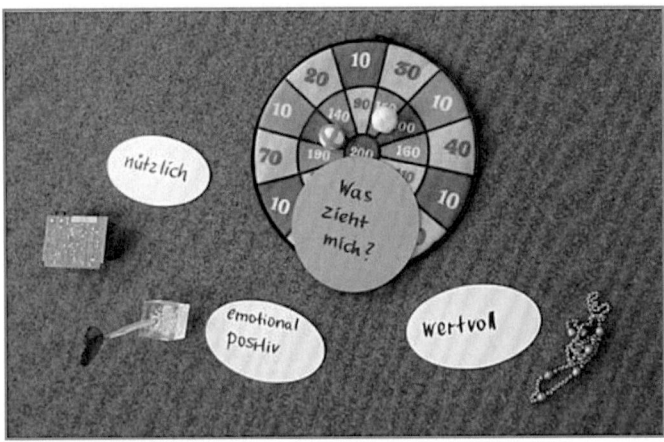

### 3. Wie sehe ich den Weg zum Ziel?

### Weiterarbeit

Wenn Sie alle fünf Leitfragen eingeführt und besprochen haben (hier ist nur ein Ausschnitt dargestellt), dann kann jeder Teilnehmer noch einmal sehen: Welcher der fünf Punkte trifft besonders stark zu? Wo klemmt es besonders?

Der nächste Schritt ist es dann zu erarbeiten, wie man diesen Punkt verstärken kann – oder sich vielleicht auch klar wird, dass es einen eben gar nicht so sehr zieht und die Motivation nicht besonders stark ist. Dann kann man überlegen, ob man dieses Ziel nicht vielleicht lieber freundlich verabschiedet.

Oft ist der Punkt 3 der Knackpunkt. Man sieht den Weg zum Ziel nicht klar oder stellt ihn sich total mühselig vor (Verzicht, Askese, Anstrengung). Dann kann man hieran weiterarbeiten und schauen: Wie kann ich mir den Weg erfreulicher gestalten oder meine innere Einstellung ändern?

**In der Gesamtgruppe**

Wenn genügend Zeit vorhanden ist, dann können Sie in der Gesamtgruppe einen mündlichen Austausch mit den Teilnehmern vornehmen, wo Sie Hilfestellung geben und Fragen beantworten können.

**In Arbeitsgruppen oder Partnerarbeit**

Sie können auch Arbeitsgruppen oder Paare bilden, die ein gemeinsames Brainstorming durchführen und erarbeiten, was der Einzelne tun kann, damit sein kritischer Punkt bearbeitet und überwunden wird.

---

Wenn Sie erreichen wollen, dass man die Gegenstände auf den Fotos möglichst gut sehen kann, sollten Sie das Gesamtbild aus einer eher seitlichen Perspektive fotografieren, statt von oben.

*Trainer-Hinweis*

---

V   Bilder und Folien sehen, Notizen zur Reflexion
A   Austausch im Plenum, AGs oder mit Partner

*Lerntypen*

# Lernlandschaft

| Medien | Whiteboard, Fotos von Gegenständen und Karten, Video |
|---|---|
| TN-Aktivität | Zuschauen und zuhören, Fragen und Erläuterungen |
| TN-Zahl/Gruppengröße | Bis 12 TN |
| Sozialform | Plenum |
| Webinartyp | Einzel-Webinar, Webinar-Reihe, längere Schulung |

*Methode*  In Präsenzseminaren bezeichne ich die Lernlandschaft immer als meine Alternative zu PowerPoint-Vorträgen. Im Webinar ist sie dann doch eher wie eine PPT-Darstellung möglich. Wie kann man dennoch Elemente der Lernlandschaft mit einer ähnlichen Wirkung auch online darstellen?

*Ziel*  ▶ Einstieg und Überblick über ein Thema geben
▶ Input eines Themas
▶ Trockene Inhalte anschaulich darstellen

*Verlauf*  Bei einer Lernlandschaft sind in Präsenzseminaren drei Elemente wesentlich:

1. Auf einem Flipchart oder Lernposter ist das gesamte Thema in Stichworten dargestellt, sodass sich die Teilnehmer während des Vortrags immer wieder orientieren können.

2. Auf Moderationskarten haben Sie die Stichworte und Schwerpunkte des Vortrags notiert, die Sie nach und nach auf den Boden oder einen Tisch legen und erläutern.

3. Zu jeder Karte stellen oder legen Sie noch einen Gegenstand dazu (das ist das Besondere der Lernlandschaft). Dieser sollte möglichst auffällig,

witzig oder verfremdend sein, damit er Aufmerksamkeit erregt und gut im Gedächtnis bleibt.

Um so etwas wie eine Lernlandschaft im Webinar durchzuführen, haben Sie verschiedene Alternativen:

### 1. Variante mit Fotos

Sie können Fotos von einer Lernlandschaft machen. Und zwar für jeden Abschnitt ein eigenes. Nach und nach zeigen Sie die verschiedenen Etappen. Am Ende können Sie dann ein Bild der gesamten Lernlandschaft präsentieren.

Auf den Fotos sind jeweils ein Gegenstand und die dazugehörige Moderationskarte zu sehen. Sie erläutern parallel zum Bild alles, was Sie auch in Präsenzseminaren an dieser Stelle sagen würden.

Hier zwei Beispiele zum Thema „Kreative Seminarmethoden".

### 2. Variante mit PowerPoint-Video

Alternativ können Sie eine Lernlandschaft als PowerPoint-Video herstellen. Im Grunde ist das eine Slideshow mit aufgezeichnetem Audiotext. Das können sich die Teilnehmer dann entweder während des Webinars oder bereits vorher anschauen, wenn Sie es etwa bei YouTube einstellen oder im Forum, auf das nur die Teilehmer Ihres Kurses Zugang haben. Dort werden die Folien in einem bestimmten Rhythmus passend zu den vorgetragenen Inhalten eingeblendet.

Hier der Link zu einem PowerPoint-Video zum Thema „Kreative Seminarmethoden": *www.youtube.com/watch?v=9_xH8crpecM&feature=youtu.be*

Er ist technisch nicht ganz perfekt, aber es ging mir erst einmal darum, zu zeigen, wie man etwas online herstellen kann, das stark mit der Lernlandschaft verwandt ist.

---

*Trainer-*
*Hinweis*

Wenn Sie ein solches Video aufnehmen möchten, ist es hilfreich, wenn Sie sich vorher einen sogenannten Handzettel mit Ihren Stichworten herstellen. Hier ein Ausschnitt, wie er aussieht:

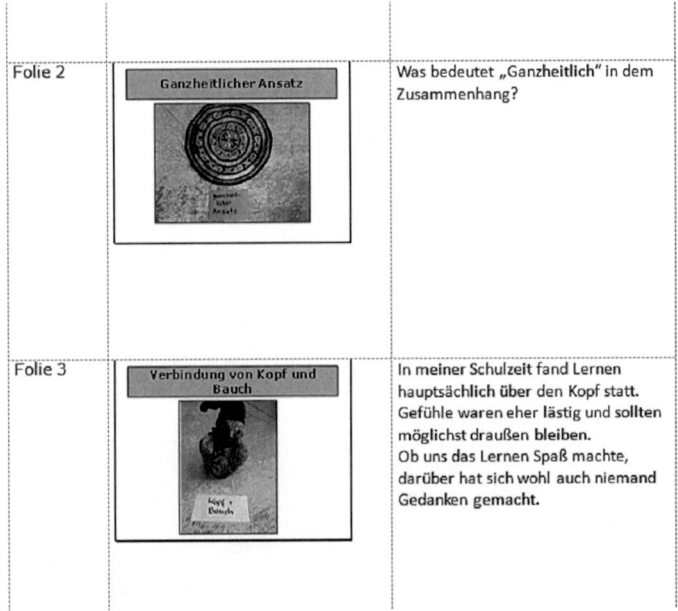

---

*Lerntypen*

V   Film anschauen, Text und Bild
A   Erläuterungen hören
K   Merk-würdige oder witzige Gegenstände sehen

# Lernkonzert

| Medien | Audio |
|---|---|
| TN-Aktivität | Zuhören, innere Bilder entstehen lassen, entspannen |
| TN-Zahl/Gruppengröße | Beliebig |
| Sozialform | Plenum |
| Webinartyp | Einzel-Webinar, Webinar-Reihe, längere Schulung |

Das Lernkonzert ist eine klassische Methode aus der Suggestopädie. Es wird meist zu Beginn einer Lektion oder eines Themas eingesetzt, ich setze es aber auch schon mal zur Wiederholung ein.

*Methode*

Beim Input hat das Lernkonzert die Funktion, den Stoff in Form einer Geschichte oder eines Dialogs vorzustellen. Dabei wird manchmal mehr an Inhalten geboten als anschließend aktiv wiederholt und gelernt werden soll. Dieses Prinzip der „Überflutung" wird bewusst eingesetzt.

Erinnern Sie sich, wie Kinder ihre Muttersprache lernen. Da bekommen sie anfangs auch nicht nur einzelne Begriffe an den Kopf geworfen und nach und nach längere Sätze mit Verben und Adjektiven, sondern sie hören die komplette Sprache in all ihrer Vielfalt. Jedes Kind greift sich andere Elemente heraus und lernt in seinem Tempo.

Ähnlich verfahren die Suggestopäden mit dem Lernkonzert, in dem sie mehr Informationen als das „nackte Gerippe" anbieten. Jeder Lerner und Teilnehmer verfügt über ein anderes Hintergrundwissen und Assoziationsnetz und kann daher unterschiedlich mit den Informationen umgehen.

Wenn es um richtiges Lernen im Sinne von Auswendiglernen geht, dann reicht es nicht, ein Lernkonzert nur einmal anzuhören. Allerdings spart man während der späteren Wiederholung sehr viel Zeit. Unbewusst wurde schon vieles gespeichert, das nun schneller und leichter durch aktives Üben abgerufen und erinnert werden kann.

Wenn es nicht um Stoff geht, der auswendig gelernt werden soll, dann bietet ein Lernkonzert einen interessanten Einstieg in ein Thema, der auch anschauliche innere Bilder und Gefühle hervorruft.

*Ziel*  ▶ Überblick und Information
▶ Auf entspannte Weise viele Hintergrund- und Basisinformationen zu einem Thema aufnehmen

*Verlauf*  In seiner klassischen Form wird zu einem Lernkonzert Barockmusik im Hintergrund gespielt, und zwar langsame Largo- oder Adagio-Sätze. Diese fördern eine entspannte Atmung und einen ruhigen Herzschlag. Es geht darum, die Teilnehmer in einen Zustand zu versetzen, in dem sie körperlich entspannt und geistig wach sind, wo das Unbewusste (= Langzeitgedächtnis) besonders aufnahmefähig ist.

Zu dieser Musik tragen Sie dann mit ruhiger, angenehmer Stimme den Text vor – eine Geschichte, einen Dialog oder was auch immer.

Falls Ihre Teilnehmergruppe vielleicht eine Abneigung gegen klassische Musik hat (zum Beispiel Jugendliche), so können Sie es auch mit einer anderen ruhigen Musik versuchen.

Sie können das Lernkonzert mit einer kurzen Entspannungsübung einleiten und die Teilnehmer darauf hinweisen, dass sie nichts tun müssen. Sie können einfach nur der Musik lauschen und sich entspannen. Wenn sie wollen, können sie natürlich auch auf den Text hören.

Nun folgt der Input. Hier ein Auszug eines Lernkonzerts zum Thema Lerntypen (aus Z. M. Klein: Zauberwelt der Suggestopädie. managerSeminare):

**Eine Reise in eine fruchtbare Wüste**

Viele Menschen meinen, die Wüste sei öd und leer ... Sie haben Furcht vor der Weite, Unwirtlichkeit und Einsamkeit. Aber nicht nur Grzimek wusste, dass die Wüste lebt und bebt ...

Und selbst die Leere – wie wir auch vom Zen-Buddhismus lernen können – ist ein fruchtbarer Geisteszustand für neue, ungewöhnliche Ideen, Sichtweisen und Gedanken. Solange der Kopf vollgestopft ist mit vorgefertigten Bildern, festen Gewohnheiten, erlernten Meinungen und ständigen Gedanken, die wie unruhige Geister darin herumwandern, so lange können wir nichts Neues aufnehmen.

Begeben wir uns daher gemeinsam auf eine Reise in ein neues, weites Land, mit endlosem Horizont und einer unendlichen Sonne, die mit einem goldenwarmen Licht den Nachmittag verzaubert.

Ich sitze auf meiner Lieblingsdüne mit weitem Blick – in der einen Richtung über Sanddünen und in der anderen Richtung über eine steppenartige Landschaft. Da sehe ich in der Ferne eine Gestalt auftauchen, die sich langsam nähert. Ich laufe den Hügel hinunter, gehe dem Mann entgegen und erkenne ihn bald. Er ist einer meiner Lehrer, der mich viel über die Menschen und mich selbst gelehrt hat.

Nach einer freudigen Begrüßung setzen wir uns ans Feuer, um nach alter Beduinensitte erst einmal zusammen Tee zu trinken: drei Runden. Die erste Runde: bitter wie die Wahrheit, die zweite Runde: süß wie die Liebe und die dritte leicht wie der Tod. Wir im Westen würden vielleicht andere Adjektive wählen. Ist der Tod leicht oder schwer, die Wahrheit bitter oder klar und rein? Jeder wird es anders empfinden und benennen, je nach seinen Bildern im Kopf, je nach seinen Erfahrungen.

So, wie auch jeder Mensch anders lernt ... Die Unterschiede der Menschen beim Lernen sind vielleicht vergleichbar mit den unterschiedlichen Geschmäckern beim Essen: Während sich der eine nach herzhafter Kost sehnt, verzehrt sich der andere nach etwas Süßem.

Sehen wir uns die Lerngewohnheiten etwas genauer an, und vergleichen sie mit den drei Runden der beduinischen Tee-Zeremonie:

1. Die visuellen Menschen möchten aus sauber gespülten Gläschen trinken, und wenn der Tee aus großer Höhe immer wieder in das Kännchen zurückgegossen wird, sollte nichts danebengeschüttet werden. Sie schreiben sich genau auf, wie der Tee hergestellt wird: zuerst wird das Kännchen ausgespült, dann zwei Hände voll grüner Teeblätter hineingegeben, dann drei Hände voll Zucker

und zum Schluss noch etwas Wasser dazu. Das Ganze wird auf das Feuer gestellt und prötschelt da eine halbe Stunde vor sich hin ...

2. Die auditiven Menschen lassen es sich genau erklären, wiederholen mehrfach, was ihnen gesagt wurde und fragen immer wieder nach. Begeistert erzählen sie es sofort jedem, der neu hinzukommt und sich zu ihnen ans Feuer setzt. Und ihnen fallen überhaupt noch viele andere Geschichten ein über Tee trinken und am Feuer sitzen: Früher bei den Pfadfindern ... Als die Beduinen dann noch die Trommeln holen und dazu singen, sind sie total in ihrem Element. Sie klatschen und singen mit, schnappen auch schnell ein paar arabische Floskeln und Wörter auf ...

3. Die kinästhetischen Menschen wollen es selber machen: auch den Tee mal von weit oben in das Kännchen gießen und bei der zweiten Runde den Tee schon selber zubereiten. Sie probieren und schmecken genüsslich in kleinen Schlucken, kuscheln sich mit ihrem Nachbarn unter einen Burnus. Sie fühlen sich wohl in dieser Runde von Menschen, so nah und geborgen. Am Feuer, das einen süßen Geruch ausströmt von diesem ganz besonderen Holz, das sie vorher mit gesammelt haben. Sie spüren stolz die kleinen Risse in der Haut, die sie sich beim Holzsammeln zugezogen haben ...

**Weiterarbeit**

Lassen Sie das Lernkonzert einfach wirken – je nach Seminarphase und Ziel können Sie anschließend noch eine Runde machen. Bei dem hier vorgestellten Lernkonzert beispielsweise noch einmal die Lerntypen wiederholen.

Wenn die Teilnehmer zum ersten Mal ein Lernkonzert erlebt haben, können Sie auch nur fragen, wie es allen dabei ging. Ob es angenehm war, ob sie sich entspannen konnten etc.

Oft teilen mir einzelne Teilnehmer mit, dass sie fast eingeschlafen sind und teilweise nichts vom Text mitbekommen haben. Dann beruhige ich sie immer, dass das vollkommen in Ordnung ist. Unbewusst bekommen sie dennoch schon einiges mit. Und da es nicht die einzige Methode ist, mit der der Lernstoff behandelt wird, ist das nicht dramatisch. Im Gegenteil. Entspannung ist für das Lernen und Behalten nur förderlich.

▶ Für ein Lernkonzert können Sie selten einfach einen Text aus einem Fachbuch nehmen. Der ist meist nicht anschaulich genug. Das bedeutet, dass Sie selbst solche Texte schreiben müssen. Dazu habe ich in meinem Buch „Zauberwelt der Suggestopädie" eine Methode vorgestellt, mit der Sie ungewöhnliche Lernkonzerte zu Fachthemen schreiben können. Über die Download-Ressource zum Buch haben Sie Zugang zu einer Anleitung zum Schreiben von Lernkonzerten.

▶ Wenn Ihnen das Vortragen eines Lernkonzerts während des Webinars zu viel Zeit in Anspruch nimmt, können Sie auch eine Audio-Datei herstellen und Ihren Teilnehmern den Link zur Verfügung stellen. Dann können sich die Teilnehmer das Lernkonzert vor dem vereinbarten Webinar-Termin anhören und sich im Webinar darüber austauschen.

*Trainer-Hinweis*

---

A Hören
V Innere Bilder entstehen lassen
K Gefühle, die dabei entstehen; Entspannung

*Lerntypen*

# Metaphern

| Medien | Whiteboard, Audio, Geschichte |
|---|---|
| TN-Aktivität | Zuhören |
| TN-Zahl/Gruppengröße | Beliebig |
| Sozialform | Plenum |
| Webinartyp | Einzel-Webinar, Webinar-Reihe, längere Schulung |

*Methode*    Metaphern können helfen, abstrakte, trockene Fachinhalte verständlicher zu machen.

*Ziel*    ▶  Trockenen Stoff lebendig verankern

*Verlauf*    In einem Webinar können Sie eine Geschichte erzählen und dabei eine oder mehrere Folien zeigen, auf der Sie die einzelnen Schritte mit Bildern veranschaulichen.

Hier ein Beispiel zum Thema „Gedächtnisstufen": Die Metapher eines Betriebes mit Pförtner, Vorzimmerdame und Chef.

Zu diesem Thema sind folgende Stichworte auf dem Lernposter zu sehen (Folgeseite):

**Ultrakurzzeitgedächtnis**

Pförtner     Assoziationen

          Lust

          Interesse

          Keine störende Zusatzwahrnehmung

**Ausgang**

fremd

kein Interesse

langweilig

**Kurzzeitgedächtnis**

Vorzimmerdame     Wiederholung

                  Intensität

                  Assoziationen

**Ausgang**

Schock

wenig Kanäle

wenig Assoziationen

**Langzeitgedächtnis**

Chef

**Aufzug für eilige Chefsachen**

Lebensnotwendige Informationen

Brennendes Interesse

---

**Die Geschichte zu den Gedächtnisstufen**

## 1. Etage

Ein Besucher betritt die Firma, er möchte zum Chef. Doch zuerst muss er am Pförtner vorbei, der die Besucher vorsortiert. Denn nicht jeder wird weiter durchgelassen. Der Pförtner ist sehr wählerisch: Er lässt nur Besucher weitergehen, die entweder interessant sind oder sonstwie seine besondere Aufmerksamkeit erregen (*Interesse*). Eine attraktive Dame hat dabei größere Chancen als ein unscheinbarer Mann (*Lust*). Wenn der Besucher einen Verwandten oder Bekannten im Betrieb vorweisen kann, kommt er auch leichter an dem Pförtner vorbei (*Assoziationen*). Wenn er allerdings gerade eine spannende Tennisübertragung im Fernsehen sieht oder durch heftige Zahnschmerzen abgelenkt ist, sieht es schlecht aus. Dann ist er nicht einmal bereit, mit dem Besucher zu sprechen, sondern winkt nur ab (*keine störende Zusatzwahrnehmung*).

Ebenso, wenn jemand langweiliges oder uninteressantes Zeug daherredet (*langweilig/kein Interesse*). Leider ist der Pförtner auch fremdenfeindlich: Alles, was er nicht kennt, wird abgewiesen (*fremd*).

### 2. Etage

Einige haben es nun geschafft, an dem Pförtner vorbeizukommen. Die nächste Hürde stellt die Vorzimmerdame dar. Bei ihr ist es noch schwieriger, überhaupt ihre Aufmerksamkeit zu erringen. Und ob sie einen dann weitergehen lässt, ist die nächste Frage. Man muss sich also schon sehr anstrengen, um ihre Aufmerksamkeit und ihr Wohlwollen zu erringen. Es empfiehlt sich, eine sehr auffällige Erscheinung zu bieten, etwa eine außergewöhnliche Kleidung oder einen Hut mit Früchten tragen. Dann laut singend oder rufend den Raum betreten, einige Niederwerfungen machen (*Intensität*).

Auch hier ist es von Vorteil, wenn man Mitarbeiter aus dem Betrieb kennt. Nur reicht es nicht, einen Azubi oder Lagerarbeiter zu kennen. Es sollte entweder ein „hohes Tier" in der Hierarchie sein – oder man sollte sehr viele Mitarbeiter des Betriebes kennen (*Assoziationen*).

Dann gibt es noch eine langwierigere Form: Der Besucher kommt immer und immer wieder. Am besten jeden Tag. Dann gibt sie vielleicht irgendwann nach und sagt nach dem zehnten Besuch: „Okay, Sie können durchgehen." (*Wiederholung*)

Wenn man ihr vorher nicht schon Blumen (Düfte) oder Pralinen (Geschmack) geschickt hat, mit einem schönen Brief oder einer bunten Karte (Bilder) dabei, ist es ebenfalls schwieriger, von ihr gnädig behandelt zu werden (*wenig Kanäle*).

Gar keine Chancen hat man, wenn sie gerade einen Schock erlebt hat. Dann ist sie nicht in der Lage, neue Besucher überhaupt wahrzunehmen, geschweige denn, mit ihnen zu sprechen und aufzunehmen, was deren Interesse ist (*Schock*).

### 3. Etage

Schließlich gelingt es einigen wenigen Besuchern, den Chef zu erreichen.

### Aufzug

Allerdings gibt es noch zwei Ausnahmen, die sofort mit einem Aufzug zum Chef durchfahren können:

1. Lebensnotwendige Informationen
2. Informationen von brennendem Interesse

Wer einmal auf eine heiße Herdplatte gefasst hat, wird es so schnell nicht wieder tun. Es ist von lebensnotwendigem Interesse. Ebenso trifft das Beispiel zu: Wer sich einmal mit nacktem Hintern in Brennnessel gesetzt hat, braucht sich anschließend auch nicht zehnmal aufzuschreiben: „Ich darf mich nicht mit nacktem Hintern in Brennnessel setzen." Er wird es auch so gut in Erinnerung behalten.
Ebenso ist es mit dem brennenden Interesse: Jeder Mensch hat irgendein Hobby oder ein Interesse, wo sein Gedächtnis wunderbar funktioniert. Ein eingefleischter Fußballfan weiß noch nach Jahren, wer das entscheidende Tor bei einem wichtigen Spiel geschossen hat.

▶ Das A und O für unser Gedächtnis ist das Interesse. Wenn ein Lernstoff interessant aufbereitet ist, entweder mit kreativen und abwechslungsreichen Methoden, oder wenn es gelingt, Interesse und Neugier an der Sache zu erzeugen, fällt das Behalten sehr viel leichter.

▶ Die übliche Form der häufigen Wiederholung ist dabei die aufwendigste und langweiligste Variante – leider auch die gebräuchlichste. Eine gute Ergänzung zur Geschichte kann ein Poster darstellen, das Sie vorbereitet haben. Der Effekt: Die Informationen bleiben sehr viel leichter hängen, als wenn Sie nur die sachlichen Fakten, wie im oberen Kasten auf Seite 129 dargestellt, vorstellen. Das geht zwar schneller – aber es bleibt nicht so gut und lange im Gedächtnis.

*Trainer-Hinweis*

**Ultrakurzzeitgedächtnis:** Speicherzeit von ca. 20 Sekunden
**Kurzzeitgedächtnis:** Speicherzeit von ca. 30 Minuten
**Langzeitgedächtnis:** Speicherzeit jahre- bis lebenslang

A Geschichte zuhören, sich anschließend evtl. austauschen
K Abstrakte Inhalte durch eine Geschichte oder Metapher besser verstehen und behalten

*Lerntypen*

# Sich zum Hänneschen machen

| Medien | Fotos oder Webcam |
|---|---|
| TN-Aktivität | Spaß haben |
| TN-Zahl/Gruppengröße | Beliebig |
| Sozialform | Beliebig |
| Webinartyp | Einzel-Webinar, Webinar-Reihe, längere Schulung |

**Methode**  Nicht jeder Trainer mag sich gerne „zum Hänneschen machen" (Kölsch für: etwas Verrücktes tun, um andere zum Lachen zu bringen), aber ich als Kölnerin habe da keine Hemmungen. Und wenn es dazu dient, Dinge unauslöschlich in den Hirnen meiner Teilnehmer zu verankern, ist mir fast jedes Mittel recht.

**Ziel**  ▶ Wichtige Informationen sehr anschaulich verankern, damit sie besser im Gedächtnis bleiben

**Verlauf**  Vor allem bei Input und Vorträgen ist es wichtig, diese mit anschaulichen Bildern, Grafiken und anderen Maßnahmen lebendiger zu machen. Dabei können Sie sich als Trainer mit Requisiten verkleiden und in eine Rolle schlüpfen. Je doller, desto eindrücklicher. Sie können sich dann entweder „live" vor der Webcam verkleidet präsentieren oder Fotos zu machen und diese dann einblenden.

Beim Thema „Lerntypen" greife ich gerne zu dem Mittel.

*„Die Auditiven lernen nicht nur durch Hören, sondern brauchen auch Austausch mit anderen und müssen selber sprechen, damit sie Dinge besser verstehen und behalten."*

So oder ähnlich können Sie die typischen Präferenzen der Lerntypen durchgehen.

Sie präsentieren ein Foto, auf dem Sie sich mit den Requisiten zeigen und erzählen dazu die wichtigsten Infos.

Sie können die Teilnehmer auffordern, sich Notizen zu machen oder zu markieren, wozu sie anschließend etwas sagen oder fragen möchten.

**Trainer-Hinweis**

Überlegen Sie einmal: Welche Ihrer Themen sind trocken oder mit sehr viel Informationen überfrachtet? Wo könnten Sie etwas Ähnliches einbauen, um Ihren Vortrag lebendiger zu gestalten?

Beispiele für den Einsatz einer ungewöhnlichen Brille als Requisite:

▶ Die Kundenbrille aufsetzen
▶ Die Impulsbrille aufsetzen
▶ Die Kontaktbrille aufsetzen

Oder Sie schlüpfen mit verschiedenen Hüten oder auch Masken in verschiedene Rollen, um ein Thema aus verschiedenen Perspektiven zu betrachten.

V  Fotos anschauen
A  Erläuterungen hören
K  Spaß haben an Verkleidung und Requisiten

*Lerntypen*

# Methoden zur Themenerarbeitung

### Erarbeitung

Die **Erarbeitungsphase** gilt als die Krönung aller Seminarphasen, wenn es darum geht, dass Teilnehmer nicht nur Informationen zu einem Thema bekommen und einen Inhalt nicht nur lernen, sondern auch in der Tiefe durchdringen und anschließend damit arbeiten können.

In dieser Phase werden das Fachthema erschlossen und Informationen erarbeitet. Die Teilnehmer machen sich mit dem neuen Wissen vertraut und verknüpfen es mit bisherigen Kenntnissen. Das kann gemeinsam im Plenum geschehen oder auch in Arbeitsgruppen, die vorher Material oder konkrete Aufgabenstellungen bekommen. Die Ergebnisse werden dann anschließend – ebenfalls auf kreative Art – präsentiert.

Natürlich erfordert ein solches Vorgehen mehr Zeit als ein reiner Power-Point-Vortrag. Aber Sie sparen viel Zeit für Wiederholungen und verhindern, dass die Teilnehmer anschließend mit dem Thema nichts anfangen können.

Gerade Erarbeitungsmethoden lassen sich meist nur im Zusammenhang mit einem konkreten Thema darstellen. Ich habe dazu Themen ausgewählt, die für (fast) jeden interessant sein könnten, die als Trainer arbeiten (Zeitmanagement, Motivation, Kreativität). Viele Beispiele stammen auch aus meinen Train-the-Trainer-Seminaren, auch das ist für Sie sicherlich übertragbar, wenn Sie als Trainer Webinare zu anderen Themen geben.

# Abfrage und Reflexion

| Medien | Whiteboard, Audio |
|---|---|
| TN-Aktivität | Eintrag in Tabelle; Reflexion; Brainstorming und Austausch |
| TN-Zahl/Gruppengröße | Bis 12 TN |
| Sozialform | Plenum |
| Webinartyp | Einzel-Webinar, Webinar-Reihe, längere Schulung |

*Methode*  Nach einem Input ist es zur vertieften Erarbeitung des Themas sinnvoll, gleich einen Bezug zur Realität der Teilnehmer herzustellen. Wie diese Verbindung aussehen kann, hängt natürlich vom Thema ab.

*Ziel*  ▶ Vertiefte und weiterführende Erarbeitung eines Themas
▶ Klärung der eigenen Position, der eigenen Stärken etc.

*Verlauf*  Sie erläutern beispielsweise die Phasen der kreativen Ideenfindung anhand von Roger von Oechs Kreativrollen. Von Oech geht davon aus, dass entsprechend des kreativen Schöpfungsprozesses der Mensch nacheinander in vier verschiedene Rollen schlüpft: die des Forschers (Analyse des Themas/Informationssammlung), des Künstlers (Ideenfindung), des Richters (Ideenbewertung und Auswahl), des Kriegers (Umsetzung).

Nach dem kurzen Input über die Phasen der Kreativität wird das Vorgestellte nicht einfach als trockene Fakten abgespeichert, sondern die Teilnehmer müssen es sofort auf sich selbst beziehen.

Dazu haben Sie eine Folie mit vier Rollenfeldern vorbereitet (siehe Abb.). Die Teilnehmer tragen ihren Namen in das entsprechende Feld ein, das ihnen besonders vertraut ist.

Nun prüfen die Teilnehmer für sich:

▶ Welche dieser Rollen ist mir vertraut?
  Wo liegen meine Stärken und was
  müsste ich vielleicht weiter ausbauen?

Eine weitere Fragestellung könnte auch
lauten:

▶ Wenn ich mein Team anschaue (meine
  Mitarbeiter, Kollegen ...), bei wem ist
  welche Rolle besonders stark ausgeprägt?

Und dann können sie weiter prüfen:

▶ Ergänzen sich meine Mitarbeiter dementsprechend gut? Oder liegen sie
  bisher eher im Clinch?

Die Antworten können zu einer neuen Perspektive führen. Mitarbeiter, die
sich reiben, weil sie unterschiedliche Rollen im Prozess vorziehen, stören
sich nicht, sie ergänzen sich. Um die Mitarbeiter bewusst so einzusetzen,
dass jeder seine besondere Stärke zum Einsatz bringen kann und damit die
Zusammenarbeit viel fruchtbarer wird, müssen die Teilnehmer darauf achten, dass sie dann zum Einsatz kommen, wenn die jeweilige Rolle sinnvoll
und gefragt ist. Dann wird der „Kritiker" nicht mehr als störend empfun-
den, weil er nicht wie sonst mitten ins Brainstorming reinmeckert, sondern
er bekommt seinen Platz, wo er aufmerksam gehört wird. Aber eben erst
nach der kreativen Künstlerphase, wo Kritik buchstäblich noch keine Rolle
spielt.

---

Bei welchen Ihrer Themen wäre solch eine Zwischenabfrage sinnvoll? Zum *Variationen*
Beispiel bei Themen wie Kommunkationsstile, Führungsstile, Lerntypen
usw. Es kann sich natürlich auch um ein völlig anderes Thema handeln,
bei dem es gar nicht um die eigene Zuordnung geht. Wo Sie einfach verschiedene Fragen stellen, die Teilnehmer eine Antwort wählen und damit
weiterarbeiten. Hier zwei Beispiele:

**Beispiel Zeitmanagement**

1. Welches Tool wollen Sie als Erstes ausprobieren?
2. Mit welchem Tool haben Sie schon gute Erfahrungen gemacht?
3. Zu welchem Tool haben Sie noch Fragen?
4. Zu welchem Tool möchten Sie gerne noch mehr erfahren?

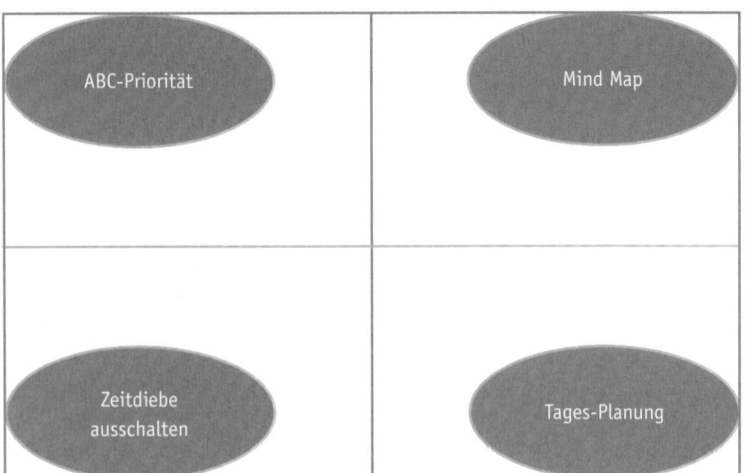

Abb.: Visualisierung von Tool-Angeboten. Die Teilnehmer tragen sich entsprechend ein.

### Beispiel Motivation

Beispielfrage: „Wenn Sie ein konkretes Vorhaben prüfen: Welcher Punkt ist für Sie der schwierigste? Woran klemmt es am meisten?"

▶ Wie sehe ich die Aufgabe/den Weg zum Ziel?
- Ist der Weg deutlich? Kann ich es durch eigene Anstrengung schaffen? Ist das Risiko überschaubar? Macht er Spaß? Ist Unterstützung möglich durch …?

▶ Was treibt mich?
- Leidensdruck? Nachteile? Angst vor …? Strafe?

▶ Wie sehe und fühle ich mich?
- Habe ich Selbstvertrauen in meine Fähigkeiten? Bin ich gut gerüstet (emotional und körperlich)?

▶ Was zieht mich?
- Was ist mein Ziel? Wie schätze ich es ein? Emotional positiv? Nützlich? Wertvoll? Erreichbar? Ist es mein Ziel?

### Weiterarbeit

Je nach Thema können Sie die Weiterarbeit unterschiedlich gestalten.

### Beispiel Zeitmanagement

Hier hängt die Weiterarbeit von der Fragestellung ab. Bei den Fragen 1 und 2 des Beispiels werden anschließend die Teilnehmer aktiv.

1. Welches Tool wollen Sie als Erstes ausprobieren?
2. Mit welchem Tool haben Sie schon gute Erfahrungen gemacht?

Hier schreibt jeder Teilnehmer seine Antwort in den Chat oder Sie führen eine Runde durch, wo jeder sein Vorhaben laut ausspricht.

Bei den Fragen 3 und 4 schreiben die Teilnehmer ebenfalls ihre Stichworte in den Chat oder erläutern sie mündlich. Danach sind Sie als Trainer gefragt, den entsprechenden Input nachzuliefern und Tipps zu geben. Entweder aus dem Stand oder in einem weiteren Webinar. Sie können einen Link für weiterführende Informationen oder ein Arbeitsblatt ins Forum stellen, wo das Thema noch vertieft wird.

### Beispiel Motivation

Dort arbeiten die Teilnehmer an den folgenden Fragen weiter:
▶ Was kann ich tun, damit dieser Punkt klarer oder stärker wird? Wie kann ich meine „Hauptmotivatoren" dafür nutzen?
▶ Welche Hilfen kann ich mir besorgen? Wie kann ich mir mehr Klarheit über das Ergebnis verschaffen? etc.

Dazu können auch Paar- oder Gruppenarbeiten genutzt werden, gemeinsame Brainstormings und anderes.

---

V   Folien sehen, in Tabelle eintragen

A   Erläuterungen hören, sich austauschen im Plenum oder in Gruppen

*Lerntypen*

# Anfangsbuchstaben

| Medien | Whiteboard |
|---|---|
| TN-Aktivität | Schreiben und austauschen |
| TN-Zahl/Gruppengröße | Bis 12 TN |
| Sozialform | Je nach Variante EA, AGs, Plenum |
| Webinartyp | Einzel-Webinar, Webinar-Reihe, längere Schulung |

*Methode*   Eine mehr assoziative Methode, um sich intensiver mit einem Thema zu beschäftigen. Dieses freie Assoziieren kann unter Umständen auch damit zusammenhängende Gefühle und Gedanken der Teilnehmer deutlich machen, über die anschließend diskutiert werden kann.

*Ziel*   ▶   Kreative Erarbeitung oder Vertiefung eines Themas

*Verlauf*   Sie wählen einen Fachbegriff oder ein Schlüsselwort aus Ihrem aktuellen Thema. Diesen schreiben Sie mit untereinander stehenden Buchstaben auf das Whiteboard (auf eine Folie). Die Teilnehmer sollen nun aus den Anfangsbuchstaben dieses Fachbegriffs neue Worte bilden, die wiederum mit dem Thema zu tun haben. Alternativ bilden sie ganze oder halbe Sätze.

### 1. Variante

Die Teilnehmer schreiben ihre Worte erst einmal auf ein Blatt Papier. Anschließend findet eine mündliche Runde statt, in der die Teilnehmer ihre Ergänzungen vorlesen. Sie können dann einige Beispiele auf das Whiteboard schreiben.

### 2. Variante

Die Teinehmer schreiben ihre Worte oder Sätze in den Chat.

## 3. Variante

Bei mehrteiligen Webinaren bekommen die Teilnehmer die Aufgabe in einem Webinar. Bis zum nächsten Webinar füllt jeder die Begriffe aus und schickt sie an Sie zurück. Sie veröffentlichen die Ergebnisse dann im nächsten Webinar. Dazu können die Teilnehmer dann gegebenenfalls noch Erläuterungen geben.

Sie können die Aufgabe aber auch von vorneherein durch eine ganz konkrete Fragestellung einschränken. Beispielsweise, dass die Teilnehmer mit den Begriffen zeigen, womit sie noch Schwierigkeiten haben.

### Beispiel 1

*„Was sind deine Befürchtungen, wenn du Energizer einsetzt?"*

**E** rschrecken der Teilnehmer
**N** iemand macht mit
**E** rinnerungslücken – ich weiß nicht mehr, wie die Bewegung geht
**R** adikal, erscheint manchen Teilnehmern zu radikal
**G** egacker, die Teilnehmer machen sich lustig
**I** nkompetenz, wird mir von den Teilnehmern unterstellt
**Z** ögern, Trainer oder Teilnehmer trauen sich nicht
**E** infallsmangel, mir fällt nichts ein
**R** isiko, weil ich nicht sehen kann, ob alle mitmachen

### Beispiel 2

*„Welche Schwierigkeiten können auftreten, wenn du diese Kreativitätstechnik im nächsten Meeting einsetzten willst?"*

**K** einer macht mit
**R** eaktion der Kollegen ist ungewiss
**E** rschrecken der Kollegen
**A** benteuer, etwas Neues zu wagen
**T** rauen sich nicht
**I** deenlosigkeit, den Kollegen fällt trotz Krea-Technik nichts ein
**V** ertrauen fehlt
**I** gnoranz: bloß nichts Neues ausprobieren!
**T** umult und Aufruhr :-)
**Ä** rger der Kollegen: Jetzt will der hier was ändern!
**T** echnik versagt

Sie können natürlich auch positive Fragestellungen als Aufgabe geben. Die würde ich dann aber in der Transferphase zum Einsatz bringen.

**Weiterarbeit**

Anschließend können Sie Punkt für Punkt durchgehen und gemeinsam an Lösungen und Strategien arbeiten, damit die befürchteten Reaktionen nicht eintreten – beispielsweise im Plenum mithilfe einer Kreativitätstechnik.

Sie können dazu aber auch Arbeitsgruppen bilden, die sich einen Punkt herausgreifen, der besonders wichtig ist für alle, und dazu gemeinsam erarbeiten, was man vorbeugend machen kann. Die Ergebnisse werden im Plenum mitgeteilt.

*Lerntypen*   V   Assoziationen notieren

A   Austausch über Lösungsmöglichkeiten

# Brainstorming und Weiterarbeit

| Medien | Whiteboard, Audio |
|---|---|
| TN-Aktivität | Schreiben und sprechen |
| TN-Zahl/Gruppengröße | Bis 12 TN |
| Sozialform | Plenum/AGs |
| Webinartyp | Einzel-Webinar, Webinar-Reihe, längere Schulung |

Ob man ein Brainstorming der Phase der Erarbeitung zuordnen kann, hängt ein wenig von der Frage- und Themenstellung ab. Bei einem klassischen Brainstorming wird ja währenddessen nicht diskutiert. Es kann aber als Ausgangspunkt genommen werden, um sich anschließend über das Thema auszutauschen und zu diskutieren.

*Methode*

▶ Erarbeitung eines Themas

*Ziel*

Sie stellen eine Aufgabe, zu der die Teilnehmer erst einmal ein gemeinsames Brainstorming am Whiteboard durchführen. Anschließend kann dann mit den Stichworten weitergearbeitet werden. In welcher Form und mit welcher Themenstellung, hängt sehr vom Thema ab:

*Verlauf*

**Beispiel 1**

Aufgabe: *„Sammelt Ideen, wofür ihr ein Webinar in eurer Arbeit einsetzen könnt. Wählt den Text-Modus und schreibt auf das Whiteboard. Achtet darauf, dass ihr andere nicht überschreibt. Probiert auch mal den Zeichenstift aus und malt kleine Symbole oder Zeichen dazu."*

Reihum erläutert nun jeder Teilnehmer seine Ideen, warum ein Webinar dafür die richtige Form sein könnte.

Die Aufgabe kann dann noch weiter in der Tiefe erarbeitet werden: Jeder wählt sich ein Thema aus und plant ein konkretes Webinar dazu, mit Themen und Methoden, Gesamtaufbau, Trainerleitfaden etc. Das ist dann eine sehr intensive Form der Erarbeitung, die nicht innerhalb eines einzigen Webinars möglich ist, sondern nur in Kombination mit der Arbeit in einem Forum oder bei einer Webinar-Reihe, wo die Teilnehmer zwischendurch alleine oder in Gruppen daran weiterarbeiten.

### Beispiel 2

Aufgabe: *„Welche schwierigen Situationen habt ihr in Webinaren (in Seminaren/mit Kollegen/bei der Arbeit) schon erlebt?"*

Vorher hat es beispielsweise bereits einen Input zum Thema „Schwierige Teilnehmer und Trainingssituationen" gegeben und nun geht es an die gemeinsame Erarbeitung, wie man mit schwierigen Situationen umgehen kann, die die Teilnehmer (= Webinar-Trainer) in ihren Schulungen erleben. Hier sind einige Beispiele, die früher genannt wurden, notiert.

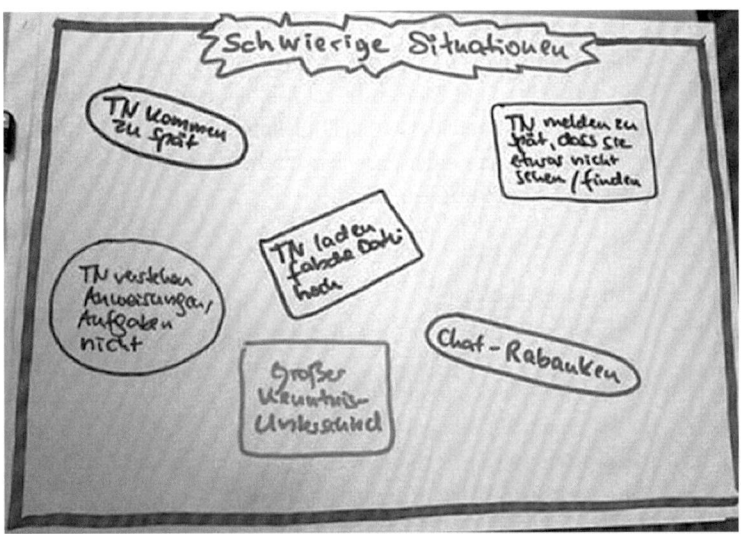

Abb.: Eine Sammlung von erlebten schwierigen Situationen im Webinar

In der linken Spalte einer Tabelle sammeln die Teilnehmer nun schwierige Situationen, die sie bei ihren Webinar-Schulungen erlebt haben. Die Fragestellung kann wie folgt lauten:

*„Bitte ergänzt schwierige Situationen in der linken Spalte:*
*Was kann in einem Webinar alles passieren?"*

| Schwierige Situation | Lösungsvorschläge, Strategien, Tipps |
|---|---|
| Teilnehmer kommen zu spät | ... |
| | |
| | |
| | |

## Weiterarbeit in Arbeitsgruppen (oder im Plenum)

Jede Arbeitsgruppe erhält die folgende Aufgabe:

*„Wählt ein Thema aus (bzw. jede Gruppe bekommt zwei, drei Themen zuge-*
*ordnet) und sammelt dazu in der rechten Spalte:*

*1. Was könnt ihr dagegen tun? Sammelt Ideen und Lösungsstrategien.*
*2. Was habt ihr bisher schon (erfolgreich) eingesetzt? Welche Strategien sind*
*hilfreich?"*

## Austausch im Plenum

Anschließend kommen alle im Plenum zusammen. Jede Arbeitsgruppe
stellt ihr Thema und ihre Lösungsvorschläge vor. Dabei können sich auch
die anderen Teilnehmer an der Diskussion beteiligen und Fragen stellen.

## Beispiel 3 (Fragen zu einem beliebigen Thema)

▶ Habt ihr schon Erfahrung mit dem Thema gemacht?
▶ Welche Situationen fallen euch ein, wenn Ihr an das Thema denkt?"
▶ Was haltet ihr vom Thema?
▶ Wo seht ihr Gemeinsamkeiten/Unterschiede zwischen A und B?
▶ Was spricht dafür/was dagegen?
▶ In welcher Situation könnt ihr das Wissen gebrauchen?

V   Stichworte auf Whiteboard schreiben                         *Lerntypen*
A   Austausch und Erarbeitung von Lösungsstrategien

# Eigene Erfahrungen und Veränderung

| Medien | Whiteboard |
|---|---|
| TN-Aktivität | Auf Whiteboard schreiben und sprechen |
| TN-Zahl/Gruppengröße | Bis 12 TN |
| Sozialform | Plenum |
| Webinartyp | Einzel-Webinar, Webinar-Reihe, längere Schulung |

*Methode*  Ein theoretischer Input ist bei vielen Themen zu Beginn notwendig, reicht aber nicht aus, um wirkliche Erkenntnisse zu vermitteln. Vor allem, wenn es um die Zusammenarbeit mit anderen Menschen geht, ist es hilfreich, einmal deren Perspektive einzunehmen.

*Ziel*  ▶ Das Thema in Bezug auf die eigene Person reflektieren

*Verlauf*  Sie haben einen kurzen Input zum Thema Motivation gegegeben und beispielsweise etwas über intrinsische und extrinsische Motivation erzählt. Ehe Sie weiter in die Tiefe gehen, knüpfen Sie an die Erfahrung Ihrer Teilnehmer an und fragen diese: *„Wie kann ich Sie motivieren?"*

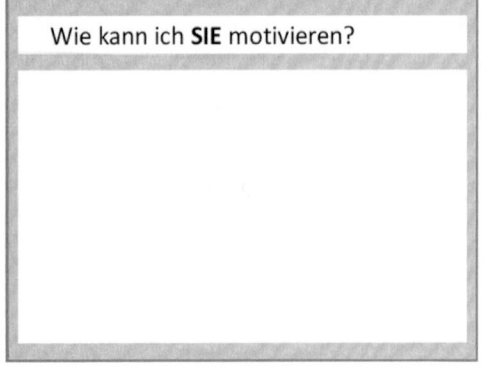

Die Teilnehmer schreiben Stichworte auf das Whiteboard, die sie in einer anschließenden Runde erläutern können.

Der Effekt: Wenn Ihre Teilnehmer selber Webinare halten, können sie hier ihren eigenen Unterricht auf den Prüfstand stellen. Genügen sie ihren eigenen Ansprüchen? Beachten sie in ihren Kursen, was sie selbst wünschen? Das lässt sich ebenso übertragen auf Verkäufer, Führungskräfte oder wer auch immer andere motivieren möchte.

Zamyat M. Klein: 150 kreative Webinar-Methoden

Sie können anschließend noch die folgende These diskutieren:

„Ich kann niemanden motivieren! Man kann anderen nur helfen, sich selbst zu motivieren."

# Wie kann ich **Sie** motivieren?

Positive Verstärker

Neues Thema      interessante Themen
geht doch !!

mit Spaß    kursinhalte mit persönlichen erfahrungen in bezug bringen

undefined      Lekkerlie geben

bleiben Sie so, wie Sie sind      Pause vorziehen

mentalen break

V    Stichworte auf Whiteboard schreiben

A    Erläuterung der Stichworte aufnehmen; Reflexion und Diskussion über das eigene Verhalten

K    Randstimulus

*Lerntypen*

# Fragekarten

| Medien | Whiteboard, Telefon, Chat |
|---|---|
| TN-Aktivität | Zu zweit austauschen |
| TN-Zahl/Gruppengröße | Bis 12 TN |
| Sozialform | Plenum |
| Webinartyp | Webinar-Reihe, längere Schulung |

**Methode**

Mit dieser Methode können Sie mitten in einem Seminarprozess überprüfen, was die Teilnehmer bislang erarbeitet haben, was für sie wichtig war, was sie noch brauchen. Die Methode ist auch für andere Fragestellungen einsetzbar, zum Kennenlernen ebenso wie zur Auswertung, zu Fragen zur Gruppendynamik und anderes.

**Ziel**

▶ Klärung noch offener Fragen und dem Stand der Dinge

**Verlauf**

**Vorbereitung**

Sie haben verschiedene Karten vorbereitet, auf denen Fragen zum Seminar stehen. Es können Fragen zu den Inhalten sein oder zur Gruppe, zur Beziehung zum Trainer. Es können inhaltliche Themen sein, die Gruppendynamik betreffen oder noch offene Wünsche. Was auch immer gerade wichtig ist und was geklärt werden soll.

Sie machen ein Foto von den Karten, das Sie dann auf einer Folie zeigen. Natürlich können Sie die Fragen auch einfach so auf die Folie schreiben, die Form der handbeschrifteten Karten ist einfach eine Abwechslung und spricht emotional stärker an.

**Austausch mit Partner**

Die Teilnehmer sind aufgefordert, sich die Fragen anzuschauen und eine Karte mit einer Frage auszuwählen, die sie anderen Teilnehmern stellen

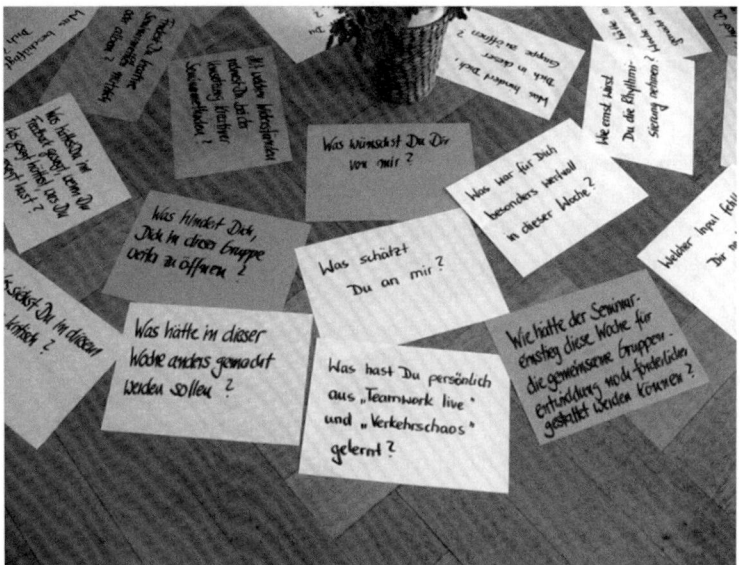

wollen. Das kann per Telefon, per Privatchat oder über Skype passieren. Dann sucht sich jeder einen Partner und stellt ihm diese Frage. Nach einer Weile können sie die Rollen wechseln, da der Partner ja ebenfalls eine Fragenkarte hat.

Geben Sie vorher eine Zeit an, beispielsweise 2-3 Minuten. Danach kommen wieder alle im Plenum zusammen und suchen sich entweder zur gleichen Frage einen anderen Partner oder wählen eine neue Frage aus. Sie können diesen Zyklus mehrmals durchlaufen lassen.

## Austausch im Plenum

Sie starten eine Runde mit der Frage: „Was habe ich Wichtiges im Gespräch mit den anderen erfahren?" Dazu kann jeder sich mit Handzeichen melden (ist in den meisten VC als Icon vorhanden oder Sie wählen ein anderes Zeichen) und Sie als Trainer notieren die Reihenfolge. Oder Sie rufen die Teilnehmer nacheinander auf und wer möchte, kann etwas sagen.

Danach starten Sie eine weitere Runde und wer möchte, kann nun etwas ergänzen oder überhaupt zum ersten Mal sagen, wenn er in der ersten Runde geschwiegen hat. Häufig fällt einem noch etwas ein, nachdem man die anderen gehört hat.

*Trainer-
Hinweis*

▶ Die Fragen können Sie natürlich auch ganz anders formulieren als im vorliegenden Beispiel, das eine Mischung von persönlichen und inhaltlichen Fragen enthielt.

▶ Bei der Mischung von Fragen zu Inhalt, Gruppendynamik und persönlichen Themen wie in meinem Beispiel ist es natürlich auch interessant zu beobachten, welche Karten die Teilnehmer hauptsächlich auswählen. Damit wird oft die Situation in der Gruppe deutlich und dies hilft zu erkennen, was im weiteren Verlauf des Seminars vielleicht verstärkt beachtet werden sollte. So habe ich in einem Seminar einmal erlebt, dass die inhaltlichen Themen nicht gewählt wurden, weil dazu bereits alles klar war und die Teilnehmer mit den Inhalten zufrieden waren. Dafür wurden fast nur Fragen zur Gruppe ausgewählt. Bei der anschließenden Runde wurde deutlich, dass die meisten hier noch Veränderungswünsche hatten, weil sie die Gruppe bislang als sehr zurückhaltend erlebt haben und noch wenig Kontakt entstanden war, wie sie es aus anderen Seminaren kannten.

▶ Solche Fragestellungen sind wohl meist nur bei längeren Online-Seminaren sinnvoll, sei es, dass die Teilnehmer auch längere Zeit in einem Forum zusammenarbeiten oder eine ganze Webinar-Reihe zu einem Thema durchführen. Ansonsten wählen Sie eine Kurzfassung.

*Lerntypen*

V Karten lesen und auswählen
A Mit Partner über die gewählte Frage austauschen

# Gemeinsam kreativ

| Medien | Whiteboard, Chat |
|---|---|
| TN-Aktivität | Schreiben und sprechen |
| TN-Zahl/Gruppengröße | Bis 12 TN |
| Sozialform | Plenum/EA |
| Webinartyp | Einzel-Webinar, Webinar-Reihe, längere Schulung |

Die Reizwort-Methode ist hier nur beispielhaft verwendet. Es soll deutlich werden, welch großen Unterschied es ausmacht, ob der Trainer eine Kreativitätstechnik nur vorliest oder vorstellt und erläutert, wie es geht – oder ob die Teilnehmer selbst schon den ganzen Prozess durchlaufen. Das ist in Online-Seminaren nicht anders wie in Präsenzseminaren.

*Methode*

▶ Kennenlernen, verstehen und später eigenständiges Anwenden einer Kreativitätstechnik

*Ziel*

Sie möchten mit den Teilnehmern die Reizwort-Methode durchlaufen. Dazu brauchen die Teilnehmer ein ganz konkretes Thema, eine Fragestellung, ein Projekt, einen Plan, zu dem sie Ideen wünschen.

*Verlauf*

Zunächst arbeiten Sie mit allen gemeinsam an einem Thema als Beispiel, da die Methode erst einmal etwas sperrig und ungewohnt ist. Im Anschluss an das Webinar sollen die Teilnehmer dann alleine damit an einem eigenen Thema arbeiten. Die Ergebnisse können sie später im Forum einstellen.

## 1. Thema formulieren

Im ersten Schritt geht es um die exakte Formulierung eines Themas, in der Regel in Form einer Frage.

Beispiel: „Wie können wir Teilnehmer für unsere Online-Seminare gewinnen?" Oder: „Wie können wir mehr Kunden für unser Produkt xy gewinnen?"

Die Frage ist sehr allgemein formuliert und daher geht es im ersten Schritt auch darum, sehr genau zu klären, worum es konkret geht und die Fragestellung entsprechend zu verändern. Dazu schreiben Sie das Thema auf die Folie und mehrere Formulierungs-Varianten dazu. Anschließend wählen sie gemeinsam aus, mit welcher Formulierung weitergearbeitet wird.

### 2. Reizworte sammeln

Dazu können Sie entweder eine Folie mit verschiedenen Motivbildern einstellen und die Teilnehmer suchen sich drei aus. Oder Sie bitten die Teilnehmer einfach um drei beliebige Begriffe, wenn sie aus dem Fenster schauen oder sich in dem Raum umsehen, in dem sie gerade sind. Es sollten möglichst drei sehr unterschiedliche Begriffe sein.

Beispiel: Hochsitz, Kaffeetasse, Zollstock

Abb.: Mithilfe von
Motivbildern werden
Reizworte gebildet

### 3. Assoziationen dazu aufschreiben

Im dritten Schritt werden zu den drei Reizwörtern Assoziationen notiert. Entweder schreiben die Teilnehmer diese auf ein Whiteboard oder in den Chat und Sie als Trainer schreiben alle untereinander auf das Whiteboard.

Beispiele: Überblick, Holz, warten, Gewehr, Rehe, schwarz, süß, aufputschen, wachmachen, lecker, Duft, messen, zerbrechen usw.

**4. Verbindung zwischen Assoziationen und Thema oder Frage herstellen**

Nun folgt der schwierige Schritt, weshalb Sie diesen erst einmal üben sollten, bevor Sie ihn im Webinar einsetzen. Was fällt den Teilnehmern ein, wenn sie sich die erste Assoziation „Überblick" im Hinblick auf die Frage anschauen?

Beispiele:

▶ Überblick über die Bedürfnisse der Zielgruppe verschaffen
▶ Überblick über Werbemöglichkeiten im Netz, in den Social Media verschaffen
▶ Überblick über die Mit-Wettbewerber verschaffen
▶ Der Zielgruppe einen leichten Überblick über die eigenen Angebote verschaffen
▶ Das Angebot einmal aus einer „höheren Warte" anschauen usw.

**5. Konkretisieren**

Oft müssen die Verbindungen noch einmal konkretisiert, das Brainstorming erweitert werden: *„Wie genau wollen Sie sich einen Überblick über die Bedürfnisse der Zielgruppe verschaffen?"* Dazu werden weitere Ideen gesammelt.

Beispiele:

▶ Eine Online-Umfrage starten
▶ Im Newsletter die Leser fragen
▶ Eine Verlosung anbieten, wenn die Fragen beantwortet werden
▶ Auf anderen Blogs zum Thema nachschauen
▶ Mit Freunden und Kollegen sprechen
▶ Auf Fachmessen gehen und dort mit Besuchern sprechen
▶ Einen Vortrag zum Thema halten

**6. Bewerten und Auswählen**

Anschließend werden die besten Ideen ausgewählt und dazu dann im letzten Schritt konkrete Maßnahmen notiert. Die sehen bei jedem natürlich anders aus, daher macht dieser Schritt in der Gesamtgruppe nur Sinn, wenn es sich um ein Team handelt, das anschließend die Ideen auch gemeinsam umsetzt.

*Trainer-
Hinweis*

▶ In der Weiterarbeit können Sie im Webinar eine Abschlussrunde organisieren, in der jeder berichtet, welche der Ideen er als Erstes umsetzt. Wie, wann und mit wem? Damit wird die Übung deutlich verbindlicher.

▶ Wenn das Ziel dieser Einheit war, dass die Teilnehmer die Methode kennenlernen und für ihre eigenen Themen einsetzen können, kann der nächste Schritt sein, dass jeder Teilnehmer nun sein Thema formuliert und die Methode später alleine ausführt. Auch hierfür sollten Sie eine Transfermöglichkeit anbieten.

▶ Wenn es begleitend zum Webinar ein Forum gibt, dann können die Teilnehmer dort später ihre Ergebnisse einstellen, die dann von den anderen gelesen und kommentiert werden können. So kann noch gemeinsam daran weitergearbeitet werden.

*Lerntypen*

V   Fotos für Reizworte schauen; Assoziationen notieren, Umsetzungsideen notieren

A   Assoziationen und Ideen formulieren, austauschen

K   Ungewöhnliche Verbindungen herstellen zwischen Reizwort und Fragestellung

# Gemeinsames Mind Map

| Medien | Whiteboard |
|---|---|
| TN-Aktivität | Schreiben, markieren, sprechen |
| TN-Zahl/Gruppengröße | Bis 12 TN, bei größeren Gruppen Varianten wählen |
| Sozialform | Plenum |
| Webinartyp | Einzel-Webinar, Webinar-Reihe, längere Schulung |

Mind Maps sind eine gute Methode, um schnell und unkompliziert viele Ideen aus der Gruppe zusammenzutragen. Durch die offene Form ist es möglich, einfach drauflos zu assoziieren oder zu sammeln.

*Methode*

▶ Verschiedene Aspekte eines Themas erarbeiten oder vertiefen

*Ziel*

Sie haben auf dem Whiteboard ein Mind Map vorbereitet. Dazu reicht im Grunde das Thema in der Mitte (oder eine Frage) und eventuell schon einige Oberpunkte = Hauptäste. Dann stellen Sie Ihre Fragen und bitten die Teilnehmer um Antworten.

*Verlauf*

Wenn alle gemeinsam an einem Whiteboard arbeiten, wird es evtl. zu unübersichtlich, wenn alle gleichzeitig schreiben. Folgende Varianten sind empfehlenswert:

▶ Die Teilnehmer schreiben ihre Ideen in den Chat und auch, zu welchem Oberbegriff ihr Stichwort zuzuordnen ist. Sie als Trainer übertragen dann die Stichworte ins Mind Map an die vorgeschlagene Stelle.
▶ Die Teilnehmer schreiben ihre Idee in den Chat und auch ihre Zuordnung, es muss aber mindestens noch ein Teilnehmer der Zuordnung zustimmen. Erst dann übertragen Sie es ins Mind Map.
▶ Die Teilnehmer schreiben direkt aufs Whiteboard. Die Zuordnung wird anschließend diskutiert bzw. Sie fordern die Teilnehmer auf, sich zu melden, wenn sie mit einer Zuordnung nicht einverstanden sind. Dann

können sie sich gmeinsam darüber austauschen und diskutieren, was warum wo hingehört. Damit sind sie auch schon mitten im Thema, was Sinn dieser Übung ist.

### Beispielthema: Welche Art von Energizern ist in Online-Seminaren möglich?

In einem Seminar für Online-Trainer sammeln Sie Spiele und Energizer, die die Teilnehmer schon kennen. Die Teilnehmer können zusätzlich durch ein Symbol markieren, welche davon sie selbst auch schon in ihren Webinaren einsetzen.

### Weiterarbeit

Da die Beispiele von verschiedenen Teilnehmern kommen, kann es sein, dass nicht alle Teilnehmer die notierten Energizer-Übungen kennen. Daher kann der nächste Schritt lauten: Jeder, der eine Übung nicht kennt und dazu eine Erklärung wünscht, markiert die entsprechende Übung, beispielsweise mit einem Fragezeichen oder mit einem Kreuz. Diese Übungen werden dann vorgestellt.

Noch besser ist es, wenn Sie diese Übungen gleich mit allen zusammen durchführen. Falls das aus dem Stand nicht möglich ist, kann es für ein Folge-Webinar verabredet werden.

Sie können wohl jedes Thema mit so einem Mind Map erarbeiten. Überlegen Sie, zu welchem Themenbereich in Ihrem Seminar eine Mind-Map-Ordnung passt und welche Fragestellung Sie dazu formulieren. Und dann probieren Sie es einfach aus! Es wird enorm viel Schwung in Ihr Webinar bringen und die Teilnehmer werden wach und aktiv sein. Hier einige Beispiele.

*Trainer-Hinweis*

▶ Nach der Einführung der Methode „Lernlandschaft":
  ● Zu welchen Themen können Sie in Ihren Seminaren eine Lernlandschaft durchführen?
▶ Thema „Kreativitätstechniken":
  ● Für welche Themen können Sie Kreativitätstechniken brauchen?
  ● In welchen Situationen brauchen Sie Kreativität?
▶ Nach einem Input zu einem bestimmten Thema:
  ● Notieren Sie erste Ideen, wie Sie davon etwas umsetzen.
▶ Train the Trainer-Seminar:
  ● Über welche der bisherigen Themen würden Sie sich gerne noch intensiver austauschen?
  ● Was sind Ihre Fragen dazu?
  ● Was sind die wichtigsten Unterschiede bei den drei Lerntypen?
  ● Welche Methoden sind für welche Lerntypen besonders geeignet?

Je nach Fragestellung kann der Einsatz dieser Methode auch mehr in die Phase der Seminarerwartung, der Wiederholung oder des Transfers gehören.

Tipp: Sie können die Hauptäste/Oberbegriffe nummerieren, dann brauchen die Teilnehmer nur jeweils die Zahl zu ihrem Stichwort zu schreiben.

Außerdem: Stichworte der Teilnehmer lassen sich jederzeit hin- und herschieben. Daher können Sie erst einmal sammeln lassen und anschließend die Zuordnung mit den Teilnehmern besprechen und eventuell ändern lassen.

V  In den Chat oder auf das Mind Map schreiben
A  Fragen zu Stichworten beantworten, austauschen

*Lerntypen*

# Kompetenz- und Wunsch-Inseln

| Medien | Whiteboard |
|---|---|
| TN-Aktivität | Notizen machen, austauschen |
| TN-Zahl/Gruppengröße | Bis 12 TN |
| Sozialform | EA/Plenum (oder Paare oder AGs) |
| Webinartyp | Einzel-Webinar, Webinar-Reihe, längere Schulung |

*Methode*   Mit dieser Methode können die Teilnehmer über bestimmte Fragen reflektieren. Über ihre Rolle, ihre Situation, ihre Aufgaben und Projekte oder auch ihre persönliche Lebenssituation.

*Ziel*   ▶ Vorhandene und benötigte Kompetenzen und Stärken erarbeiten und austauschen

*Verlauf*   Auf einer Folie sind verschiedene „Inseln" zusammen mit Stichworten abgebildet. Die Teilnehmer wandern virtuell von Insel zu Insel und beantworten für sich die gestellten Fragen. Sie machen sich dazu individuelle Notizen.

Die folgenden Beispiele sind aus einem Seminar für Trainer, beinhalten aber auch Schwerpunkte, die man vielleicht nicht sofort aufzählen würde, wenn man überlegt: Welche Fähigkeiten und Eigenschaften brauchen Trainer? In dieser Methode können also auch Bereiche angesprochen werden, die sonst nicht so vordergründig im Bewusstsein sind. Sie können die Methode auf alle anderen Arbeits- oder Lebenssituationen übertragen.

- ▶ Insel der Kreativität (Glühbirne)
- ▶ Insel der Spontaneität (Seifenblasen)
- ▶ Insel des Spiels (Clown)
- ▶ Insel des Vertrauens (Herz)
- ▶ Insel der Freude (Smiley)

- Insel der sorgfältigen Vorbereitung (Liste)
- Insel der Leichtigkeit (Flügel)
- Insel der Zuversicht (Daumen nach oben)

Die Teilnehmer schauen sich die Inseln an und wählen zu jeder Insel ein Symbol, das sie sich dazu notieren, sie müssen sich also entscheiden.

**Die Sonne**: Das ist meine Basis, das habe ich, das kann ich gut.
**Das Herz** drückt den Wunsch aus: Davon hätte ich gerne mehr.
**Die Glühbirne**: Hierzu habe ich eine Idee, wie ich es mehr integrieren/ umsetzen könnte

### Einzelarbeit

Jeder Teilnehmer nimmt sich ein Blatt Papier. Zu jeder Insel zeichnen die Teilnehmer das entsprechende Symbol und notieren sich Stichworte, die ihre Situation, ihren Wunsch, ihre Veränderungsideen betreffen.
Fragen-Beispiele für Trainer-Inseln:

- Was gibt mir als Trainer Kraft? Was ist meine Basis? Was kann ich gut? (Symbol: Sonne)
- Was vernachlässige ich noch? Wovon hätte ich gerne mehr (Wunsch)? (Symbol: Herz)
- Wozu habe ich schon eine Idee, wie ich es mehr integrieren oder um- setzen kann? (Symbol: Glühbirne)

**Weiterarbeit**

Nach 5-10 vorher vereinbarten Minuten treffen sich alle wieder im VC. Nun setzt jeder sein Symbol neben jede Insel, am besten mit dem Namenskürzel dazu. Dies geschieht entweder mit einem Stempel (bei Adobe Connect) oder die Teilnehmer zeichnen mit dem Zeichenwerkzeug ein einfaches Symbol. Wenn das zu schwierig ist, kann man auch Kürzel vereinbaren, die die Teilnehmer dann mit Textwerkzeug schreiben. „So" für Sonne, „He" für Herz, „Gl" für Glühbirne) oder auch nur die Zahlen 1, 2, 3.

Bei einer kleinen Gruppe kann der Austausch in der Gesamtgruppe stattfinden. Ansonsten können sich Paare (oder Kleingruppen – wenn es Gruppenräume gibt) bilden, die in verschiedene Gruppenräume gehen oder sich kurz per Telefon austauschen.

Ein Kriterium für die Paarbildung könnte sein: Jeder sucht sich einen Teilnehmer, der das als Basis hat, was man selbst als Wunsch oder Idee hat und tauscht sich mit diesem aus, holt sich Tipps: „Wie machst du das? Was kann ich von dir lernen, um auch das zu integrieren?"

---

*Lerntypen*  V  Bilder sehen, Notizen machen, zeichnen

A  Sich austauschen

K  Farben, Bilder und Symbole

# Kreativ-AGs

| Medien | Whiteboard, Webcam, Gruppenräume |
|---|---|
| TN-Aktivität | Je nach AG Sketch, Dialog, Rap entwickeln, Grafik zeichnen, sich austauschen |
| TN-Zahl/Gruppengröße | Bis 12 TN |
| Sozialform | AGs |
| Webinartyp | Einzel-Webinar, Webinar-Reihe, längere Schulung |

Zu Beginn meiner Seminarkarriere bekamen die Teilnehmer für die Arbeit in Arbeitsgruppen einen Stapel Papier, sollten diesen bearbeiten und die Ergebnisse anschließend im Plenum präsentieren. Doch es geht auch anders.

*Methode*

▶ Kreative Erarbeitung und Präsentation von Themen und Fachinhalten

*Ziel*

## Gruppenaufteilung

*Verlauf*

Schon die Gruppenaufteilung verläuft auf spielerische Art, indem Sie die Teilnehmer ein wenig aufs Glatteis führen. Hier ein Beispiel zur Bildung von vier AGs:

Sie fragen: Wer interessiert sich für ...
▶ Musik
▶ Theater
▶ Technik
▶ Grafik/Design?

Dazu können Sie ein Whiteboard mit vier Ecken vorbereiten. Dort kreuzen die Teilnehmer ihr Interesse an bzw. tragen ihren Namen oder ein Namenskürzel ein. Da die Gruppen gleich groß sein sollten, müssen Sie evtl. etwas hin- und herschieben, bis sie gleichmäßig verteilt sind.

**Bildung der Arbeitsgruppen**

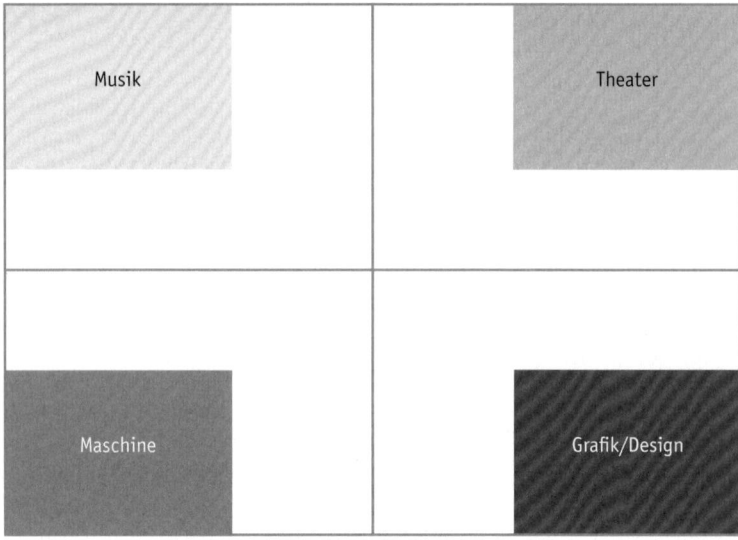

**Aufgaben formulieren**

Erst danach verraten Sie die Aufgaben für die einzelnen Gruppen:

▶ Die Musik-AG soll einen Rap zum Thema entwickeln und anschließend im Plenum vortragen.
▶ Die Theater-AG soll einen Sketch entwickeln. Das kann eine Art Dialog, Gespräch, Hörspiel oder was auch immer werden – Hauptsache, es hat mit dem Thema zu tun.
▶ Die Grafik/Design-AG soll eine kreative Folie oder Zeichnung zum Thema erstellen.
▶ Die Maschine-AG ist in einem Webinar etwas schwieriger umzusetzen. In Präsenzseminaren soll die Maschine aus den Teilnehmern hergestellt werden, die Bewegungen und Geräusche dazu machen, sich oft aber auch mit beschrifteten Karten und anderem behelfen. In einem Webinar zeichnen die Teilnehmer stattdessen eine themenbezogene Maschine und entwickeln dazu Geräusche. Oder sie führen die Maschinenbewegungen vor der Webcam vor. Der Kreativität sind hier keine Grenzen gesetzt.

**Austausch im Plenum**

Nach einer vereinbarten Zeit treffen sich wieder alle Teilnehmer im Webinarraum und präsentieren nacheinander ihre Ergebnisse. Das ist für alle ausgesprochen interessant und kurzweilig.

▶ Der Haupt-Lerneffekt findet natürlich bei der Erarbeitung in den Gruppen statt. Um sich solch eine kreative Präsentation auszudenken, muss man sich noch einmal mit dem Stoff auseinandersetzen und herausarbeiten, was das Wesentliche ist, das man den anderen präsentieren möchte. Dieser Aufwand macht nur in längeren Webinaren Sinn. Oder wenn Sie mehrteilige Webinare durchführen. Dann können die Teilnehmer die Aufgaben in der Zeit zwischen den beiden Webinaren durchführen.

▶ Wenn Sie keine Gruppenräume auf Ihrer Webinar-Plattform haben, gibt es folgende Möglichkeit, sofern Zeit vorhanden ist:
  ● Die Sketch-AG verabredet sich über Skype. Dort schreiben sie stattdessen ein lustiges Hörspiel (oder einen Dialog).
  ● Die Rap-AG verabredet sich über Skype und entwickelt dort ihren Rap.
  ● Die Grafik-AG bleibt im Webinar-Raum und erstellt eine Folie auf dem Whiteboard.
  ● Die Maschine-AG trifft sich ebenfalls über Skype.

▶ Bei einer einmaligen Veranstaltung (90 Minuten) ist es einfacher, wenn man AG-Räume hat, wie bei Adobe.

*Trainer-Hinweis*

---

V   Zuordnung auf Whiteboard, Sketch oder Rap schreiben
A   Rap vortragen, Austausch
K   Sketch, Rap, Maschine, alles Spielerische und Kreative

*Lerntypen*

# Paradoxes Brainstorming

| Medien | Whiteboard |
|---|---|
| TN-Aktivität | Brainstormen, auf Whiteboard schreiben |
| TN-Zahl/Gruppengröße | Bis 12 TN |
| Sozialform | Plenum |
| Webinartyp | Einzel-Webinar, Webinar-Reihe, längere Schulung |

*Methode*

Diese Methode kann viel lostreten. Bei Frust-Themen kann sie für Lockerheit sorgen, bei schwierigen Themen kreative Lösungen hervorbringen. Auf jeden Fall macht sie Spaß – und es kommen viele Ideen zusammen. Durch das Paradoxe können mentale „Knoten" gelöst werden, der Kopf ist wieder frei für neue Ideen.

*Ziel*

▶ Kreative Lösungsideen für ein Problem finden
▶ Positive Merkmale zu einem Thema sammeln
▶ Klärung schaffen

*Verlauf*

Sie stellen ein leeres Whiteboard ein, auf dem nur oben eine provokative Fragestellung steht. Die Fragestellung am Beispiel aus einem Seminar für Trainer lautet:

▶ „Wie schaffen wir es, dass unsere Teilnehmer das Webinar verlassen?"

Weitere Beispiele:

▶ „Wie verhindern wir, dass die Teilnehmer irgendetwas lernen?"
▶ „Was können wir tun, damit sich niemand zu unseren Seminaren anmeldet?"

Nun laden Sie die Teilnehmer zu einem gemeinsamen Brainstorming ein. Sie notieren alles auf das Whiteboard, was ihnen dazu einfällt. Es kann sein, dass so viele Ideen sprudeln, dass Sie noch ein zweites und drittes Whiteboard freischalten oder den Chat hinzunehmen müssen.

Wenn genug verrückte Ideen zusammengetragen sind oder der vereinbarte Zeitpunkt erreicht ist, nehmen Sie sich nun nach und nach die Aussagen vor und entwickeln daraus das Gegenteil. Also positive Ideen und Schritte, was Sie beispielsweise tun müssen, damit die Teilnehmer gerne im Webinar bleiben und auch viel lernen.

Zu einer „Negativ-Idee" muss nicht unbedingt eine gespiegelte positive Idee formuliert werden. Es können auch drei oder fünf neue positive Ideen daraus entstehen. Es können ebenso Ideen kommen, die sich gar nicht direkt aus einem der aufgeschriebenen Stichworte ergeben. Das ist ganz gleich. Die Methode dient ja nur dazu, möglichst viele konstruktive Ideen zu einer Fragestellung zu entwickeln. Woher die nun genau kommen, ist völlig gleichgültig. Wie immer ist die Methode nur ein Sprungbrett, ein Knoten-Löser – auf dass die Ideen sprudeln.

Mögliche Formen der Weiterarbeit sind ...

### Plenum

Wenn es eine kleine Gruppe ist, können Sie in der Gesamtgruppe diese Umkehrung machen und Ideen sammeln.

### Arbeitsgruppen

Bei einer größeren Teilnehmerzahl empfehlen sich Arbeitsgruppen. Auch, wenn Sie zwei bis drei Whiteboards vollgeschrieben haben. Dann kann sich jede AG ein Whiteboard vornehmen und nach und nach jedes Stichwort bearbeiten.

### Paare

Bei kleinen Gruppen können Sie die Teilnehmer auch in Paare aufteilen, die sich jeweils einen Teil der Stichworte vornehmen. Dabei kann es durchaus interessant sein, wenn alle an den gleichen Stichworten arbeiten und man nachher schaut, wie unterschiedlich die neuen Ideen trotzdem sind.

### Einzeln

Wenn Sie viele visuelle Lerner in der Gruppe haben, können Sie auch eine Einzelarbeit vorschalten. Jeder schaut sich das Brainstorming an und notiert erst einmal alleine Ideen. Diese werden dann anschließend im Plenum zusammengetragen. Zum Beispiel auf einem Mind Map.

### Umsetzung

Das Entscheidende bei solchen Kreativ-Methoden ist natürlich, die so gewonnenen Ideen anschließend auch umzusetzen. Dazu sollten Sie den Teilnehmern zumindest erste Schritte mitgeben und im Webinar Tipps oder

Methoden vorstellen, wie jeder für sich drei Ideen aus dem Gesamtpool auswählt und konkret plant, wann und wie er sie umsetzt.

*Trainer-Hinweis*

Überlegen Sie sich eine Fragestellung zu Ihrem Thema.

Dazu noch einige Beispiele:

- ▶ Wie verhindern wir, dass jemals ein Kunde unser Produkt kauft?
- ▶ Was kann ich tun, damit ich niemals meinen Zeitplan einhalte/die Tagesarbeit schaffe?
- ▶ Wie erreiche ich, dass Kunden sofort auflegen, wenn ich anrufe?

*Lerntypen*

V  Aufs Whiteboard schreiben
A  Ideen äußern
K  Spaß an der Umkehrung und dem Paradoxen

# Stichworte und Kurztexte

| Medien | Whiteboard |
|---|---|
| TN-Aktivität | Texte lesen, Beispiele ausarbeiten, Stichworte in Tabelle schreiben |
| TN-Zahl/Gruppengröße | Bis 12 TN |
| Sozialform | Plenum, Paare oder EA oder AGs |
| Webinartyp | Einzel-Webinar, Webinar-Reihe, längere Schulung |

Anhand von kurzen Texten erarbeiten die Teilnehmer ein Thema zu zweit. *Methode*
Durch den Austausch mit einem Partner kommen neue Aspekte und Gedanken zusammen, die anschließend in der Gruppe präsentiert und diskutiert werden.

Diese Methode entspricht am ehesten der „klassischen Vorgehensweise" auch in Präsenzseminaren und kann in Webinaren durchaus auch zwischendurch einmal eingesetzt werden.

▶ Vertiefte Erarbeitung eines Themas *Ziel*

Nach einem kurzen Input-Vortrag durch Sie (in diesem Beispiel zum Thema *Verlauf*
Motivation) sollen sich die Teilnehmer anschließend in Paaren einzelne Begriffe genauer unter die Lupe nehmen.

**Einzelarbeit oder Aufteilung in Paare oder Gruppen**

Je nach Größe der Gesamtgruppe werden entweder Kleingruppen oder Paare gebildet – oder jeder Teilnehmer arbeitet alleine.

Die Zuordnung ergibt sich aus der von Ihnen vorbereiteten Folie. Dort sind alle Teilnehmer mit Foto oder Namen abgebildet und einem Buchstaben zugeordnet.

Die Teilnehmer laden zunächst ein Arbeitsblatt hoch, das Sie per Datentransfer zur Verfügung stellen oder schon vorher verschickt oder zum Download in einem Forum eingestellt haben.

Dann haben alle 10 Minuten Zeit, die Erläuterungen zu ihrem jeweiligen Begriff durchzulesen und sich dazu ein konkretes Beispiel zu überlegen. Dabei sollen sie einen Zusammenhang zu ihren Kursen und Lernern herstellen.

**Plenum**

Anschließend kommen alle wieder im VC zusammen und tragen nacheinander ihre Ergebnisse vor. Sie sammeln als Trainer diese Erläuterungen entweder in einem Mind Map oder in einer Tabelle.

Folie: Stichworte und Zuordnung zu den Buchstaben

Folie: Ergebnisse eintragen

*Quelle*   Nach einer Idee von  Inga Geisler, *www.ingageisler.de/liveonlinetrainer*, inspiriert durch Bernd Weidenmann: Erfolgreiche Kurse und Seminare. Beltz Verlag.

*Lerntypen*   V   Texte lesen, Ergebnisse auf Folie schreiben
A   In Paaren oder AGs austauschen und Beispiele erarbeiten

# Vergleiche und Unterschiede

| Medien | Whiteboard |
|---|---|
| TN-Aktivität | In Tabelle schreiben und diskutieren, in Partnerarbeit oder AGs Thema erarbeiten |
| TN-Zahl/Gruppengröße | Bis 12 TN |
| Sozialform | Paare oder AGs |
| Webinartyp | Einzel-Webinar, Webinar-Reihe, längere Schulung |

Die Teilnehmer erarbeiten selbst die Unterschiede zwischen zwei Situationen, Verhaltensweisen, Rollen – oder was auch immer das Thema ist. Damit durchdringen sie das Thema wesentlich tiefer als durch einen einfachen Input in Form eines Vortrags oder einer fertigen Tabelle.

*Methode*

▶ Vertiefte Erarbeitung eines Themas

*Ziel*

Beispiel: Vergleich Online- und Präsenzseminare

*Verlauf*

Sie bitten die Teilnehmer, Stichworte in die entsprechenden Spalten zu schreiben – alles, was ihnen dazu einfällt. Anschließend können diese mündlich erläutert werden.

| | Präsenz | Online |
|---|---|---|
| Planung | | |
| Kurz vor Beginn | | |
| Kommunikation | | |
| Lerntransfer | | |
| Medieneinsatz | | |
| Lernverhalten | | |
| Risiken | | |
| „Lenkung" der TN-Aktivitäten | | |

Abb.: Unterschiede von Präsenz- und Online-Seminaren entwickeln

Andere Beispiel-Themen könnten etwa sein:

▶ Merkmale von Gesprächseinstieg und Gesprächsende (Verkaufsgespräche)

▶ Unterschiede von Auditiven, Visuellen und Kinästheten

▶ Interkulturelle Unterschiede bei Begrüßung/Essen/Geschenke etc.

▶ Unterschiede von Listen und Mind Maps :-)

---

*Trainer-
Hinweis*
Bei einer kleinen Gruppe können Sie alle gleichzeitig schreiben lassen. Bei
einer größeren Teilnehmerzahl empfiehlt es sich, die Gruppe aufzuteilen.
Entweder bekommt jede Gruppe die gleiche Folie im Arbeitsgruppenraum
oder Sie teilen die Gruppe in Paare auf – und jedes Paar bearbeitet eine
Spalte und stellt die Ergebnisse anschließend im Plenum vor.

---

*Lerntypen*   V   Stichworte in Tabelle schreiben

A   Austausch und Erläuterungen, Erarbeitung in AGs und Paaren

# Was haben wir gemacht?

| Medien | Whiteboard |
|---|---|
| TN-Aktivität | In den Chat schreiben, sprechen |
| TN-Zahl/Gruppengröße | Bis 12 TN |
| Sozialform | Plenum |
| Webinartyp | Einzel-Webinar, Webinar-Reihe, längere Schulung |

Manchmal sind die Seminarphasen nicht so eindeutig zu trennen. Diese Methode kann in der Erarbeitungsphase ebenso wie in der Wiederholungsphase eingesetzt werden. Am Ende eines Webinarabschnitts bzw. am Webinarende lassen Sie die Teilnehmer direkt zusammentragen, was alles vermittelt und gemacht wurde.

*Methode*

▶ Bewusst machen, was im Webinarabschnitt passiert ist und gelernt wurde

▶ Sammlung aller Inhalte und Methoden des Webinars

*Ziel*

Das folgende Beispiel betrifft eine Trainer-Ausbildung. Bei anderen Zielgruppen wird man weniger die erlernten Methoden abfragen, sondern eher Inhalte und Erkenntnisse, die dabei gewonnen wurden. Außerdem wird man Fragen identifizieren, die noch offen sind. Sie können die Methode für Ihr Thema entsprechend anpassen.

*Verlauf*

Beispiele:

▶ Welche Zeitmanagement-Methoden haben Sie kennengelernt?

▶ Welche Tools werden dazu benötigt?

oder:

▶ Welche Motivatoren haben Sie kennengelernt?

▶ Welche davon waren Ihnen besonders vertraut?

▶ Wozu haben Sie noch Fragen?

Auf einer Folie steht die Frage, die die Teilnehmer beantworten sollen, im vorliegenden Beispiel zwei Fragen.

---

**Welche Methoden?**

▶ Welche Methoden/Medien wurden in diesem Webinar vorgestellt?
▶ Welche Teilnehmeraktivierungen gab es?

Bitte schreiben Sie Ihre Antworten in den Chat.

---

Damit die Teilnehmer nicht voneinander abschreiben, können Sie vereinbaren, dass die Teilnehmer zunächst jeder für sich alle Antworten zur ersten Frage in den Chat schreiben und erst auf Ihr Zeichen hin auf „senden" klicken, sodass alle Antworten gleichzeitig veröffentlicht werden. Gleiches Vorgehen für die zweite Frage.

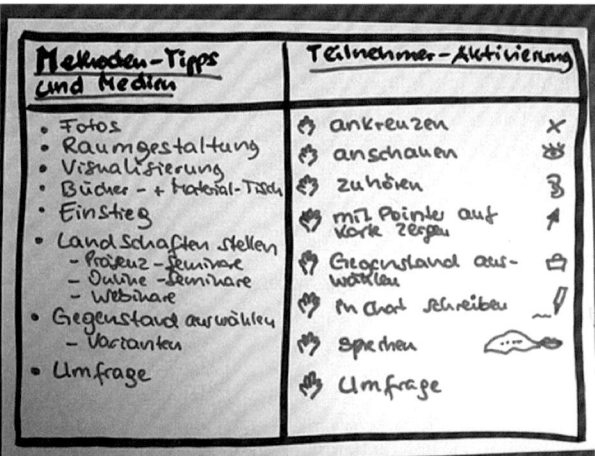

Noch besser ist es, wenn sich die Teilnehmer untereinander fragen „Ach, was war denn noch mal die ‚Perlenkette'?", und dann nicht Sie als Trainer antworten, sondern der Teilnehmer, der die Methode notiert hatte. Denn man lernt ja bekanntermaßen das am besten, was man anderen erklärt.

Am Ende können Sie noch eine Übersicht einblenden, wo die Teilnehmer dann vergleichen und sehen können, ob sie etwas vergessen haben.

---

*Trainer-Hinweis*  Mit der Abfrage können Sie auch feststellen, welche Methoden vielleicht ganz untergegangen sind und diese noch einmal hervorholen und erinnern.

---

*Lerntypen*  V  In den Chat schreiben
A  Erläutern, fragen, Partnerarbeit

---

**172**

# Whiteboard nutzen

| Medien | Whiteboard |
|---|---|
| TN-Aktivität | Auf Whiteboard schreiben oder zeichnen, sprechen |
| TN-Zahl/Gruppengröße | Bis 12 TN |
| Sozialform | Plenum |
| Webinartyp | Einzel-Webinar, Webinar-Reihe, längere Schulung |

Das Whiteboard im VC ist nichts anderes als ein Flipchart in einem Präsenzseminar. Das bedeutet, dass man es für sehr unterschiedliche Zwecke nutzen kann. Doch viele Trainer nutzen es bei Webinaren kaum oder nur sehr eingeschränkt. Daher lernen Sie hier einige Beispiele kennen, die Ihnen helfen, Möglichkeiten für Ihre Themen und Kurse zu entwickeln.

*Methode*

▶ Kreative Nutzung des Whiteboards zur gemeinsamen Erarbeitung

*Ziel*

Sie haben ein Whiteboard mit Fragen oder Tabellen vorbereitet. Die Teilnehmer schreiben alle gleichzeitig auf das Whiteboard. Je nach Gruppengröße und Thema können Sie je vier Teilnehmer gleichzeitig auf einem Whiteboard arbeiten lassen und dann das nächste nehmen für die nächsten vier Teilnehmer.

*Verlauf*

### 1. Beispiel: Was gehört dazu, ein gutes Webinar durchzuführen?

Die Teilnehmer schreiben ihre Ideen auf das Whiteboard. In diesem Fall findet die Erarbeitung vor einem Trainer-Input statt. Sie schauen erst einmal, was die Teilnehmer schon selbst wissen und ergänzen dann nur anschließend, wenn etwas fehlt. Das können Sie mündlich machen oder Ihre Ergänzungen hinzufügen. Oder Sie haben eine Folie vorbereitet, auf der alles Wesentliche steht, die Sie anschließend als Ergänzung präsentieren.

### 2. Beispiel: Wer benutzt bisher das Whiteboard und wie?

Ein Erfahrungsaustausch: Die Teilnehmer berichten, ob und wie sie das Whiteboard nutzen und warum eventuell nicht. Sie beschreiben, welche Schwierigkeiten dabei auftreten oder was sie befürchten. Daran kann sich eine Diskussion anschließen und auch Ergänzungen durch Sie als Trainer. Bei dem konkreten Thema bietet es sich an, auf die Vorteile und Besonderheiten hinzuweisen und welche methodisch-didaktischen Überlegungen dahinter stehen, Teilnehmer auch auf diese Weise in ein Webinar mit einzubeziehen.

### 3. Beispiel: Wer hat schon welches Tool ausprobiert?

Eine Bestandsaufnahme: Es wird abgefragt, wer welches Tool schon ausprobiert hat oder in seiner Arbeit nutzt. Über die Arbeit im Forum und im Webinar hinaus werden noch weitere Online-Tools vorgestellt und die Teilnehmer (=Trainer) sind eingeladen, diese Tools zu testen.Die Teilnehmer tragen die Tools in ihr entsprechendes Namensfeld ein und erläutern, wie und zu welchem Thema sie es nutzen, welche Erfahrungen sie damit gemacht haben und welche Fragen vielleicht noch aufgetreten sind.

*Trainer-Hinweis*

▶ Viele Trainer setzen in ihren Webinaren kaum das Whiteboard ein. Bei Adobe Connect ist es in der Tat etwas umständlich und funktioniert nur, wenn man die Teilnehmer gleichzeitig zu Moderatoren macht. Damit erhalten sie erweiterte Rechte. Dabei kann es passieren, dass sie an eine falsche Stelle klicken und alles zerschießen. Sie müssen daher vorher ganz klare Anweisungen geben, was die Teilnehmer nutzen dürfen – und was auf keinen Fall.

▶ Geben Sie den Hinweis, dass die Teilnehmer vor dem ersten Eintrag die kleinste Schriftgröße auswählen. Jeder kann auch eine andere Farbe auswählen, dann wird es übersichtlicher.

▶ Sie können Textfelder verschieben, falls sich Einträge überlappen. Das kommt öfters vor, weil die Teilnehmer erst nach der Veröffentlichung sehen können, ob gleichzeitig ein anderer Teilnehmer auf die gleiche Stelle geschrieben hat.

*Lerntypen*

V   Auf das Whiteboard schreiben
A   Erläuterungen

# Wissen oder Vermutung?

| Medien | Whiteboard |
|---|---|
| TN-Aktivität | Je nach Art der Präsentation: schreiben, sprechen, singen, gestalten |
| TN-Zahl/Gruppengröße | Bis 12 TN |
| Sozialform | Plenum, Paare |
| Webinartyp | Webinar-Reihe, längere Schulung |

Normalerweise kommt vor der Erarbeitungsphase erst einmal ein Input. Ob durch Trainer-Vortrag, Teilnehmer-Lektüre oder wie auch immer.
Eine interessante Variante ist es, dass sich die Teilnehmer selbst in ein neues Thema einarbeiten und der Trainer erst anschließend eventuelle Ergänzungen liefert.

*Methode*

▶ Die Teilnehmer erarbeiten selbst ein neues Thema

*Ziel*

Hier als Beispiel das Thema „Grundprinzipien der Suggestopädie" aus einem Trainer-Seminar. Sie können das Prinzip der Methode leicht auf Ihre eigenen Themen übertragen.

*Verlauf*

### Lernposter und Stichworte

Auf einem Poster stehen Stichworte zur Suggestopädie. Einige Begriffe sind sehr fachspezifisch und den Teilnehmern sicher unbekannt. Bei anderen Begriffen können sie zumindest Assoziationen oder Ideen entwickeln, die zutreffen könnten.

Es ist nicht das Hauptziel, dass die anschließenden Erarbeitungen der Teilnehmer alle „richtig" sind. Vielmehr geht es darum, dass sie sich gemeinsam Gedanken darüber machen und sich somit schon in das Thema vertiefen.

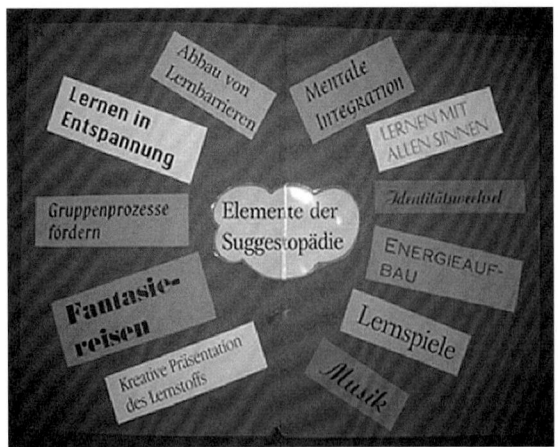

Die Teilnehmer bilden Paare und wählen sich als Paar jeweils ein Stichwort aus. Entweder einen Begriff, vom dem sie meinen, darüber schon etwas zu wissen oder auch einen Begriff, der sie besonders interessiert oder neugierig macht.

Die Aufgabe lautet:

▶ Überlegen Sie gemeinsam, was der Begriff bedeuten könnte.
▶ Notieren Sie Ihre Assoziationen (das können Sie auf Papier schreiben).
▶ Schreiben Sie die Stichworte auf ein Whiteboard.
▶ Überlegen Sie ein konkretes Beispiel, wie das im Training, in Ihrer Schulung aussehen könnte.
▶ Planen Sie eine kreative Präsentation Ihrer Überlegungen von maximal 3 Minuten.

**Paararbeit**

Die Paare bilden sich per Zufall oder per Absprache (im Chat). Sie verabreden sich per Telefon oder Skype und tauschen sich dort über ihre Ideen und Assoziationen aus. Einer macht sich Notizen.

Anschließend überlegen Sie eine kreative Präsentation im Plenum, beispielsweise ein Sketch, ein Dialog, ein Hörspiel mit Geräuschen, eine gestaltete PowerPoint-Folie, eine Zeichnung, ein Plakat, ein Rap, ein Reimgedicht, ein Lied.

Die Visualisierungen schicken die Teilnehmer dann an Sie. Sie laden sie im Webinar hoch und zeigen sie zur Präsentation.

**Präsentation im Plenum**

Nach und nach kommt jedes Arbeitspaar dran, stellt seine Präsentation vor und erläutert sie. Die anderen Teilnehmer können nachfragen und ergänzen.

Ganz zum Schluss können Sie ggf. als Trainer Ergänzungen liefern. Oft ist das gar nicht mehr nötig, weil die Teilnehmer schon alles Wesentliche selbst entwickelt haben.

*Trainer-Hinweis*

▶ Für die Paar-Arbeit wird eine feste Zeit vorgegeben, beispielsweise 20 Minuten. Die Präsentation nimmt dann noch mal ca. 15 Minuten in Anspruch.

▶ Wegen des Zeitaufwands „lohnt" sich diese Methode eher bei mehrteiligen Webinaren oder begleitenden Webinaren zu einer längeren Fortbildung in einem Forum.

▶ Sicher ist: Die Teilnehmer haben zwar mehr Zeit investiert, als wenn Sie einen kurzen Vortrag von 10 Minuten gehalten hätten, aber ganz sicher haben sie dabei mehr gelernt und sind tiefer ins Thema eingedrungen.

*Lerntypen*

V   Folien gestalten, Präsentations-Mind-Map oder Poster

A   Erläuterungen, Geschichte oder andere kreative Präsentation, Sketch, Dialog, Hörspiel, Lied usw.

K   Spielerische und kreative Präsentation

# Methoden zu Wiederholung/ Integration und zum Transfer

### Wiederholung/Integration

### Transfer

## Wiederholung/Integration

Sind **Wiederholungen** nur bei Wissensvermittlung sinnvoll, wo Teilnehmer etwas auswendig lernen müssen? Für eine Prüfung oder für ein Sprachtraining? Oder kann es auch bei anderen Seminarthemen Sinn ergeben?

Im vorliegenden Kapitel stelle ich Ihnen unterschiedliche Methoden vor. Manchmal sind es Beispiele für die Wiederholung von Fachbegriffen und Vokabeln, manchmal aber auch für komplexe Inhalte und Zusammenhänge.

Und selbst bei Seminaren, wo die Teilnehmer eigentlich nichts wörtlich auswendig lernen müssen, können solche kleinen Wiederholungsübungen (oder auch Lernspiele) durchaus sinnvoll sein. Als eine Art Energizer, die eine Verbindung zum Fachthema haben. Oder um sich noch einmal bewusst zu machen, was bereits alles erarbeitet wurde.

Kleine Wettspiele können ein Webinar beleben und dienen auch der Teilnehmeraktivierung. Sie geben den Teilnehmern zudem noch einmal einen Überblick, was sie alles gemacht und gelernt und erarbeitet haben und rundet die Sache ab.

Während Wiederholungsübungen immer mal zwischendurch eingesetzt werden können, wird die **Integration** am Ende eines Seminars durchgeführt. Es geht dabei nicht um die Wiederholung einzelner Inhalte oder Methoden, sondern eben um die Integration der ganzen Einzelteile in ein großes Ganzes. Um eine Wiederholung des gesamten Webinarinhalts oder der ganzen Schulung. Probieren Sie es aus!

# ABC mit Bildern

| Medien | Whiteboard, Audio |
|---|---|
| TN-Aktivität | Laut lesen, Armbewegung |
| TN-Zahl/Gruppengröße | Bis 12 TN |
| Sozialform | Plenum |
| Webinartyp | Einzel-Webinar, Webinar-Reihe, längere Schulung |

**Methode**   Eine Mischung aus Lernmethode und Energizer. Die Teilnehmer wiederholen Fachbegriffe und gleichzeitig werden verschiedene Areale im Gehirn in Schwung gebracht. Dazu werden noch die Arme bewegt, was eine schöne Konzentrationsübung darstellt.

**Ziel**   ▶   Wiederholung von Fachbegriffen, Vokabeln, Werkzeugen etc.
▶   Konzentration und Bewegung

**Verlauf**   Es ist eine Erweiterung der ABC-Übung aus dem Kapitel „Energizer":
Statt der Buchstaben des Alphabets werden hier Bilder eingesetzt, im vorliegenden Beispiel von Werkzeugen, die benannt werden müssen.

Sie blenden die Folie mit den Werkzeugen ein und erläutern die Übung. Dann legen alle gleichzeitig los, was schön chaotisch klingt. Die Teilnehmer schauen sich das erste Bild an, nennen den Namen des Werkzeugs und heben dabei gleichzeitig einen Arm: den rechten, wenn dort ein R steht, den linken bei L und bei Z beide zusammen.

Das sollte in einem zügigen Tempo geschehen, was natürlich bei einem Webinar leicht chaotisch klingt. Das macht aber nichts und trägt ganz sicher zur Belebung bei.

## Variante: ABC mit Werkzeugen

Beim Sprachlernen können Sie Bilder oder Grafiken von Gegenständen, Handlungen, was auch immer nehmen und die Teilnehmer müssen es in der entsprechenden Sprache benennen.

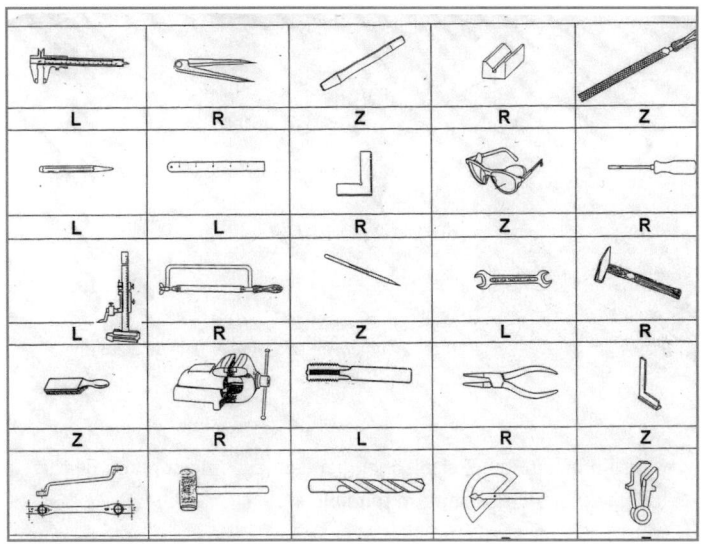

V   Bilder sehen, Buchstaben lesen
A   Begriffe laut nennen
K   Den richtigen Arm bewegen

*Lerntypen*

# Activity

| Medien | Whiteboard |
|---|---|
| TN-Aktivität | Sprechen, zeichnen, Pantomime |
| TN-Zahl/Gruppengröße | Bis 12 TN |
| Sozialform | Plenum |
| Webinartyp | Einzel-Webinar, Webinar-Reihe, längere Schulung |

*Methode*  Activity ist ein bekanntes Freizeitspiel, bei dem ein Spieler einen Begriff darstellen muss, den die anderen raten müssen.

*Ziel*  ▶  Wiederholung

*Verlauf*  Sie geben als Trainer jedem Teilnehmer einen Begriff, den er später darstellen soll. Entweder, falls vorhanden, über einen Privatchat oder vorher per E-Mail.

Es gibt verschiedene Alternativen, wie der Teilnehmer seinen Begriff präsentieren soll, den die anderen dann raten.
▶  Auf dem Whiteboard zeichnen
▶  Verbal umschreiben, dabei gibt es wie bei Tabu bestimmte Begriffe, die man nicht nennen darf
▶  Vor der Webcam pantomimisch vormachen

Die anderen Teilnehmer raten im Textchat, was dargestellt wird.
Als Begriffe können Themen aus dem Privatbereich oder aus dem Fundus der Schulungsinhalte gewählt werden.

*Lerntypen*  V  Schreiben, zeichnen
A  Begriff umschreiben
K  Pantomime

# Begriffe erklären

| Medien | Whiteboard |
|---|---|
| TN-Aktivität | Sprechen |
| TN-Zahl/Gruppengröße | Bis 12 TN |
| Sozialform | Plenum |
| Webinartyp | Einzel-Webinar, Webinar-Reihe, längere Schulung |

Die Teilnehmer erläutern Fachbegriffe oder Inhalte, die sie vorher bearbeitet haben.

*Methode*

▶ Wiederholung und Erläuterung von Fachbegriffen oder Inhalten

*Ziel*

Auf dem Whiteboard sind Karten mit Begriffen vorbereitet. In einer rechten Spalte stehen Zahlen – so viele, wie Menschen am Webinar teilnehmen.

*Verlauf*

Ein Teilnehmer bekommt die Aufgabe, jeweils mit dem Stift oder dem Textmarker (Whiteboard-Werkzeuge) einen Begriff mit einer Zahl zu verbinden.

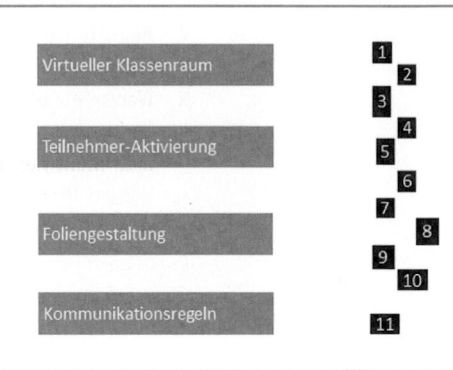

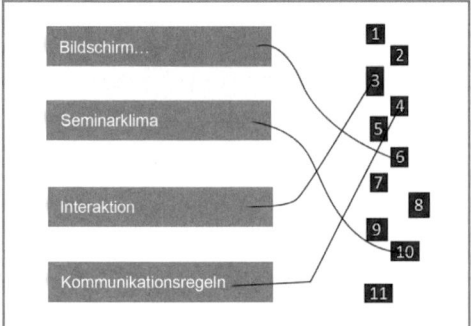

Danach wird die zweite Folie gezeigt, auf der allen Teilnehmern eine Zahl zugeordnet ist. Daraus ergibt sich dann, welcher Teilnehmer welchen Begriff erläutern soll.

Wenn es Fragen zu den Erläuterungen gibt, können die anderen Teilnehmer nachfragen und der Betreffende beantwortet sie. Vielleicht auch mit Unterstützung des Trainers.

**Variante: Wettspiel**

Wenn es nicht um komplexe Erläuterungen geht, sondern nur um kurze Definitionen von Fachbegriffen oder Vokabeln, kann man es auch als Wettspiel nutzen. Dazu brauchen Sie mehr Begriffe, damit Sie mehrere Durchläufe spielen können.

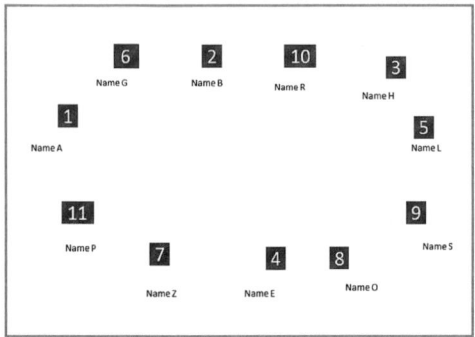

Jeder, der eine richtige Antwort gibt, bekommt einen Punkt. Wer am Ende die höchste Punktzahl hat, hat gewonnen.

*Quelle*    Kennengelernt bei Inga Geisler, *www.ingageisler.de/liveonlinetrainer*

*Lerntypen*    V    Begriffe lesen
A    Begriffe erläutern
K    Wettspiel, zufällige Zuordnung

# Der große Preis

| Medien | Whiteboard |
|---|---|
| TN-Aktivität | Schreiben und sprechen |
| TN-Zahl/Gruppengröße | Bis 12 TN |
| Sozialform | 2 Gruppen |
| Webinartyp | Webinar-Reihe, längere Schulung |

Eine Wiederholungsmethode mit Wettspielcharakter, die in der Regel in zwei Gruppen durchgeführt wird.

*Methode*

▶ Wiederholung von Lernstoff oder Prüfungsvorbereitung

*Ziel*

**Vorarbeit**

*Verlauf*

Sie stellen eine Folie her, auf der wie mit Moderationskarten bestimmte Themenbereiche Ihres Faches aufgeführt sind, darunter Karten von 100 bis 400. Zu jeder Zahlenkarte haben Sie eine Frage notiert (und am besten auch die Antwort).

**Im Webinar**

Die Teilnehmer werden in zwei Gruppen geteilt, Sie können dazu einfach die sichtbare Teilnehmerliste halbieren und benennen, wer in Gruppe 1 und wer in Gruppe 2 ist. Dann zeigen Sie die Folie mit der Gesamtübersicht.

Eine Gruppe beginnt und wählt einen Themenbereich und eine Zahl aus. Also beispielsweise „Webinar-Technik 100". Sie stellen die dazugehörige Frage und die Gruppe bekommt kurz Zeit, um über die Antwort zu diskutieren. Elegant wäre es natürlich, sich in einem gesonderten Arbeitsgruppenraum zu besprechen. Wenn es keine Gruppenräume gibt, kann die Diskussion auch vor der Gesamtgruppe geschehen. Die zweite Gruppe muss sich dann aber komplett raushalten.

Jede Gruppe wählt vorher einen Sprecher, der die Antwort mitteilt. Wenn die Antwort richtig ist, bekommt die Gruppe einen Punkt. Und die andere Gruppe ist dran.

Sie können am Ende eine Folie zeigen, wo alle Karten umgedreht und die Fragen sichtbar sind. Auf einer zweiten stehen die richtigen Antworten, damit es besser im Gedächtnis bleibt.

### Weiterarbeit

Am Ende gibt es eine feierlich Siegesfeier oder Preisverkündung. Bei einem öffentlichen Webinar kann es ein Buchpreis sein oder eine PDF mit Tipps oder Ähnliches.

---

*Varianten*

Sie können die Regeln beliebig ändern, beispielsweise:
▶ Eine Gruppe darf so lange weitermachen, bis sie einen Fehler macht.
▶ Die möglichen Durchgänge sind auf drei beschränkt.
▶ Sie spielen im Wechsel. Nur, wenn eine Gruppe falsch geraten hat, darf die andere Gruppe diese Frage beantworten. Ist die Antwort richtig, darf diese Gruppe dann noch eine Frage auswählen.

---

*Trainer-Hinweise*

▶ Sie können die Fragen zu den einzelnen Fragekarten einfach nur mündlich stellen oder jeweils eine entsprechende Folie vorbereiten, auf der die Teilnehmer die Frage auch lesen können. Das ist für visuelle Lerner hilfreich, um die Fragen besser zu verstehen und zu behalten. Das bedeutet natürlich mehr Vorbereitung für Sie, lohnt sich aber, wenn Sie das Spiel öfters durchführen. Allerdings ist diese Variante dann nur sinnvoll, wenn Sie gezielt auf eine Folie zugreifen können, ohne erst alle durchzuklicken (bei edudip können Sie links eine kleine Ansicht der nächsten Folien sehen und direkt auf eine Folie klicken). Denn wenn Sie jedes Mal alle Folien durchklicken müssen, können die Teilnehmer ja sonst schon alle Fragen sehen.

▶ Sie können hinter den Karten auch zwei bis drei Joker verstecken. Diese sollten Sie dann auch am besten auf dem Whiteboard visualisieren, etwa durch Glücksklee oder eine Fee ... Dann muss die Gruppe keine Frage beantworten, sondern bekommt die Punktzahl einfach so geschenkt.

▶ Überlegen Sie sich Schwerpunkte oder Bereiche Ihres Themas und entwickeln Sie zu jedem Bereich vier unterschiedlich schwierige Fragen.

---

A  Antworten in der Gruppe diskutieren und im Plenum mitteilen

K  Wettspiel

*Lerntypen*

# Domino mit Aktivierung

| Medien | Whiteboard, Audio |
| --- | --- |
| TN-Aktivität | Richtige Antworten zuordnen, Bewegung, sprechen |
| TN-Zahl/Gruppengröße | Bis 12 TN |
| Sozialform | Einzelarbeit und Plenum |
| Webinartyp | Einzel-Webinar, Webinar-Reihe, längere Schulung |

*Methode*

Bei einem Domino werden normalerweise Spielsteine oder Karten aneinandergelegt. Im Webinar muss man da einen kleinen Umweg gehen.

*Ziel*

▶ Wiederholung vom gesamten Seminar oder einem Thema

*Verlauf*

**Vorbereitung**

Vor dem Webinar bekommen alle Teilnehmer per E-Mail oder in einem begleitenden Forum Dominokarten mit Fragen und Antworten als Datei oder als Fotos. Dabei bekommt jeder Teilnehmer nicht alle Karten, sondern je nach Gruppengröße nur 2-3.

**Im Webinar**

Sie erläutern die Übung und Teilnehmer 1 beginnt. Das ist derjenige, der auf der linken Seite „Start" stehen hat. Er schreibt die Frage, die auf der rechten Seite steht, auf das Whiteboard.

Der Teilnehmer, der die entsprechende Karte mit der Antwort auf der linken Seite hat, schreibt diese daneben auf das Whiteboard. Darunter dann seine Frage, die auf der rechten Seite steht usw.

Zamyat M. Klein: 150 kreative Webinar-Methoden

**Beispiel**

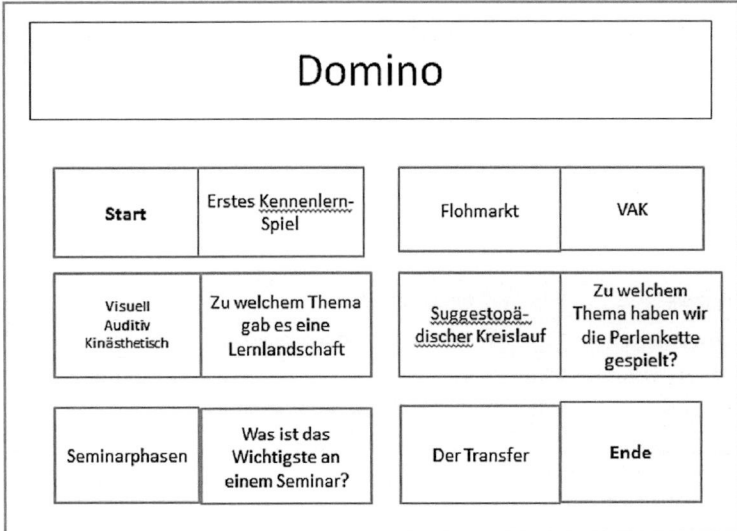

**Aktivierungen**

Auch in einem Webinar kann man Aktivierungen einbauen. Auf manchen Karten steht ein A. Der Trainer nennt dann die dazugehörige Aufgabe:

▶ „Steh auf und dehne dich einmal nach rechts oder links."
▶ „Sag aus dem Stand einen Reim auf zum Thema ..."
▶ „Sing die erste Zeile eines Liedes ..."
▶ „Hüpfe auf einem Bein zur Tür ..."

Nicht alle dieser Aktivitäten kann man genau kontrollieren, da hilft nur Vertrauen in die Bereitschaft der Teilnehmer.

V  Kartenaufschriften lesen und schreiben

A  Evtl. erläutern, warum die Karte da richtig liegt oder die Antwort noch genauer erläutern

K  Die eingebauten Aktivierungen

*Lerntypen*

# Fachbegriffe ohne Vokale

| Medien | Whiteboard |
|---|---|
| TN-Aktivität | Wort erraten, Wörter entwickeln, in den Chat schreiben |
| TN-Zahl/Gruppengröße | Bis 12 TN |
| Sozialform | Einzelarbeit oder AGs |
| Webinartyp | Einzel-Webinar, Webinar-Reihe, längere Schulung |

*Methode*  Ein Energizer, der auch als Wiederholung für Fachbegriffe oder Vokabeln dienen kann, je nach Variante, die Sie wählen.

*Ziel*
▶ Wiederholung von (Fach-)Begriffen
▶ Kleine spielerische Unterbrechung

*Verlauf*  **Variante A: Energizer**

Sie zeigen einen Begriff zum Thema des Seminars, der ohne Vokale notiert ist. Beispiel: KMMNKTN.

Die Teilnehmer raten nun, welcher Begriff sich dahinter verbirgt und notieren dies im Chat. Wenn es einen Privatchat gibt, sollte dieser genutzt werden, sodass die Teilnehmer nicht voneinander abschreiben können. Oder Sie fordern die Teilnehmer auf, Ihre Lösung zunächst in den Chat zu schreiben und erst dann gemeinsam abzuschicken, wenn Sie bis drei gezählt haben. Auf diese Weise werden alle Wörter gleichzeitig veröffentlicht.

**Variante B: Fortsetzung**

Die Teilnehmer sollen nun zu jedem Buchstaben des Begriffes ein Wort aus ihrem Fachgebiet nennen. Sie notieren diese Begriffe auf dem Whiteboard.

**Variante C: Wiederholung**

Die Teilnehmer bilden Arbeitsgruppen, jede Gruppe sammelt nun drei bis vier Begriffe aus dem Seminarthema und notiert diese auf einem White-board – wieder ohne Vokale. Damit es nicht zu leicht wird, sollen sie keine Platzhalter für die leeren Buchstaben einsetzen und nur Großbuchstaben benutzen. Dann kommen alle wieder im Haupt-Meetingraum zusammen. Die Gruppen stellen nacheinander ihre Wörter vor. Die anderen müssen raten, am besten per Textchat.

Wenn Sie ein wenig Schwung in die Bude bringen wollen, können Sie es auch per Audio machen, sodass alle lustig durcheinander rufen.

**Für alle Varianten: Erläuterung**

Nach der Auflösung eines Begriffes kann dieser dann noch kurz erläutert werden. Entweder von dem, der den Begriff ausgewählt hat oder auch von anderen. Notfalls noch mit Ergänzungen von Ihnen.

Schwierig wird es bei Begriffen, die zum Beispiel einen doppelten Vokal am Anfang haben wie Aubergine „BRGN". Hier noch ein paar Beispiele

- ▶ SMNRMTHDN = Seminarmethoden
- ▶ WBNR = Webinar
- ▶ PRSNTTN = Präsentation
- ▶ MNTR = Monitor
- ▶ ZTMNGMNT = Zeitmanagement
- ▶ PWRPNT = Powerpoint
- ▶ TMTK = Automatik (Ha!)

Wenn Sie keine unterschiedlichen Gruppenräume zur Verfügung haben (wie beispielsweise bei Adobe Connect), können die Teilnehmer die Begriffe einzeln entwickeln und Ihnen per Mail schicken. Sie kopieren diese dann und stellen Sie nacheinander auf dem Whiteboard vor. Oder die Teilnehmer schreiben nacheinander ihre Rate-Wörter in den Chat und die anderen müssen dann raten.

*Trainer-Hinweis*

Diese Methode ist nach einer Idee von Axel Rachow: Sichtbar. managerSe-minare, beschrieben.

*Quelle*

| | | |
|---|---|---|
| V | Buchstaben lesen und Begriffe schreiben | *Lerntypen* |
| A | Mündlich raten, Erläuterung der Begriffe | |
| K | Spielerischer Chrakter | |

# Hop oder Top

| Medien | Gruppenräume oder per Skype; Audio |
|---|---|
| TN-Aktivität | 10 Aussagen zum Thema entwickeln und aufschreiben |
| TN-Zahl/Gruppengröße | Bis 20 TN |
| Sozialform | 2 Gruppen |
| Webinartyp | Webinar-Reihe, längere Schulung |

*Methode*  Diese Methode liebe ich auch in Präsenzseminaren sehr, sie lässt sich ebenso in Online-Seminaren einsetzen. Hier wird eine Wiederholung noch durch den Wettspielcharakter aufgepeppt.

*Ziel*  ▶  Wiederholung eines Themas oder der Inhalte eines ganzen Moduls oder Seminars

*Verlauf*  Die Teilnehmer werden in zwei Gruppen aufgeteilt, die dann in unterschiedlichen Räumen arbeiten. (Wenn es keine Gruppenräume gibt, können sie sich über Skype oder Telefon austauschen.) Die Aufgabe einer jeden Gruppe besteht darin, 10 Aussagen zum Thema zu notieren, von denen einige falsch sind. Es wird nicht vorgegeben, wie viele Aussagen richtig oder falsch sein sollen.

Thema kann sein: Alle Inhalte und Methoden, die wir in diesem Modul bearbeitet haben. Oder nur ein konkretes Thema wie etwa „Lerntypen", „Kreative Seminarmethoden", „Motivation" etc.

Nach einer vereinbarten Zeit (in einem Webinar sollten es nicht mehr als 10-15 Minuten sein) kommen die zwei Gruppen wieder in den Plenumsraum und Gruppe A beginnt. Sie liest die erste Aussage vor und Gruppe B muss innerhalb kurzer Zeit entscheiden, ob diese Aussage richtig oder falsch ist.

Dazu gehen sie in den Gruppenraum und werden von Ihnen nach zwei Minuten zurückgeholt. Dann zählen Sie: 1-2-3 – und danach müssen alle aus der Gruppe gleichzeitig abstimmen: Bei „Richtig" ein Häkchen setzen, bei „Falsch" ein Kreuz.

Wenn auch nur einer aus der Gruppe abweicht, bekommt die Gruppe einen Minuspunkt, d.h., es ist wichtig, dass sie sich einigen und alle das gleiche Zeichen setzen.

Danach wird die zweite Aussage vorgelesen usw. Wenn alle 10 Aussagen in der Art bewertet wurden, tauschen die Gruppen. Nun liest Gruppe B ihre Aussagen vor und Gruppe A muss entscheiden, welche richtig oder falsch sind.

*Variante*

Am besten ist es, wenn zwei Räume zur Verfügung stehen, damit sich die Gruppen jeweils kurz absprechen können. Ansonsten können Sie natürlich auch die Regeln ändern und die Methoden variieren.

Die Gruppe kann sich beispielsweise im Chat austauschen oder auch laut vor den anderen diskutieren – das ist sogar höchst spannend und vergnüglich. Die Klärungszeit sollte nicht länger als eine Minute dauern – ähnlich wie in der Präsenzvariante. Nach vereinbarter Zeit zählen Sie wieder „1-2-3".

*Trainer-Hinweis*

Das „Hop oder Top" am Ende ist quasi nur das Sahnehäubchen. Der eigentliche Wiederholungseffekt liegt in der Vorbereitung der Arbeitsgruppen. Denn um die 10 Aussagen zusammenzustellen, müssen sie sich noch einmal den Stoff zu dem vorgegebenen Thema vergegenwärtigen, nachschlagen, gemeinsam darüber reden. So wird fast unmerklich noch einmal das Thema wiederholt. Sie dürfen dazu auch ruhig ihre Unterlagen einsehen oder im Internet googeln – das ist alles erlaubt, denn alles dient der Wiederholung.

*Lerntypen*

V   Aussagen aufschreiben, Kreuzchen oder Haken setzen
A   Aussagen vorlesen, sich in der Gruppe abstimmen
K   Wettspiel

# Integrations-Mind-Map

| Medien | Whiteboard |
|---|---|
| TN-Aktivität | Zuordnen, sprechen, schreiben |
| TN-Zahl/Gruppengröße | Bis 12 TN |
| Sozialform | Wenn möglich Arbeitsgruppen (auch Plenum möglich) |
| Webinartyp | Webinar-Reihe, längere Schulung |

**Methode**  Ich setze diese Übung gerne ganz am Ende des Seminars ein als Gesamt-Integration des Gelernten. In Trainer-Seminaren werden hiermit bei-spielsweise alle Seminarmethoden, die wir gemacht haben, den einzelnen Seminarphasen zugeordnet.

**Ziel**  ▸ Integration des Gelernten in einem größeren Zusammenhang

**Verlauf**  **Vorarbeit**

Das Thema und die Oberpunkte des gesamten Mind Maps werden von Ihnen vorgegeben. Beim Beispiel „Seminarmethoden" stellen die Seminarphasen die Oberpunkte dar. Einstieg, Hinführung zum Thema, Input, Einführung in ein Thema, Erarbeitung von Themen, Wiederholung und Übung, Integra-tion, Abschluss.

Die einzelnen Methoden, die die Teilnehmer im Seminar bisher kennen-gelernt haben, sollen nun den Seminarphasen zugeordnet werden. Dazu schicken Sie am besten vorher eine Liste mit allen Methoden an die Teil-nehmer.

**Im Webinar**

Im Webinar finden nun die Zuordnungen statt. Sie stellen ein Mind Map mit der Darstellung aller Seminarphasen als Hauptäste ein. Die Teilnehmer ordnen nun die Methoden entsprechend zu.

Dazu vereinbaren Sie die Regel, dass sich jeder erst mit einem anderen Teilnehmer darüber austauschen und sich einigen muss, wo eine Methode hingehört. Erst dann darf zugeordnet werden. Je nach Variante geschieht die Klärung auch in der Kleingruppe.

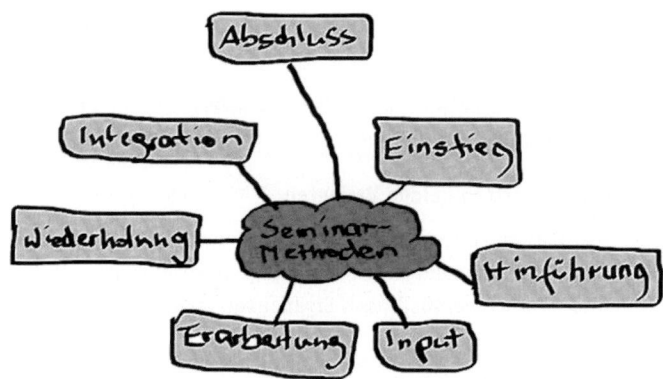

Wenn Sie einen Webinarraum haben, auf dem Sie mit Mind Maps arbeiten können, können Sie diesen nutzen. Ansonsten bereiten Sie auf einem Whiteboard das Mind Map mit den Oberpunkten zu. Auf einer normalen PowerPoint-Folie, als Foto von einem Mind-Map-Programm oder mit der Hand gezeichnet. Dann haben Sie folgende Möglichkeiten der Zuordnung:

*Varianten*

### Arbeitsgruppen auf der Webinarplattform

Die Teilnehmer gehen in Arbeitsgruppen und schreiben mit dem Textwerkzeug ihre Stichworte neben den Oberbegriff und verbinden ihn mit einer Linie, sodass die Zuordnung ganz klar ist.

### Arbeitsgruppen auf anderen Mind-Map-Plattformen

Die Teilnehmer treffen sich auf anderen Mind-Map-Plattformen wie beispielsweise mind42.com, stimmen sich dort per Skype miteinander ab und beschriften gemeinsam die vorbereiteten Mind Maps.

### Gemeinsam mündlich im VC

Sie haben ein Zeichentablett und schreiben selbst die Begriffe auf das Mind Map. Die Teilnehmer äußern sich mündlich oder über den Chat, was wohin gehört. Bei der Variante können sich die Teilnehmer vorher nicht mit anderen absprechen.

### Gemeinsam auf dem Whiteboard im VC

Sie haben das vorbereitete Mind Map auf dem Whiteboard. Die Teilnehmer schreiben mit dem Textwerkzeug ihre Begriffe an die entsprechende Stelle. Dazu wählt sich jeder beispielsweise drei Begriffe aus, die er vorher im Chat bekannt gibt, damit nicht alle die gleichen nehmen. Wenn alle Begriffe zugeordnet sind, schauen Sie mit der Gruppe gemeinsam, ob alles richtig ist.

Dazu lassen Sie erst einmal die Teilnehmer Markierungen anbringen. Ein Kreuz, wo sie meinen, das etwas nicht stimmt. Ein Fragezeichen dort, wo sie noch Fragen haben etc.

### Weiterarbeit für die ersten beiden Varianten

Nach einer vereinbarten Zeit treffen sich alle im Plenum und die verschiedenen Mind Maps und Zuordnungen werden miteinander verglichen. Sie als Trainer müssen dann eventuell noch Ergänzungen oder Korrekturen beisteuern.

*Trainer-Hinweis*

▶ Diese Methode ist zeitlich sicher etwas aufwendig, aber bei einer längeren Aus- oder Fortbildung ist es sicher ein lohnender Aufwand, um festzustellen, was die Teilnehmer wirklich verstanden und behalten haben. Es gibt anschließend immer noch Klärungs- und Diskussionsbedarf. Danach können Sie jedoch ziemlich sicher sein, dass sich vieles nun integriert hat.

▶ Versuchen Sie einmal herauszufinden, bei welchen Ihrer Themen diese Methode geeignet ist. Wo gibt es größere Zusammenhänge zu verstehen oder Zuordnungen vorzunehmen?

*Lerntypen*

V Begriffe lesen, schreiben
A Erläuterungen und Diskussionen über die Zuordnungen (bei der dritten Variante)

# Kennen Sie Ihre Software?

| Medien | Whiteboard |
|---|---|
| TN-Aktivität | In den Chat schreiben |
| TN-Zahl/Gruppengröße | Bis 12 TN |
| Sozialform | Einzelarbeit im Plenum |
| Webinartyp | Einzel-Webinar, Webinar-Reihe, längere Schulung |

Zu Beginn einer Webinar-Schulung sind Trainer oft noch nicht sehr vertraut mit der Webinarplattform. Zumal jede Plattform anders ist. Vor allem Adobe Connect ist ausgeprochen komplex, das erschließt sich nicht durch eine kurze Einführung.

*Methode*

▶ Wiederholung von Einstellungs-Werkzeugen der Webinarplattform
▶ Ausschnitte wiedererkennen

*Ziel*

Auf jeweils einer Folie ist ein Ausschnitt aus der Software zu sehen, in der die Teilnehmer geschult werden. Dazu stellen Sie jeweils eine Frage, etwa: *„Was kann über diese Schaltfläche eingestellt werden?"*

*Verlauf*

Antwort: Die Verteilung der Teilnehmer auf die verschiedenen Arbeitsgruppen (bei Adobe Connect).

Welcher Teilnehmer zuerst die Antwort weiß, meldet sich. Bei einer richtigen Antwort gibt es einen Punkt. Alternativ kann auch im privaten Textchat geantwortet werden, damit alle Teilnehmer die Antwort geben können.

Das Beispiel ist natürlich übertragbar auf EDV-Schulungen, SAP-Themen oder anderes, wo man ebenfalls Schaltflächen und Befehle lernen muss.

*Quelle*    Inga Geisler, *www.ingageisler.de/liveonlinetrainer*

*Lerntypen*    V    Bild sehen und erkennen, Antworten schreiben
A    Antworten geben
K    Ähnelt einem Rätsel

# Koffer packen

| Medien | Foto mit Gegenständen/Audio/Chat |
|---|---|
| TN-Aktivität | Assoziationen erläutern |
| TN-Zahl/Gruppengröße | Bis 12 TN |
| Sozialform | Einzelarbeit im Plenum |
| Webinartyp | Einzel-Webinar, Webinar-Reihe, längere Schulung |

Ein weiteres Beispiel dafür, wie man eine Präsenzseminar-Methode online einsetzen kann. Gegenstände helfen beim freien Assoziieren und können Kreativität freisetzen.

*Methode*

▶ Überprüfen, inwieweit Inhalte wirklich verstanden wurden
▶ Zusammenhänge und Inhalte mit eigenen Worten erklären können

*Ziel*

Sie präsentieren ein Foto mit verschiedenen Gegenständen. Dann stellen Sie eine themenbezogene Frage. Ein Beispiel aus einer Trainer-Ausbildung: *„Wozu sind kreative Seminarmethoden sinnvoll?"* Eine alternative Frage wäre: *„Was ist bei Kundengesprächen besonders wichtig?"* Oder: *„Worauf kommt es beim Zeitmanagement besonders an?"*

*Verlauf*

Jeder Teilnehmer sucht sich einen Gegenstand aus, zu dem ihm eine entsprechende Assoziation einfällt. Da sie ihn ja nicht wirklich vom Tisch nehmen können wie im Präsenzseminar, können ruhig mehrere Teilnehmer den gleichen Gegenstand wählen. Ein Teilnehmer beginnt, benennt seinen ausgewählten Gegenstand und erläutert seine Assoziation.

Ein Beispiel: Die Frage lautet „Was bedeutet Teilnehmeraktivierung?".

Hierzu wird ein Bild mit verschiedenen Gegenständen zur Auswahl angeboten.

A wählt den kleinen Stuhl und erläutert: „Für mich bedeutet Teilnehmeraktivierung, dass sich die Teilnehmer auch immer wieder mal von den Stühlen erheben."

*Varianten*

▶ Statt der mündlichen Variante schreiben die Teilnehmer ihren ausgewählten Gegenstand und ihre Erläuterungen in den Chat.

▶ Wenn Sie es näher an der Präsenzmethode halten wollen, wo jeder Gegenstand vom Teilnehmer in die Hand genommen und nach seiner Erläuterung in den Koffer gelegt wird, können Sie einen erwählten Gegenstand mit einem Textmarker durchstreichen oder umkringeln – damit ist dieser Gegenstand geblockt.

*Lerntypen*

V Gegenstände sehen
A Auswahl und Assoziationen erläutern
K Gegenstände

# Lernstraße

| Medien | Video, PowerPoint |
|---|---|
| TN-Aktivität | Anschauen, testen |
| TN-Zahl/Gruppengröße | Beliebig |
| Sozialform | Plenum |
| Webinartyp | Einzel-Webinar, Webinar-Reihe, längere Schulung |

*Methode*

Mit dieser Methode kann jeder Teilnehmer für sich alleine testen, was er behalten hat. Was noch nicht so gut sitzt, kann während der Übung wiederholt werden. Im Präsenztraining durchschreitet der Lerner hierfür eine „Straße" mit auf Karten notierten (Fach-)Begriffen samt ihrer Erläuterungen und visuellen Ankern. Hier nun die Online-Variante.

*Ziel*

▶ Feststellen, was behalten wurde und wo noch Lücken sind, gleichzeitiges Wiederholen

▶ Teilnehmer testen sich selbst und wiederholen das, was noch nicht so gut sitzt

*Verlauf*   **Vorarbeit**

Je nach Variante erstellen Sie ein PowerPoint-Video oder eine einfache PowerPoint-Präsentation für das Webinar.

Dazu brauchen Sie wie für die Präsenz-Lernstraße jeweils drei Folien:

1. Auf einer wird der Fachbegriff oder die Vokabel notiert.
2. Auf der nächsten ein Bild, das diesen Begriff illustriert (Foto, Zeichnung, Grafik).
3. Und schließlich eine Erklärung oder Übersetzung des Begriffs.

**Im Webinar**

Im Webinar können Sie auf verschiedene Weise durch die Lernstraße führen. Hier drei Varianten.

*Varianten*   **1. Variante: Live im Webinar**

Sie führen als Moderator die Teilnehmer selbst durch die einzelnen Stationen der Lernstraße. Dazu blenden Sie zuerst den Fachbegriff ein und lassen den Teilnehmern dann einen Moment Zeit zu überprüfen, ob sie wissen, was er bedeutet. Sie können die Teilnehmenden auch bitten, die Antwort für sich aufzuschreiben.

Danach blenden Sie das dazugehörige Bild ein und nach einer kleinen Pause schließlich die Erläuterung.

Die Teilnehmer notieren sich, ob sie es richtig wussten oder nicht. Am besten notieren sie einfach nur die Foliennummer (3) und ob richtig erinnert (= Ja) oder nicht so gut (= Nein). Dann wissen sie anschließend, wo sie noch einmal nachbessern sollten. Am Ende kann ein kurzer Austausch stattfinden, wenn Bedarf dazu besteht.

**2. Variante: Video**

Sie können mithilfe von PowerPoint einen Film/eine Slideshow vorbereiten, diese online stellen und den Link an Ihre Webinar-Teilnehmer verbreiten. Die Teilnehmer können sich den Film dann, wenn sie Zeit haben, anschauen. Mit dem Start des Films werden die einzelnen Folien automatisch eingeblendet, der Teilnehmer macht sich jeweils Notizen.

**3. Variante: Arbeitsblatt**

Noch einfacher, aber vom Effekt her ein wenig anders, ist eine „Lernstraße" als Arbeitsblatt. Sie notieren in die linke Spalte den Begriff, platzieren in der Mitte ein Bild und in die rechte Spalte dann die Übersetzung oder Erläuterung.

## Twitter-Lernstraße

| Fachbegriff | Bild | Übersetzung/ Erklärung |
|---|---|---|
| Twitterer | | Twitter-Nutzer |
| twittern | | wörtlich: zwitschern Twitter nutzen |
| Tweet | Mein zauberhaftes neues #Buchcover könnt ihr ab heute schon bewundern http://bit.ly/77f5qf Zauberwelt der #Suggestopädie. 6:36 PM Nov 24th from web | Minibotschaft von maximal 140 Zeichen |
| Timeline | Claudia Kauscheder @CKauscheder · 15 Min Aus dem Archiv: Arbeiten im #Homeoffice - die Auswertung der #Blogparade abenteuerhomeoffice at/2015/03/homeof... Kurzfassung anzeigen<br><br>marianitab @marianitab · 16 Min Kennt ihr schon Textbausteine mit PhraseExpress? - Besucht das kostenlose Webinar abenteuerhomeoffice.at/textbausteine-... Kurzfassung anzeigen<br><br>Bettina Schobitz @schoebtz · 17 Min Zu echter #Wertschätzung gehören die Geschwister #Augenhöhe und #Achtsamkeit.<br><br>chris theisen @ChrisTheisen · 18 Min Schwarzes Meer #film @ Kerpe instagram.com/p/1hyV1Oums4D/<br><br>Martina Bloch @angiesfachbau · 3 Std @bildungsWert dafür ist @ZamyatSeminare eine gute Ansprechpartnerin cc | persönliche **Startseite** mit den letzten 20 Tweets der abonnierten Twitterer |

Abb.: Einführung in Twitter (als die Begriffe noch in Englisch waren) in Form einer virtuellen Lernstraße

---

▶ Mit PowerPoint kann man solche Filme mit wenig Aufwand herstellen. Einfach eine normale PowerPoint-Präsentation erstellen und anschließend als Film abspeichern.

▶ Dabei können Sie zwei Varianten wählen: Beim Film können Sie sekundengenau den Intervall einstellen, in dem die Folien von selbst wechseln. Bei einer Bildschirmpräsentation können die Teilnehmer ihren eigenen Wechselrhythmus bestimmen.

▶ In den Download-Resourcen finden Sie Foto-Beispiele zum Thema „Die Philosophie des Yoga", damit das Prinzip der Übung verständlicher wird.

*Trainer-Hinweis*

---

V   Folien und Bilder anschauen, evtl. Notizen machen

*Lerntypen*

# Methoden-Bazar

| Medien | Zeichnung, Grafik, Präsentation |
|---|---|
| TN-Aktivität | Methode auswählen und präsentieren/Folie herstellen, zeichnen und erläutern |
| TN-Zahl/Gruppengröße | Bis 8 TN bei mehrteiligen Webinaren |
| Sozialform | Vorbereitung: EA, Präsentation: Plenum |
| Webinartyp | Webinar-Reihe, längere Schulung |

*Methode*

Eine sehr kreative Methode, mit der einige Inhalte oder Tools aus einem Seminar noch einmal intensiv wiederholt werden. Die interaktiven und kreativen Elemente machen sie zudem abwechslungsreich für die Teilnehmer.

In Präsenzseminaren heißt diese Methode „Methoden-Sandwich", weil es eine Flipchart-Vor- und Rückseite gibt. Das kann in einem Webinar ähnlich simuliert werden.

*Ziel*

▶ Wichtige Inhalte, Methoden oder Tools noch einmal intensiv bearbeiten und kreativ präsentieren

*Verlauf*

**Vorarbeit**

Die Vorarbeit liegt diesmal auf Teilnehmerseite. Ein Beispiel aus einem Trainer-Seminar: Die Teilnehmer bekommen vor dem Webinar die Aufgabe gestellt, ein „Methoden-Bazar-Plakat" herzustellen. Dazu wählen sie eine bevorzugte Methode aus dem Fundus aus, den sie im Seminarablauf vorher kennengelernt haben. Diese sollen sie nun auf einem „Flipchart" kreativ präsentieren und anpreisen.

Auf das Flipchart schreibt jeder Teilnehmer kurz die relevanten Infos zum Thema. Außerdem schreibt er Argumente, warum er diese Methode gut findet, vielleicht auch wann und wofür sie einsetzbar ist etc. – alles, was ihm wichtig erscheint, um diese Methode anzupreisen. Sinnvoll ist es, diese wirklich händisch auf ein DIN-A4-Blatt oder ein richtiges Flipchart zu zeichnen und abzufotografieren oder über ein Tablet digital umzusetzen.

Vor dem Webinar schicken Ihnen die Teilnehmer ihre gestalteten Präsentations-Flipcharts zu oder laden sie direkt während des Webinars hoch.

### Im Webinar

Nach und nach stellt jeder Teilnehmer nun seine Methode anhand des Flipcharts vor. Dabei geht es darum, wie ein Marktschreier sein Produkt anzupreisen und die anderen dafür zu begeistern. Dabei sprechen sie in der Ich-Form stellvertretend für die Methode, die sie darstellen: „Ja, für meinen Einsatz braucht man viele Requisiten. Die finden Sie beispielsweise in Ihrem Keller ..." Die Teilnehmer dürfen gerne schauspielern, übertreiben oder provozieren und ihre Methode wie auf einem Bazar anpreisen.

### Weiterarbeit

In der Präsenzvariante schreibt jeder anonym oder öffentlich Kommentare auf die Flipchart-Hälfte, die auf dem Rücken des Flipchart-Trägers hängt. Es kann ein Feedback zur Methode oder auch zur Argumentation und Darstellung sein.

Im Webinar können die Teilnehmer diesen Schritt auf unterschiedliche Weise tun.

▶ Auf die Folie schreiben
▶ Auf ein neues Whiteboard schreiben
▶ In den Chat schreiben
▶ Sich mündlich dazu äußern

Sie können auch eine Kombination wählen: erst in den Chat oder auf das Whiteboard schreiben und anschließend mündlich erläutern. Das ist vor allem dann sinnvoll, wenn inhaltliche Fragen gestellt werden („Die Methode hatte ich ganz vergessen, wie ging das noch mal konkret?").

### Auswertung

Sie können abschließend eine Abfrage starten, wer denn nun von einer neuen Methode überzeugt wurde, die er bisher außen vor gelassen hatte, und die er demnächst einmal in der Praxis ausprobieren möchte.

*Trainer-*
*Hinweis*

Wenn Sie keine Trainer-Seminare geben und ganz andere Inhalte vermitteln, überlegen Sie sich, bei welchen Themen diese Methode Sinn ergibt. Es kann dabei auch um Argumente zu einem bestimmten Thema gehen. Oder um Methoden zum Zeit- oder Selbstmanagement, verschiedene Führungsstile, Motivationsstrategien oder andere Inhalte, die Sie vermittelt haben und die irgendwelche konkreten Handlungen oder Verhaltensweisen beinhalten, aus denen die Teilnehmer wählen können, was ihnen besonders zugesagt hat.

*Lerntypen*

V Präsentation gestalten

A Methode anpreisen

K Spaß am Schauspielern und Übertreiben

# Perlenkette

| Medien | Audio und evtl. Chat |
|---|---|
| TN-Aktivität | Abläufe, Reihenfolgen, Arbeitsschritte in der richtigen Reihenfolge wiederholen |
| TN-Zahl/Gruppengröße | Bis 12 TN |
| Sozialform | Einzeln in der Gesamtgruppe |
| Webinartyp | Einzel-Webinar, Webinar-Reihe, längere Schulung |

Diese Methode können Sie ohne jede Vorbereitung immer mal zwischendurch einschieben. Sie ist zur Wiederholung von Reihenfolgen, Arbeitsabläufen, Schritten … geeignet.

*Methode*

Die Teilnehmer werden dadurch noch einmal aktiviert, weil alle in schnellem Tempo hintereinander drankommen.

▶ Wiederholung von Prozessschritten eines Projekts, eines Arbeitsablaufs oder anderes

*Ziel*

Sie geben ein Thema vor, mein Übungsbeispiel für Seminare ist „Spaghetti kochen". Es sollte natürlich etwas mit Ihrem Fachthema zu tun haben: ein bestimmter Arbeitsablauf, die Herstellung eines Produkts, die Reihenfolge von Seminarphasen etc.

*Verlauf*

Die Teilnehmer haben ihr Mikrofon geöffnet und nennen reihum sehr kleinschrittig die einzelnen Prozessschritte.

Erster Teilnehmer: „Ich hole den Topf aus dem Schrank."
Zweiter Teilnehmer: „Ich fülle Wasser ein."
Dritter Teilnehmer: „Ich stelle den Topf auf den Herd."
Vierter Teilnehmer: „Ich schalte den Herd ein."
usw.

Selbst bei diesem harmlosen Beispiel wird schon deutlich, wie sehr man sich konzentrieren und auch die Vorgänge kennen muss.

In der ersten Runde darf nicht kommentiert werden, auch nicht, wenn etwas falsch ist oder fehlt. Erst anschließend dürfen die Teilnehmer diskutieren, ob alles richtig war und ggf. ergänzen. Zuletzt korrigieren oder ergänzen Sie als Trainer, wenn etwas vergessen wurde.

Alternativ können Sie eine zweite Runde durchführen, bei der ein anderer Teilnehmer startet und so vorherige Fehler durch andere korrigiert werden können.

### Online-Reihenfolge festlegen

In Präsenzseminaren sitzen die Teilnehmer im Stuhlkreis und es geht einfach rundum. Im Online-Seminar können Sie entweder in der Reihenfolge vorgehen, wie die Teilnehmer in der Teilnehmerliste zu sehen sind. Das ist leider oft schwierig, vor allem, wenn die Liste nur teilweise zu sehen ist.

Daher empfiehlt es sich, eine Folie mit einer Teilnehmer-Runde vorzubereiten, in der die Namen der Teilnehmer – am besten mit Foto – in einem Kreis platziert sind. Sie können auch einfach ein Mind Map mit den Namen gestalten und diese durchnumerieren. Es geht darum, dass die Teilnehmer eine Orientierung haben und genau wissen, wann sie an der Reihe sind.

### Chat-Variante

Sie können die Methode auch schriftlich im Chat durchführen, wo ebenfalls die Reihenfolge vorher festgelegt wird.

*Trainer-Hinweis*    Die Methode kann auch als Einstieg sinnvoll sein, um zu sehen, was die Teilnehmer schon zum Thema wissen.

*Lerntypen*    A    Schritte nennen

# Quiz

| Medien | Whiteboard, Chat, Audio |
|---|---|
| TN-Aktivität | Schreiben, sprechen |
| TN-Zahl/Gruppengröße | Auch für größere Gruppen geeignet |
| Sozialform | Plenum |
| Webinartyp | Einzel-Webinar, Webinar-Reihe, längere Schulung |

Quizzes sind in jeder Form sehr beliebt. Wenn es dann auch noch mit Tempo und vielfältigen Frageformen geschieht, hält es Ihre Teilnehmer ganz sicher bei der Stange. Nebenbei lernen und wiederholen sie auch noch etwas.

*Methode*

▶ Wiederholen von Stoff und Inhalten
▶ Energizer mit Bezug zum Fachthema

*Ziel*

**Vorarbeit**

*Verlauf*

Sie entwickeln Fragen und unterschiedliche Formen der Beantwortung.

**Im Webinar**

Sie geben zu Beginn des Quiz die Regeln bekannt. Dazu gehört, wie viele Fragen es sein werden und wie die Gewinner ermittelt werden. Beispielsweise gibt es fünf Fragen – die ersten drei Teilnehmer, die drei Fragen richtig beantwortet haben, gewinnen. Man darf nur eine Antwort nennen.
Sie können ganz unterschiedliche Formen von Quiz-Fragen anbieten, die vom Charakter her sehr unterschiedlich sind.

**1. Personen raten**

Sie beginnen mit einer Information zu einer bekannten Persönlichkeit. Nach und nach geben Sie immer mehr Informationen preis. Wer die gesuchte Person zuerst errät, schreibt es in den Chat.

### 2. Wer ist der Schauspieler?

Es wird ein Filmausschnitt gezeigt und erst anschließend stellen Sie Ihre Frage: *„Wer war der Schauspieler?"* Es kann ebensogut eine Achtsamkeitsfrage sein: *„Welche Farbe hatte das Kleid der ersten Frau, die in der Szene sichtbar war?"* Die Antworten werden in den Chat geschrieben.

### 3. Welche Story stimmt?

Sie erzählen drei Geschichten mit der Frage: *„Welche Story stimmt?"*
Auf dem Whiteboard sind die Titel der Geschichten mit einem Buchstaben versehen. Die Teilnehmer nennen im Chat den entsprechenden Buchstaben.

### 4. Wer ist der Experte?

Es wird wieder ein Filmausschnitt gezeigt von einem Mann, der zur Gitarre singt. *„Wer ist das?"* Antworten im Chat. (In diesem Fall: Marshall Rosenberg.)

### 5. Buchstabensalat

Eine Menge Buchstaben stehen aneinandergereiht auf einer Folie (Sie können auch eine Salatschüssel zeichnen, worin sich die Buchstaben befinden). Die Aufgabe besteht darin, wer aus den vorhandenen Buchstaben das längste Wort entwickeln kann. Nach einer Minute müssen alle ihre Antwort in den Chat geschrieben haben.

---

*Trainer-Hinweis*  Es gibt unzählige Quiz-Varianten, auch angelehnt an bekannte Quiz-Sendungen im Fernsehen. An dem Beispiel sehen Sie, wie vielfältig man es aufziehen kann. Varianten wie etwa „Der große Preis" erfreuen sich großer Beliebtheit.

---

*Quelle*  SpectrumKommunkation, Evelyne Maaß, Karsten Ritschl und Cornelia Schmidt – Online-Party, ein Webinar am 10.04.2015 (siehe Kapitel: Kreative Beispiele von Webinaren, S. 410 ff.).

---

*Lerntypen*  V  Lesen und schreiben
K  Wettspiel

# Spickzettel

| Medien | Whiteboard |
|---|---|
| TN-Aktivität | Spickzettel schreiben |
| TN-Zahl/Gruppengröße | Bis 12 TN |
| Sozialform | EA/AG/Plenum |
| Webinartyp | Webinar-Reihe, längere Schulung |

Spickzettel erinnern an die Schulzeit, wo sie verboten waren, aber manche Prüfung gerettet haben. Hier sind sie nun erlaubt und erwünscht, als Trick, Lernstoff zu wiederholen und Wissenslücken zu entdecken.

*Methode*

▶ Überprüfung und Wiederholung von Lernstoff

*Ziel*

Sie fordern die Teilnehmer auf, sich einen Spickzettel zu einem bestimmten Themengebiet zu notieren. Der Text sollte maximal auf eine DIN-A5-Seite oder eine Moderationskarte passen. Wenn die Teilnehmer die Mind-Map-Methode kennen, ist diese für die Übung auch sehr geeignet.

*Verlauf*

### Einzelarbeit

Diesen Spickzettel schreibt jeder Teilnehmer erst einmal für sich. Dafür erhalten alle 10-15 Minuten Zeit.

### Partner- oder Kleingruppenarbeit

Im nächsten Schritt sollen die Teilnehmer ihre Spickzettel vergleichen. Bei vorhandenen Gruppenräumen geschieht dies in Kleingruppen oder die Paare tauschen sich per Telefon oder Skype aus. Dabei werden ggf. Lücken oder Unklarheiten deutlich und können diskutiert werden.

**Weiterarbeit im Plenum**

Nach der Partner- oder Gruppenarbeit kommen alle im Hauptmeeting-Raum zusammen und klären dort ggf. offene Fragen.

*Variante*    Sie fordern die Teilnehmer vor dem Webinar auf, Ihnen einen solchen Spickzettel per Mail zuzusenden. Dann sehen Sie, wo noch Lücken sind und können im Webinar darauf eingehen.

*Trainer-*
*Hinweis*
- ▶ Bei mehrteiligen Webinaren oder paralleler Arbeit im Forum können die Teilnehmer diese Spickzettel auch schon vorher erstellen.
- ▶ Oder Sie schicken den Teilnehmern vor dem Webinar eine E-Mail mit der Aufgabe, einen solchen Spickzettel anzufertigen und ins Webinar mitzubringen.

*Quelle*    Inspiriert von einer Idee von Bernd Weidenmann: Update für Trainer. managerSeminare.

*Lerntypen*    V    Spickzettel schreiben
A    Sich mit Partner oder in der Gruppe austauschen
K    Etwas „Verbotenes" tun :-)

# Wer wird Millionär?

| Medien | Whiteboard und Chat |
|---|---|
| TN-Aktivität | Raten und schreiben |
| TN-Zahl/Gruppengröße | Bis 12 TN |
| Sozialform | Einzeln in der Gesamtgruppe |
| Webinartyp | Einzel-Webinar, Webinar-Reihe, längere Schulung |

Quiz-Spiele sind sehr beliebt, wenn es auch im Grunde nichts anderes als reine Wissensabfragen sind.

*Methode*

▶ Kenntnisstand prüfen und vertiefen

*Ziel*

Sie stellen als Trainer Fragen, die Teilnehmer antworten. Die Punkte werden von jedem Teilnehmer notiert, der Teilnehmer mit den meisten Punkten gewinnt! Der positive Trainingseffekt ist: Jeder denkt über die richtige Antwort nach und merkt sich die Lösung. Dieses Spiel eignet sich ebenso für allgemeine Fragen (zur Aufheiterung/Spaß) wie auch für Fragen im Kontext des Themas.

*Verlauf*

## 1. Variante

Für jeden Teilnehmer wird eine Folie vorbereitet. Die Fragen werden nacheinander gestellt und der jeweilige Teilnehmer antwortet im Textchat.

## 2. Variante

Jeder Teilnehmer beantwortet Ihre Fragen über den privaten Textchat.

## 3. Variante

Alle antworten über den Abstimmungspod (evtl. noch zusätzlich im Chat, um es den Teilnehmern zuordnen zu können)

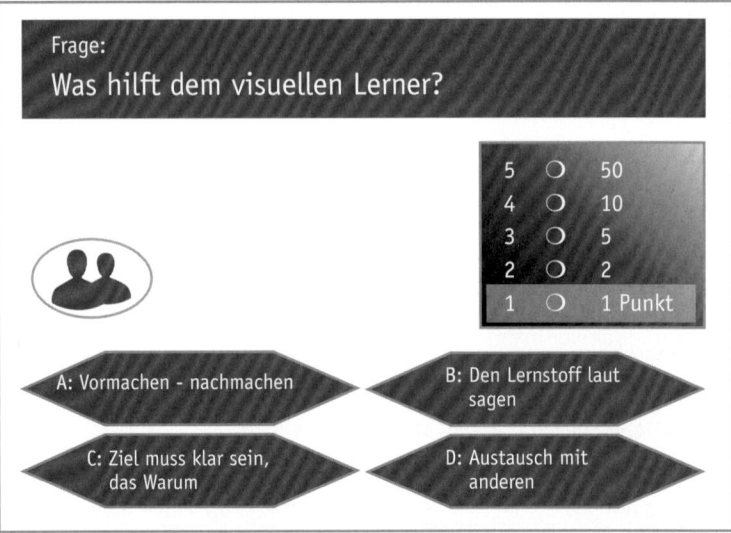

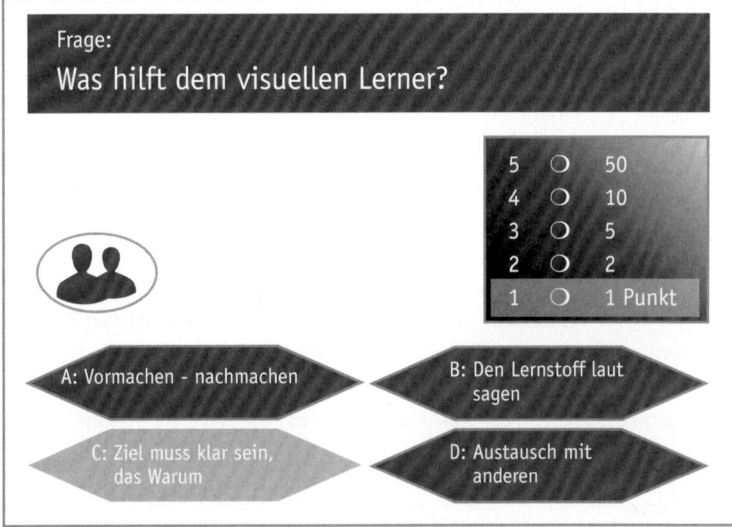

## 4. Variante

Der Publikumsjoker wird eingesetzt: Der Teilnehmer darf andere Teilnehmer fragen, die per Textchat/Mikro antworten.

---

*Trainer-*
*Hinweis*

▶ Die Variante 1 ist natürlich aufwendig und sicher nur bei kleineren Gruppen sinnvoll, die länger zusammenarbeiten und sich auf eine Prüfung vorbereiten.

▶ Wenn es einen privaten Chat gibt, ist der Prozess einfacher, denn dann können alle die gleiche Frage unabhängig voneinander beantworten.

▶ Wenn Sie den Abstimmungspod einsetzen, gibt es zwar keine Gewinner, aber Sie als Trainer können sehen, welche Fragen richtig beantwortet werden und wo noch Wiederholungsbedarf besteht.

Inspiriert von Günter Jauchs beliebtem Fernseh-Quizz :-).

*Quelle*

V Folien sehen und Fragen lesen, in den Chat schreiben
A Mündlich antworten/Publikumsjoker
K Wettspiel

*Lerntypen*

# Wiederholungs-Wettspiel in Gruppen

| Medien | Papier |
|---|---|
| TN-Aktivität | In AGs Stichworte zusammentragen, Stichworte schreiben, vortragen |
| TN-Zahl/Gruppengröße | Bis 12 TN |
| Sozialform | Arbeitsgruppen |
| Webinartyp | Webinar-Reihe, längere Schulung |

*Methode*  Mit dieser Methode können Sie in ein Folge-Webinar einsteigen, in dem Sie ohne jegliche Trainer-Vorbereitung wiederholen, was beim letzten Treffen gelaufen ist.

*Ziel*
▶ Wiederholung des Gelernten des vorigen Tages oder des letzten Kurs-Moduls
▶ Erkennen von Lücken oder offenen Fragen/ungeklärten Punkten

*Verlauf*  Sie formulieren die Aufgabe. Sie lautet: *„Sammeln Sie in der Kleingruppe, was Ihnen vom letzten Mal noch an Methoden und Themen und Inhalten einfällt, die wir behandelt haben – kunterbunt, keine bestimmte Reihenfolge. Ein Stichwort genügt. Ein Teilnehmer (Protokollant) notiert auf einem Blatt Papier alle Stichworte."*

Dann teilen Sie die Gruppe in Arbeitsgruppen, die drei Minuten Zeit haben, die Aufgabe zu erfüllen. Da das Aufteilen in die Räume, das Bestimmen des Protokollanten etc. immer etwas Zeit beansprucht, sollten Sie dafür noch 1-2 zusätzliche Minuten einrechnen. Auf Ihr Kommando hin beginnen die Gruppen, alles zu notieren.

Schließlich treffen sich wieder alle im Plenum. Die AGs zählen, wie viele Stichworte sie notiert haben.

Die AG mit der geringsten Zahl beginnt. Sie lesen nach und nach ihre Begriffe langsam vor. Wenn eine andere AG die gleiche Methode oder das gleiche Thema hat, müssen sie dies laut kundtun (oder im Chat schreiben) und alle streichen dieses Stichwort.

Parallel dazu sollten Sie die Stichworte in die jeweilige Spalte der Gruppe schreiben, damit noch mal alles sichtbar wird.

| AG 1 | AG 2 | AG 3 |
|------|------|------|
|      |      |      |

Wenn jemandem nicht mehr ganz klar ist, was das Stichwort bedeutet oder wie die Methode ging, fragt er sofort nach. Dazu können Sie vereinbaren, dass der entsprechende Teilnehmer ein Icon wählt, also beispielsweise „die Hand" hebt. Er kann dann nachfragen und die Gruppe, die den Begriff genannt hat, soll ihn dann erläutern. Wenn nötig, kann der Trainer anschließend noch ergänzen. So werden nicht nur einfach die Begriffe abgehakt, sondern es wird wirklich wiederholt. Dann kommt die zweite Gruppe dran und liest nur die Stichworte vor, die noch übrig sind, dann die dritte etc.

▶ Wie immer: Wenn Ihre Plattform keine Arbeitsgruppenräume hat, dann kann eine Gruppe im Webinarraum bleiben, eine zweite und evtl. dritte Gruppe verabredet sich über Skype oder trifft sich zu eine Telefonkonferenz. Die Zugangs- und Einwähldaten sollten vor dem Webinar geklärt und verschickt werden, sodass dies während des Webinars keine Zeit nimmt.

*Trainer-Hinweis*

▶ Die eigentliche Wiederholung findet in den Arbeitsgruppen statt. Dabei ist alles erlaubt: Die Teilnehmer dürfen auch in alten Unterlagen nachsehen (wobei dazu kaum Zeit bleibt und Sie es auch nicht als Empfehlung äußern sollten). Es geht nur darum, an das letzte Mal anzuknüpfen und noch mal zu erinnern, was man alles gemacht hat.

V   Begriffe aufschreiben
A   Begriffe vorlesen, nachfragen, erläutern
K   Wettspielcharakter

*Lerntypen*

# Wordle zur Wiederholung

| Medien | Whiteboard |
|---|---|
| TN-Aktivität | Begriffe suchen und erläutern |
| TN-Zahl/Gruppengröße | Bis 12 TN |
| Sozialform | Plenum |
| Webinartyp | Einzel-Webinar, Webinar-Reihe, längere Schulung |

*Methode*  Wordle ist ein freies Online-Tool, mit dem Sie Wörter zu einer Grafik generieren. Sie können den gesamten Lernstoff zu einem Thema zum Abschluss in ein Wordle packen.

*Ziel*
- ▶ Vertiefte Erarbeitung eines Themas
- ▶ Fachbegriffe oder Vokabeln wiederholen
- ▶ Zusammenhänge erläutern

*Verlauf*  Sie zeigen ein vorbereitetes Schaubild, wo in einem Wordle alle Fachbegriffe, Arbeitsschritte oder Abläufe dargestellt sind.

Machen Sie daraus ein Wörter-Such-Spiel, indem Sie sehr viele Wörter aus dem aktuellen Thema dort einfügen und zusätzlich einige, die nichts damit zu tun haben. Die Teilnehmer sollen herausfinden, welche Wörter nicht zu dem Hauptbegriff oder zum Thema passen.

Alternativ sollen die Teilnehmer die Begriffe drei vorgegebenen Kategorien zuordnen.

Oder Sie gehen umgekehrt vor: Sie stellen aus einer Sammlung der Teilnehmer anschließend ein Wordle her und präsentieren es später – als Geschenk an Ihre Teilnehmer und Würdigung ihrer Arbeit.

Zamyat M. Klein: 150 kreative Webinar-Methoden

Hier zwei Beispiele:

Abb. 1: Begriffe zum Schulungsthema „Word"

Abb. 2: Begriffe zum Thema „Online-Seminare"

▶ Die Teilnehmer streichen das durch, was schon erarbeitet und besprochen wurde.

▶ Jeder Teilnehmer sucht sich einen Begriff aus, den er näher erläutert.
Die anderen dürfen nachfragen.

▶ Bei einem neuen Thema sammeln die Teilnehmer Begriffe oder Ideen
und erstellen daraus ein Wordle.

*Varianten*

▶ Sie können ein Wordle mithilfe der Seite *www.wordle.net* herstellen.
Dort haben Sie unterschiedliche Gestaltungsmöglichkeiten des Layouts
und können unterschiedliche Farben und Formen nutzen.

▶ Die Wordle-Grafik eignet sich auch einfach als „Randstimulus" zum Einstieg ins Webinar.

*Trainer-
Hinweis*

*www.wordle.net*

*Quelle*

V   Begriffe lesen und suchen
A   Auswahl erläutern
K   Freude an bunter Gestaltung

*Lerntypen*

# Wörter suchen

| Medien | Whiteboard |
|---|---|
| TN-Aktivität | Wörter suchen |
| TN-Zahl/Gruppengröße | Bis 12 TN |
| Sozialform | Einzelarbeit |
| Webinartyp | Einzel-Webinar, Webinar-Reihe, längere Schulung |

*Methode*  Simpel, aber immer wieder beliebt bei den Teilnehmern ist die Übung „Wörter suchen". Es ist eine kleine Entspannung für zwischendurch, die dennoch mit dem Seminarthema zu tun hat.

*Ziel*  ▶ Wiederholung von Fachbegriffen oder Vokabeln

*Verlauf*  Auf einer Folie mit Buchstaben (siehe Abb.) müssen die Teilnehmer Begriffe suchen, die zum Thema passen. Damit jeder Gelegenheit zum Suchen hat, bitten Sie die Teilnehmer, sich erst einmal die gefundenen Begriffe auf ein Blatt Papier zu schreiben.

Nach einer Weile soll jeder seine Begriffe in den Chat schreiben und auf ein Zeichen von Ihnen hin gemeinsam abschicken. Dann vergleichen Sie die Ergebnisse, indem Sie die zweite Folie einblenden, auf der die gesuchten Begriffe markiert sind.

**Thema: Bilanz**

| U | F | U | H | R | P | A | R | K | Z |
|---|---|---|---|---|---|---|---|---|---|
| H | H | E | G | I | K | S | M | J | Y |
| K | K | E | T | D | W | O | A | P | D |
| Z | A | N | L | G | G | E | S | F | H |
| D | P | Y | L | E | W | E | C | W | Q |
| V | I | L | Y | B | A | J | H | H | L |
| L | T | F | P | A | S | S | I | V | A |
| Ä | A | N | L | E | G | E | N | S | E |
| E | L | W | W | U | U | M | E | H | N |
| C | H | Ü | N | D | G | E | N | A | L |
| H | Y | B | S | E | I | O | T | B | E |
| S | G | T | J | D | G | D | S | O | V |
| T | A | K | T | I | V | A | L | W | Ü |
| O | V | B | N | B | K | V | C | D | S |

Abb. 1: Buchstabenfolie

**Thema: Bilanz**

| U | F | U | H | R | P | A | R | K | Z |
|---|---|---|---|---|---|---|---|---|---|
| H | H | E | G | I | K | S | M | J | Y |
| K | K | E | T | D | W | O | A | P | D |
| Z | A | N | L | G | G | E | S | F | H |
| D | P | Y | L | E | W | E | C | W | Q |
| V | I | L | Y | B | A | J | H | H | L |
| L | T | F | P | A | S | S | I | V | A |
| Ä | A | N | L | E | G | E | N | S | E |
| E | L | W | W | U | U | M | E | H | N |
| C | H | Ü | N | D | G | E | N | A | L |
| H | Y | B | S | E | I | O | T | B | E |
| S | G | T | J | D | G | D | S | O | V |
| T | A | K | T | I | V | A | L | W | Ü |
| O | V | B | N | B | K | V | C | D | S |

Abb. 2: Folie, die die Auflösung zeigt, indem die gesuchten Worte farbig markiert sind

V   Wörter suchen und schreiben
K   Spiel

*Lerntypen*

# Zuordnung von Begriffen und Erläuterungen

| Medien | Whiteboard |
|---|---|
| TN-Aktivität | Erläuterungen zuordnen |
| TN-Zahl/Gruppengröße | Bis 12 TN |
| Sozialform | Einzeln in der Gesamtgruppe |
| Webinartyp | Einzel-Webinar, Webinar-Reihe, längere Schulung |

*Methode*  Sie können diese Methode zur reinen Abfrage einsetzen, aber auch zur vertiefenden Erläuterung durch die Teilnehmer.

*Ziel*  ▶ Wiederholung durch Erklärung und Beschreibung

*Verlauf*  Auf einer Folie stehen links verschiedene Fachbegriffe oder Sachverhalte zu einem Thema, das Sie vorher bearbeitet hatten. Auf der rechten Seite stehen Erläuterungen oder Übersetzungen, die die Teilnehmer richtig zuordnen sollen.

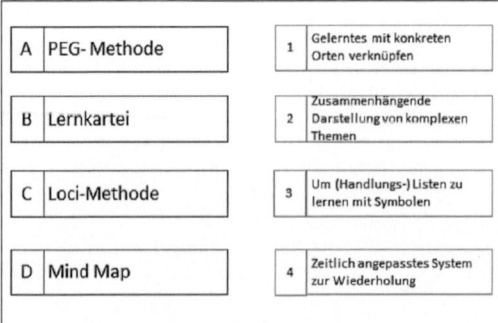

**Zuordnung**

Für die Zuordnung haben Sie je nach Webinarplattform verschiedene Möglichkeiten:

▶ Die Teilnehmer schreiben ihre Antworten an Sie über den privaten Chat. Also jeweils ein Buchstabe und eine Zahl: A3 / B4 / C2 / D1.

▶ Jeder Teilnehmer wählt einen Begriff aus, den er erläutern könnte und schreibt diese Kombination in den öffentlichen Chat (wenn es keinen privaten Chat gibt).

Zamyat M. Klein: 150 kreative Webinar-Methoden

▶ Jeder Teilnehmer wählt eine
andere Stiftfarbe aus und zieht
Verbindungslinien (Abb.).

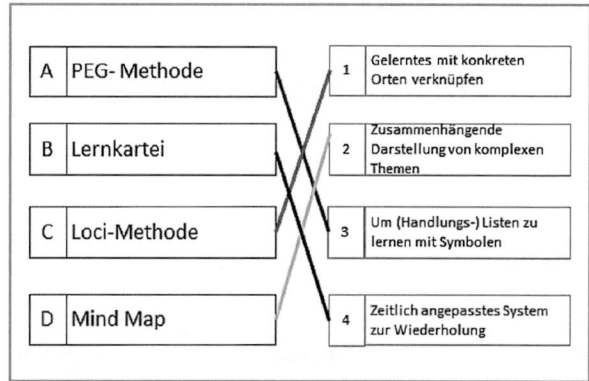

| A | PEG- Methode | | 1 | Gelerntes mit konkreten Orten verknüpfen |
|---|---|---|---|---|
| B | Lernkartei | | 2 | Zusammenhängende Darstellung von komplexen Themen |
| C | Loci-Methode | | 3 | Um (Handlungs-) Listen zu lernen mit Symbolen |
| D | Mind Map | | 4 | Zeitlich angepasstes System zur Wiederholung |

Wenn alle Antworten richtig genannt oder markiert sind, erübrigen
sich vielleicht noch weitere Erläuterungen. Wenn die Teilnehmer
aber noch Fragen haben oder die
Antworten nicht alle richtig sind,
dann können Sie an dieser Stelle gut
weitermachen, beispielsweise so:

▶ Ein Teilnehmer, der richtig zugeordnet hat, erläutert den anderen das
Thema.
▶ Nur wenn dann noch Lücken sind, ergänzt der Trainer noch.

Nach einer Idee von  Inga Geisler, *www.ingageisler.de/liveonlinetrainer*     *Quelle*

V   Begriffe lesen und Verbindungslinien herstellen     *Lerntypen*
A   Erläutern

# Zusammenfassung

| Medien | Whiteboard, Audio |
|---|---|
| TN-Aktivität | Sprechen und schreiben |
| TN-Zahl/Gruppengröße | Bis 12 TN |
| Sozialform | Plenum |
| Webinartyp | Einzel-Webinar, Webinar-Reihe, längere Schulung |

**Methode**

Am Ende eines Webinars zeige ich oft noch einmal eine Folie mit einer Zusammenfassung, was wir im Webinar alles gemacht haben. Welche Themen mit welchen Methoden (Letzteres ist natürlich nur in Trainer-Seminaren interessant). Die Teilnehmer sehen noch einmal im Überblick, was sie alles gelernt, erfahren und auch selbst gemacht haben.

**Ziel**

▶ Zusammenfassung und Erklärung

**Verlauf**

Sie können entweder ganz allgemein fragen: *„Was haben wir heute gemacht?"* Oder ganz gezielt nur einen Aspekt abfragen: *„Was haben wir heute zum Thema ... gelernt?"*

**Variante**

**Variante zu einem konkreten Thema**

Im Beispiel aus der Trainer-Ausbildung geht es um die Reflexion, welche Tools während des Webinars genutzt wurden. Denn als Teilnehmer reflektiert man ja nicht immer bewusst und bekommt manchmal gar nicht so genau mit, welche unterschiedlichen Aktivierungen durchgeführt wurden. Sie stellen also die folgende Frage: *„Welche Whiteboard-Tools haben wir bis jetzt schon genutzt? Bitte sammeln Sie auf dem Whiteboard ..."*

Antworten können sein:

▶ Pfeile auf Landkarte gesetzt
▶ Text in Tabellen und auf Whiteboard geschrieben
▶ Mit dem Stift Häkchen oder Kreuz in vier Felder gesetzt
▶ Mit dem Stempel einen Pfeil in vier Felder gesetzt
▶ Mit dem Stift Zutreffendes umkringelt
▶ In den Chat geschrieben
▶ Auf das Whiteboard geschrieben
▶ An einer Umfrage teilgenommen

## Zusammenfassung

| Thema/ Seminarphase | Methoden |
|---|---|
| Einstieg | - Aus dem Fenster |
| Input | - Tipps zur Trainer-Kommunikation |
| Energizer | - Hörspiel |
| Interaktive Wiederholungsübungen | - Zuordnung<br>- Begriffe erklären<br>- Wer wird Millionär<br>- Bildausschnitt |
| Energizer | - Malen nach Zahlen<br>- Auswertung |
| Verschiedenes | - Fragen<br>- Zeichenwerkzeuge |
| Abschluss<br>Auswertung | - Runde<br>- Skala |

Sie können diese Zusammenfassung auch von den Teilnehmern selbst entwickeln lassen, dann ist der Wiederholungseffekt sogar größer.

*Trainer-Hinweis*

V Folie mit Zusammenfassung lesen oder selbst auf das Whiteboard schreiben
A Mündliche Erläuterungen oder Sammlung

*Lerntypen*

### Transfer

Beim „Domino mit Aktivierung" (s. Seite 188) lautet die letzte Frage: „Was ist das Wichtigste an einem Seminar?" Die Antwort: „Der **Transfer**." Denn Menschen besuchen ein Seminar, weil sie etwas lernen möchten, das sie anschließend vor allem für ihre Arbeit nutzen und anwenden möchten.

Doch oft gehen Teilnehmer zwar beschwingt nach einem Seminar nach Hause oder im Falle von Webinaren fahren sie fröhlich den PC herunter, aber ob und was anschließend vom Gelernten umgesetzt wird, ist die entscheidende Frage.

Es gehört zu unserem Job als Trainer, unsere Teilnehmer auch hierbei zu unterstützen. Der reine Vorsatz, etwas umzusetzen, reicht leider nicht aus. Die meisten Menschen brauchen konkrete Unterstützung und Anregungen, damit sie anschließend wirklich das Gelernte anwenden und umsetzen.

Eine Unterstützung kann und sollte bereits im Webinar beginnen und vorbereitet werden. Gerade Online-Seminare machen es recht einfach, nach der Veranstaltung weitere Transfer-Unterstützung zu bieten, etwa durch regelmäßige Impuls-E-Mails, durch ein Forum, in dem sich die Teilnehmer weiter austauschen können, durch weitere Aufgaben und Follow-up-Webinare.

In diesem Abschnitt lernen Sie Methoden kennen, wie Sie im Webinar den Transfer in die Praxis anregen können. Teilweise sind es anspruchsvollere und längere Übungen, die sich bei längeren Schulungen oder mehrteiligen Online-Seminaren anbieten. Doch Sie können auch mit kleinen, knackigen Übungen in einem einmaligen Webinar Impulse geben, die den Teilnehmern eine Umsetzung erleichtern.

# Bloß nichts umsetzen!

| Medien | Audio, Whiteboard (evtl. Arbeit im Forum) |
|---|---|
| TN-Aktivität | Brainstormen, sammeln, umwandeln |
| TN-Zahl/Gruppengröße | 3 bis 8 TN oder in Arbeitsgruppen |
| Sozialform | Plenum |
| Webinartyp | Webinar-Reihe, längere Schulung |

Ein bisschen erinnert die Methode an das Paradoxe Brainstorming und die Kopfstandtechnik, auch Elemente aus der Übung „Stolpersteine" finden sich hier. Dennoch hat sie noch einmal eine ganz eigene Drehung, macht ganz sicher Spaß und bringt den Teilnehmern wertvolle Erkenntnisse. Vor allem auch darüber, warum wir uns manchmal selbst behindern.

*Methode*

▶ Verhinderungsstrategien entlarven
▶ Die Umsetzung von Gelerntem fördern
▶ Bewusstmachen der eigenen Anteile

*Ziel*

Als Einleitung können Sie Folgendes sagen: *„Oft wird nach einem Seminar nur wenig umgesetzt. Man nimmt sich vielleicht etwas vor, ahnt aber schon, dass es zum Teil nur bei Absichtserklärungen bleibt. Vielleicht probiert man mal eine Kleinigkeit aus, und dann holt einen der normale Alltag wieder ein – und das meiste wird vergessen. Daher schlage ich vor, dass Sie gleich einen entsprechenden ,Verhinderungsvertrag' mit sich selbst abschließen. Was werden Sie nach dem Seminar tun, damit sich nichts verändern wird? Wie können Sie sicherstellen, dass Sie wirklich nichts umsetzen? Und damit das auch wirklich funktioniert, planen Sie so genau wie möglich, was Sie alles tun müssen, damit jeglicher Transfer verhindert wird."*

*Verlauf*

Jeder Teilnehmer schließt nun mit sich schriftlich einen Verhinderungsvertrag. Sie können diese Übung einzeln durchführen lassen oder in einer Zweier- oder Dreiergruppe. Dann erzählt jeweils einer, was er alles tun muss, damit er wirklich nichts umsetzt. Die anderen hören zu und machen sich Notizen.

Dazu können Sie auch noch Fragen als Hilfestellungen formulieren, damit möglichst viele Bereiche berücksichtigt werden:

▶ Was muss er in seiner Umgebung, seinem Kontext tun?
▶ Was muss er für sich persönlich tun?
▶ Was müssen seine Kollegen, Mitarbeiter, Vorgesetzte für ihn tun?

Mit den Notizen ergänzt jeder seinen Verhinderungsvertrag. Sie können den Teilnehmern eine Formulierungshilfe für den Start geben: *„Ich, Paul Petersen, vereinbare heute mit mir selbst folgenden Verhinderungsvertrag. Ich werde nichts von dem Seminar umsetzen, indem ich Folgendes beherzige. Ich werde ..."* Anschließend unterzeichnet jeder seinen Vertrag.

### Weiterarbeit in Arbeitsgruppen

Jeder liest seinen Verhinderungsvertrag vor. In der Arbeitsgruppe wird dann geschaut: Was ist die positive Absicht, die hinter den Maßnahmen steckt? Welchen Nutzen habe ich davon? Welche Bedürfnisse werden damit befriedigt?

Diese Sichtweise ist für viele sicher erst einmal ungewöhnlich und sie brauchen dazu vielleicht Hilfe, indem Sie als Trainer vorher einige Beispiele geben. Denn wir empfinden es ja oft als „Schwäche" oder „Fehler", wenn wir vor etwas kneifen oder etwas wider besseren Wissens nicht tun.

In der Gruppe werden dann gemeinsam die Absichten herausgefunden und positiv formuliert. Beispielsweise: Dahinter steckt das Bedürfnis nach Sicherheit.

Danach wird der Vertrag umformuliert. Jede Vermeidungsstrategie wird in ihr Gegenteil verwandelt und neu formuliert. Aus: „Ich werde auf keinen Fall mehr einen Blick in meine Seminarnotizen werfen" wird dann „Ich schaue mir am folgenden Tag noch einmal meine Seminarnotizen an und markiere die Punkte, an denen ich weiterarbeiten möchte." Bei der Umformulierung sollen die Teilnehmer darauf achten, dass die Bedürnisse und die positive Absicht weiterhin sichergestellt sind.

### Ritual

In einem abschließenden Ritual können die Teilnehmer dann die Verhinderungsverträge vernichten. Dazu können sie beispielsweise ein Element auswählen, das ihnen spontan das Passende erscheint: Feuer – verbrennen, Erde – vergraben, Wasser – klein reißen und in einen Bach werfen (oder notfalls in die WC-Spülung), Luft – zerreißen und aus dem Fenster werfen.

Den neuen positiven Vertrag kann man besonders schön schreiben, mit
Farben oder Bildern schmücken, einrahmen, in ein Tagebuch kleben.

▶ Diese Übung ist natürlich etwas zeitaufwendig und lohnt sich sicher *Trainer-*
   nur bei längerfristigen Schulungen und Kursen. Optimal ist es, wenn *Hinweis*
   es neben der Arbeit in Webinaren auch ein Forum gibt. Dann kann dort
   der Großteil der Vorarbeit stattfinden.
▶ Jeder schreibt für sich den Verhinderungsvertrag und veröffentlicht ihn
   im Forum. Dort überlegen alle gemeinsam (schriftlich), was die positiven Absichten sein können. Alternativ bringt jeder seinen Vertrag mit
   ins Webinar. Dort wird gemeinsam oder in Gruppen an den positiven
   Absichten gerarbeitet.
▶ In der Zeit bis zum nächsten Webinar formulieren die Teilnehmer ihre
   neuen, positiven Verträge und stellen diese wiederum im Forum ein.
▶ Die Teilnehmer können das Ritual dann für sich alleine durchführen
   und dann im Forum oder im Webinar berichten, was sie dabei erlebt
   haben.

Nach einer Idee von Ralf Besser, *www.besser-wie-gut.de* *Quelle*

V   Verträge schreiben *Lerntypen*
A   Austausch in der Kleingruppe
K   Spaß durch Umkehrung; Rituale

# Fantasiereise in die Zukunft

| Medien | Text der Fantasiereise, Musik |
|---|---|
| TN-Aktivität | Entspannt zuhören, anschließend evtl. Notizen machen, evtl. Austausch |
| TN-Zahl/Gruppengröße | Für kleine und große Gruppen |
| Sozialform | Plenum |
| Webinartyp | Webinar-Reihe, längere Schulung |

**Methode**  Diese Methode bietet sich vor allem bei längeren Seminaren an, bei denen die Teilnehmer intensiver an einem Thema arbeiten. Auch geeignet, wenn das Seminar hauptsächlich in einem Forum, zusammen mit einigen flankierenden Webinaren stattfindet.

**Ziel**
- ▶ Mit der Fantasiereise zu Beginn des Seminars können die Teilnehmer schon die Ergebnisse des Seminars erleben und sich vorstellen, wie sie das Gelernte bzw. ein Vorhaben umsetzen
- ▶ Emotionale Verstärkung des Ziels, Visualisierung des Erfolgs

**Verlauf**  Sie bitten die Teilnehmer, sich entspannt hinzusetzen und wer mag, kann die Augen schließen. Gleichzeitig zeigen Sie eine Folie mit einem Bild, das zur Entspannung einlädt: einen Zen-Garten, eine weite Landschaft oder Ähnliches. Wenn Sie im Hintergrund leise Musik abspielen können, kann das unterstützend wirken.

Sie sprechen dann dazu den Text der Fantasiereise.

Es empfiehlt sich, zwischen den einzelnen Anregungen immer Pausen zu lassen, in denen die Teilnehmer innerlich das Angesprochene erleben können. Hier ein Beispieltext, den Sie bitte so verändern und erweitern, dass er zu Ihrem Seminarthema und der Situation der Teilnehmer nach dem Seminar passt:

Stell dir vor, du hast dein Ziel verwirklicht, dein Vorhaben umgesetzt, das Gelernte umgesetzt ... Wo befindest du dich ...? Was siehst du ...? Was hörst du ...? Bist du in einem Raum, auf der Straße oder in der Natur ...? Sind andere Menschen in der Situation ...? Wie verhalten sie sich ...? Was sagen sie ...? Wie fühlst du dich in der Situation, in der du dein Ziel optimal umgesetzt hast? – ... Wie fühlt sich das an? ... Vielleicht gibt es auch einen bestimmten Geruch in der Situation ... einen Geschmack ... Erlebe die Situation mit allen Sinnen – so intensiv wie möglich ...

## Weiterarbeit

Sie können den Teilnehmern anschließend noch etwas Zeit geben, sich Notizen zu machen. Dabei kann die Musik im Hintergrund weiterlaufen, es sollte noch nicht gesprochen werden. Daraufhin kann noch ein Austausch in der Gesamtgruppe durchgeführt werden:

▶ Wie erging es den Teilnehmern bei der Fantasiereise und welche Erfahrungen haben sie damit gemacht?

▶ Wer mag, kann auch berichten, was ihm wichtig war. Bei einer ganz neuen Gruppe können Sie fragen, wer etwas über seine Erfahrungen berichten möchte, jeder Teilnehmer kann für sich entscheiden, ob er etwas beitragen möchte.

Sie können auch einfach im Chat die Frage beantworten lassen: *„Für wen war die Fantasiereise angenehm? Wer konnte etwas damit anfangen? Wer nicht?"* Wenn Sie noch anonymer vorgehen möchten, können Sie Ihre Frage auch in Form einer Umfrage stellen. Dann sehen Sie keine Namen, sondern nur die vorherrschende Stimmung.

---

▶ Wenn das Webinar begleitend zu einem asynchronen Seminar in einem Forum abläuft, kennen sich die Teilnehmer schon, das macht die Teilnahmebereitschaft sicher einfacher.

▶ Aber auch in neuen Gruppen kann man solch eine Fantasiereise durchführen, da sie ja jeder zunächst für sich macht. Ob und wie intensiv dann der Austausch anschließend stattfindet, können Sie dann den Teilnehmern überlassen.

*Trainer-Hinweis*

---

V  Innere Bilder
A  Musik und Geschichte hören
K  Emotionen und Geschichte, entspannen

*Lerntypen*

# Fantasiereise mit Symbol

| Medien | Audio |
|---|---|
| TN-Aktivität | Zuhören, innere Bilder erzeugen und erleben |
| TN-Zahl/Gruppengröße | Beliebig |
| Sozialform | Plenum |
| Webinartyp | Einzel-Webinar, Webinar-Reihe, längere Schulung |

*Methode*   Fantasiereisen können nicht nur Ziele deutlicher visualsieren, sondern sind auch immer mit Gefühlen und Sinneseindrücken verbunden. Das macht ihre Wirkung intensiv und kann die Motivation stärken, das Ziel anzugehen.

*Ziel*   ▶   Das Ergebnis der Schulung oder des Kurses schon sehen und erleben

*Verlauf*   **Vorbereitung**

Entwerfen Sie vorbereitend eine passende Fantasiereise. Hier ein Beispiel.

---

**Fantasiereise**

Mach es dir für einen Moment ganz bequem. Lehne deinen Rücken an die Stuhllehne, stelle beide Füße auf den Boden, zwei Fuß breit auseinander, die Arme kannst du auf den Beinen ablegen oder auf den Armlehnen des Stuhls.

Du kannst die Augen schließen, wenn du magst, oder auf einem Punkt im Raum ausruhen lassen oder dir die Landschaft auf dem Foto anschauen.

Nimm für einen Moment deinen Atem wahr, spüre, wann die Einatmung kommt und wann die Ausatmung geschieht. Du brauchst
nichts zu tun, einfach nur die Atmung wahrnehmen ...

Vielleicht kannst du auch wahrnehmen, wo im Körper du die
Atembewegung spürst. Du kannst dir vorstellen, wie mit jeder
Ausatmung alles ausströmt, was vielleicht an Anspannung oder
Müdigkeit in dir ist und wie du mit jeder Einatmung neue Energie
und Wachheit aufnimmst. Und gleichzeitig ganz entspannst ...
Und während du dich mit jedem Atemzug tiefer und tiefer
entspannst, kannst du dir vorstellen, wie du dein erstes Online-
Seminar als Trainerin durchführst.

Du hast dein Lieblingsthema ausgewählt, das Thema ... und es
mit Freude vorbereitet. Nun geht es also los. Du hast genau die
Anzahl von Teilnehmern, die zu dir und deinem Thema passt, die
du dir als Einstieg gewünscht hast ...

So ein Online-Seminar kannst du ja von überall in der Welt aus
machen. Was ist für dich die optimale Umgebung? Wie sieht es
da aus? Bist du zu Hause? Oder in einem südlichen oder anderen
Land, in dem du gerne bist? Sitzt du am Strand in der Sonne?
Sieh dich um und genieße diese schöne Umgebung, in der du
entspannt und mit Freude arbeiten kannst.

Und dann erlebe dich als Trainerin oder Trainer im Online-Seminar.
Du erlebst dich bei der Arbeit in einem Forum: Du liest die Beiträge der Teilnehmer und schreibst deine Antworten und Tipps, gibst
hier einen Kommentar und dazu kommt dir eine Idee. Du hast
große Freude an dieser Art zu lehren und an diesem Austausch.
So kannst du Menschen miteinander verbinden, die räumlich weit
auseinander leben können.

Du erlebst dich in einem Webinar: Hier kannst du direkt mit den
Teilnehmern sprechen, verschiedene interaktive Methoden einsetzen, mit ihnen brainstormen und ihre Fragen beantworten.

Und du kannst dir deinen Tagesablauf nach deinem persönlichen
Rhythmus gestalten. Du machst Pausen, wann du es brauchst und
bist aktiv, wenn deine beste Zeit ist.

Bei einem Seminar im Forum hast du auch Zeit und Ruhe, mal etwas nachzuschauen – und kannst so noch viel intensiver auf die einzelnen Teilnehmer und ihre Bedürfnisse eingehen.

Nun machst du Pause, legst dich in eine Hängematte oder auf die Couch oder setzt dich in einen Sessel und entspannst dich ... immer mehr ...

Was gefällt dir besonders an solch einer Arbeit als Online-Trainer? Was ist anders als in Präsenzseminaren? Was ist neu hinzugekommen? Welche neuen Möglichkeiten siehst du? Vielleicht kommen dir noch weitere Ideen, wie du weiter in dieser Richtung gehen möchtest.

Zuletzt taucht ein Symbol auf. Es kann ein Gegenstand sein oder aber auch etwas Abstraktes. Schau einfach, was da als Bild oder als Gedanke auftaucht.

Auch wenn du es nicht verstehst, merk es dir und bring es mit hierhin in das Webinar zurück. Dieses Symbol gibt dir einen Hinweis, ist ein Geschenk für deinen weiteren Weg als Online-Trainerin oder Online-Trainer.

Nun komme langsam zurück, nimm einen tiefen Atemzug, du kannst dich strecken und räkeln – und dann öffne die Augen und du bist wieder ganz hier, bei uns im Webinar.

### Im Webinar

Im Webinar bitten Sie die Teilnehmer, sich entspannt hinzusetzen. Wer mag, kann dabei die Augen schließen und einfach nur zuhören. Sie tragen dann den Text der Fantasiereise vor. Anschließend lassen Sie den Teilnehmern noch ein wenig Zeit, zurückzukommen.

### Weiterarbeit

1. Reflexion

Für den sich anschließenden Austausch können Sie folgende Fragen auf eine Folie schreiben:

▶ Wie geht es dir jetzt?
▶ Welches Symbol (oder Wort oder Gefühl) hast du gesehen?

2. Assoziationen finden

Sie bitten vorher alle Teilnehmer, sich die jeweiligen Symbole auch der anderen zu notieren. In einem nächsten Schritt überlegt sich jeder Teilnehmer, welche Assoziationen ihm zu den einzelnen Symbolen kommen, auch im Zusammenhang mit der entsprechenden Person. Natürlich notiert sich auch jeder die Assoziationen zu seinem eigenen Symbol.

Anleitung:

*„Jeder notiert sich eine spontane Idee, was das Symbol für eine Bedeutung für die jeweilige Person haben könnte. Einfach kreativ herumspinnen. Anschließend gehen wir reihum vor. A beginnt.*

1. *Jeder benennt, was man mit As gewähltem Symbol mit A verbindet.*
2. *A erklärt, was das Symbol für ihn bedeutet.*
3. *Optional sagt A noch etwas zu den Assoziationen der anderen, etwa, womit er etwas anfangen kann."*

3. Weitere Runde

Danach machen alle eine weitere Runde, in die sie ihre neuen Erkenntnisse einfließen lassen. Teilnehmer A beginnt, nennt noch einmal sein Symbol und alle anderen Telnehmer schreiben ihre Assoziationen in den Chat. Kleine Gruppen können dies auch mündlich durchführen.

Am Ende dann nennt A sein eigenes Symbol und stellt fest, was er dazu denkt – und gibt auch Feeback zu den Assoziationen der anderen, womit er spontan etwas anfangen kann, womit weniger.

4. Abschluss

Sie können noch vorschlagen, dass sich jeder Teilnehmer ein Bild zu seinem Symbol sucht, zeichnet oder fotografiert. Dies dient als Erinnerungsanker für die Umsetzung.

---

Bereits während der Fantasiereise können Sie ein schönes Foto zeigen.

*Trainer-Hinweis*

V  Innere Bilder sehen
A  Der Fantasiereise lauschen
K  Mit allen Sinnen erleben und fühlen

*Lerntypen*

# Kopfstand-Technik zum Transfer

| Medien | Whiteboard, Audio |
|---|---|
| TN-Aktivität | Schreiben, sprechen |
| TN-Zahl/Gruppengröße | Bis 10 TN |
| Sozialform | Plenum |
| Webinartyp | Einzel-Webinar, Webinar-Reihe, längere Schulung |

*Methode*   Diese Kopfstand-Technik regt die Fantasie durch die Kreativität durch scheinbare absurde Fragestellungen an. Daher kommen so meist mehr Ideen zusammen als bei einem „normalen" Brainstorming. Im Zusammenhang mit Lerntransfer bekommt die Methode einen noch ganz eigenen Charme und ist ein wenig provokativ. Was sicherlich die Teilnehmeraktivierung fördert.

*Ziel*
- ▶ Konkrete Umsetzungsschritte planen
- ▶ Sich bewusst werden, dass es in der eigenen Hand liegt, ob und was man von einem Seminar umsetzt

*Verlauf*

**Brainstorming**

Sie stellen eine Folie mit dieser Frage ein und starten dann ein gemeinsames Brainstorming.

- ▶ Mündlich

Sie bitten die Teilnehmer, alle Ideen zu nennen, die Sie dann auf dem Whiteboard mitschreiben. Das ist das gleiche Verfahren wie in einem Präsenzseminar, wo ein Moderator alle genannten Ideen auf ein Flipchart notiert. Wichtig dabei: Die Ideen werden in dieser Phase nicht kommentiert oder gar bewertet, sondern nur gesammelt. Ermutigen Sie Ihre Teilnehmer dazu, alles mitzuteilen, was ihnen durch den Kopf schießt. Und schreiben Sie es genau so auf, wie sie es formulieren – oder fragen Sie nach, wenn Sie es kürzen wollen, ob die Aussage dann noch stimmt.

▶ Schriftlich

In einer zweiten Runde können die Teilnehmer Ergänzungen auf das Whiteboard oder in den Chat schreiben. Beispiele:

▶ Alle Unterlagen wegschmeißen
▶ Sofort ein neues Projekt anfangen
▶ Nie mehr den PC hochfahren
▶ Nichts notieren
▶ Während des Webinars was ganz anderes tun (E-Mails beantworten, Spiele auf dem Handy etc.)
▶ Den Ton stumm schalten

**Umkehrung der Aussagen**

Nun werden alle gesammelten Ideen in ihr Gegenteil verkehrt. Es können mehrere Ideen zu einem Punkt gesammelt werden. Diese Umkehrung können Sie mit der ganzen Gruppe durchführen oder in Partnerarbeit oder Kleingruppen bearbeiten lassen. Beispiele:

▶ Alle Unterlagen speichern
▶ Unterlagen ausdrucken und markieren, was für mich wichtig ist
▶ Ideen zur Übertragung auf mein Seminar sofort notieren
▶ Usw.

**Transfer**

Daraus wählt nun jeder einige konkrete Maßnahmen aus, die er nach dem Webinar umsetzen möchte. Jeder notiert sich möglichst konkret, was die nächsten Schritte sind. Das Ergebnis können die Teilnehmer dann später auch ins Forum stellen.

V   Ideen schreiben und lesen
A   Ideen nennen
K   Spaß an der verdrehten Fragestellung und dem Brainstorming dazu

*Lerntypen*

# Neurologische Ebenen

| Medien | Whiteboard, Audio |
|---|---|
| TN-Aktivität | Innere Vorstellung und Notizen machen |
| TN-Zahl/Gruppengröße | Beliebig (ohne Austausch) |
| Sozialform | Plenum |
| Webinartyp | Webinar-Reihe, längere Schulung |

*Methode*  Eine sehr anspruchsvolle und auch zeitintensive Methode, die sich aber lohnt, wenn es sich um ein längeres Online-Seminar handelt und die Teilnehmer konkrete Projekte oder Ziele für die Zeit nach dem Seminar planen.

*Ziel*  ▶ Vorbereitung auf allen Ebenen, um die Umsetzung von Projekten nach dem Seminar zu planen

*Verlauf*  **Vorarbeit**

Jeder Teilnehmer hat ein persönliches Projekt geplant, das er nach dem Seminar umsetzen will.

**Im Webinar**

In einem Webinar führen Sie die Teilnehmer mündlich durch die verschiedenen Stationen der Neurologischen Ebenen. Sie können dazu eine Folie

Zamyat M. Klein: 150 kreative Webinar-Methoden

erstellen, auf der dieser Weg mit den entsprechenden Stichworten gezeigt wird. Sie können aber auch für jedes Stichwort eine Folie mit einigen Erläuterungen einblenden.

Sie führen die Teilnehmer nun Schritt für Schritt durch die Ebenen, erläutern also jedes Stichwort und lassen dann den Teilnehmern zu jedem Stichwort Zeit, ganz ins Thema einzutauchen, innere Bilder und Gefühle entstehen zu lassen und sich dazu Notizen zu machen. Wenn die Teilnehmer damit fertig sind, sollen sie ein Häkchen setzen, dann können Sie das zweite Stichwort vorstellen.

## Moderation

*„Wir sind nun am Ende des Seminars angelangt und du hast ein konkretes Projekt geplant. Ich werde dich nun durch einige Stationen geleiten, wobei du dir bewusst werden kannst, wie und was du von dem Seminar umsetzen wirst und was das für dich bedeutet.*

*Die erste Ebene ist die ‚**Umwelt**‘. Werde dir jetzt noch einmal bewusst, was du konkret umsetzen möchtest. Denk daran, wie du dein Projekt beschrieben hast. Und mit diesen Gedanken, zu denen vielleicht ein Bild gehört, gehe jetzt auf die Ebene ‚Umwelt‘.*

*Stell dir vor, du setzt dein Projekt oder Vorhaben um. Was verändert sich dadurch in deiner Umgebung, an deinem Arbeitsort? Stell es dir vor, sieh dich um. Was hat sich verändert? Hast du etwas umgestellt oder umgestaltet? Und mit welchen Menschen bist du zusammen, was hörst du? Und wenn dir etwas bedeutungsvoll erscheint, kannst du es jetzt aufschreiben. Was hat sich durch das Projekt in deinem Umfeld verändert?*

*Dann gehen wir einen Schritt weiter auf die Ebene ‚**Verhalten**‘. Was tust du konkret während deiner Arbeit, welche Tätigkeiten führst du aus, um dein Projekt umzusetzen? Und was ist neu an deinem Verhalten? Vielleicht hast du schon ein inneres Bild davon? Stell dir vor, was du tust. Wenn dir etwas wichtig ist, dann hast du jetzt wieder Zeit dazu, es zu notieren.*

*Dann lade ich dich ein, wieder einen Schritt weiter zu gehen, zu den ‚**Fähigkeiten**‘. Welche Fähigkeiten, Fertigkeiten oder welches Können setzt du ein, wenn du das tust, was du eben beschrieben hast? Wenn du dein Projekt umsetzt. Sind es neue Fähigkeiten, bereits bekannte oder veränderte? Fähigkeiten sind zum Beispiel Kreativität, Geduld, Organisationstalent oder Zuhören können. Mache dir wieder Notizen.*

*Nun gehe einen Schritt weiter auf die Ebene ‚**Glaubenssätze**‘. Glaubenssätze sind Überzeugungen, verinnerlichte Sätze oder Prinzipien, die dir wichtig sind. Was denkst du über dein Projekt? Was glaubst du in diesem Zusammenhang über dich? Denkst du zum Beispiel: ‚Das werde ich schaffen!‘ oder ‚Das wird schwer!‘, ‚Mein Projekt wird mir gut tun!‘ oder ‚Ich weiß, dass es funktioniert!‘? Welche Glaubenssätze stehen in Zusammenhang mit deinem Projekt? Und verändern sich durch dein Projekt möglicherweise deine bisherigen Annahmen oder Überzeugungen zu deiner Arbeit? Schreib sie dir auf.*

*Gehe dann zur nächsten Ebene ‚**Werte**‘. Welche grundlegenden Werte sind bei der Umsetzung deines Projekts von Bedeutung? Werte wie Genauigkeit, Schnelligkeit, Gerechtigkeit, Kundenorientierung, Zuverlässigkeit oder Pünktlichkeit? Werte sind meist Substantive, Hauptwörter, die deine Grundhaltung beschreiben. Dein Fundament sozusagen, auf dem du alles aufbaust. Welche Werte tragen dich in deinem Projekt? Verändern sich dadurch vielleicht die bisherigen Werte deiner Arbeit? Ich lass dir Zeit, sie aufzuschreiben.*

*Auf der nächsten Ebene geht es um deine Rolle, deine **Identität** bei der Umsetzung deines Projekts. Wenn du all das zusammenfasst, was du bisher durchschritten hast, welchen Namen würdest du dir dann geben? Welchen Spitznamen, der dich charakterisiert, würden dir deine Kollegen geben, wenn sie sehen würden, wie du dein Projekt umsetzt? Vielleicht ‚der Ausprobierer ‘, ‚die Gelassene‘, ‚die Mutige‘, der ‚Zupacker‘, der ‚Einfühlende‘, ‚die Herausforderin‘, ‚der Verständnisvolle‘? Ist das der gleiche Name, den du dir in deiner täglichen Arbeit geben würdest? Was immer dein charakteristischer Name sein kann, lass dir Zeit, ihn zu finden. Und schreib ihn auf.*

*Der letzte Schritt führt dich zu deiner **Kraftquelle**. Woher bekommst du die Kraft, die Energie, deine innere Motivation für dein Projekt? Was ist deine **Vision** oder **Mission**? Wie spürst du eine Verbindung mit einem umfassenderen oder ‚höheren‘ System, das all dem, was du tust, einen tieferen Sinn gibt? Das Gefühl, in einem größeren Zusammenhang zu stehen und über die eigene Entwicklung hinaus einen Beitrag zu etwas Größerem leisten zu können.*

*Lass dir Zeit, in dir deine Antwort zu finden.*

*Dann dreh dich um und schau den Weg zurück, den du gegangen bist. Behalte den Kontakt zu deiner Kraftquelle, halte deine Motivation in dir wach und das Gefühl, das dazugehört. Vielleicht auch ein Bild, eine Farbe, ein Gedanke oder eine Empfindung. Lass ein Symbol in dir entstehen, das diese Kraftquelle, deine Vision oder Mission, darstellt. Und stell dir dieses Symbol vor, sodass es sich vor deinem inneren Auge zeigt.*

*Dann gehe zurück, Schritt für Schritt, in der Geschwindigkeit, die für dich richtig ist. Bringe diese Kraftquelle zu jeder Ebene und verbinde sie damit. Lass dich überraschen, was sich dadurch vielleicht verändert. Was geschieht, wenn deine Kraftquelle dir auf allen Ebenen bewusst ist.*

▶ *Deine Identität. Wie verändert sie sich durch das Symbol?*
▶ *Die Werte. Was geschieht mit ihnen im Kontakt mit dem Symbol, deiner Kraftquelle?*
▶ *Deine Glaubenssätze. Was geschieht hier?*
▶ *Deine Fähigkeiten. Was geschieht mit ihnen, wenn sie sich mit dem Symbol deiner Mission, deiner Motivation verbinden?*
▶ *Dein Verhalten. Was verändert sich vielleicht auch dort?*
▶ *Und dein Umfeld. Schau dich innerlich um, was deine Motivation dort verändert."*

**Weiterarbeit**

In einem anschließenden Austausch macht es keinen Sinn, dass jeder Teilnehmer im Detail schildert, was er erlebt hat. Sie können stattdessen entweder eine konkrete Frage stellen, zu der sich jeder Teilnehmer kurz und knapp äußert. Beispiel: *„Konntest du dir gut vorstellen, wie du dein Projekt umsetzt?"* Oder: *„Gibt es zum Thema ‚Glaubenssätze' noch Fragen oder Kommentare?"*

Oder Sie stellen es frei, wer etwas mitteilen möchte. Dabei sollte es weniger um Inhalte gehen, sondern mehr darum, wie diese Übung gewirkt hat. Was vielleicht schwerer fiel oder was gut ging. Vor allem: Mit welchem Gefühl gehen die Teilnehmer nun in die weitere Umsetzung ihres geplantes Projekts.

---

▶ Wenn es sich um eine längere Schulung handelt, können Sie diese Übung auch in einem begleitenden Forum durchführen lassen. Dann notiert sich jeder Teilnehmer die Stichworte auf Karten und kann zu Hause für sich alleine diesen Weg durchlaufen, wie in einem Präsenzseminar.
▶ Auf jeden Fall sollten die Teilnehmer die Fragen schriftlich beantworten, denn damit bekommt die Übung sehr viel mehr Gewicht, als wenn man sich mal nur kurz Gedanken dazu macht.
▶ Wer mag, kann sein Ergebnis dann in seiner Arbeitsmappe veröffentlichen. Das sollte aber auf freiwilliger Basis geschehen, da es doch sehr persönlich ist und sehr in die Tiefe gehen kann.

*Trainer-Hinweis*

▶ Wenn eine Gruppe sehr intensiv zusammengearbeitet hat und es beim Seminar vielleicht auch um sehr persönliche Themen ging, ist eine Veröffentlichung der eigenen Gedanken durchaus machbar.

*Quelle*    Das Modell der Neurologischen Ebenen stammt von dem amerikanischen Verhaltenspsychologen Robert Dilts, die Übertragung auf den Punkt „Transfer" habe ich von Ralf Besser übernommen. Ich habe diese Methode dann auf Online-Seminare übertragen.

*Lerntypen*    V   Notizen machen, Stichworte auf Folien lesen
                    A   Austausch nach der Übung

# Pareto-Prinzip zum Transfer

| Medien | Audio, Whiteboard |
|---|---|
| TN-Aktivität | EA oder AGS |
| TN-Zahl/Gruppengröße | Bis 10 TN |
| Sozialform | Plenum |
| Webinartyp | Einzel-Webinar, Webinar-Reihe, längere Schulung |

Nicht nur bei Zeitmanagement kann das Pareto-Prinzip helfen, sich über *Methode*  die Wirkung von Maßnahmen bewusst zu werden. Hier geht es darum festzustellen, welche Vorhaben und Ziele, die sich aus dem Webinar ergeben, die größte Wirkung haben. Denn es ist besser, nur ein Vorhaben, eine Methode mit großer Wirkung umzusetzen als viele kleine, nicht so effektive Maßnahmen.

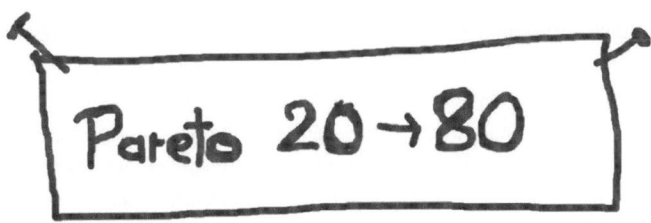

▶ Sich bewusst machen, welche Maßnahmen die größten Wirkungen erzielen und diese dann planen *Ziel*

## Vorbereitung

*Verlauf*

Es ist hilfreich, das Pareto-Prinzio vorher an einem Beispiel zu verdeutlichen. Die schlichte Darstellung „Mit 20% Einsatz wird 80% der Wirkung erzielt" reicht nicht immer.

Ein Beispiel aus der persönlichen Erfahrung: Bei offenen Seminaren für Trainer brauche ich 80% Einsatz, um 20% Ergebnis zu erzielen (da ich da jeden einzelnen Teilnehmer akquirieren muss), bei einem internen Firmenseminar hingegen nur 20% Einsatz (nämlich nur eine Akquise) und 80% Ergebnis (15 Teilnehmer und ein höheres Honorar). Danach war meine Entscheidung klar :-).

### Einzelarbeit

▶ Beispiel Trainerseminar

Jeder Teilnehmer schaut sich noch einmal auf einer Übersicht an, welche neuen Methoden er im Seminar kennengelernt hat. Davon wählt jeder drei aus, die er gerne in seiner Arbeit umsetzen würde. Er prüft, welchen Aufwand jede Methode an Vorbereitung und Einsatz erfordert. Anschließend untersucht jeder die Wirkung der jeweiligen Methode: Wie groß oder bedeutsam ist die Wirkung? Schließlich geht es um die Auswahl: Welche der drei Methoden erfordert den geringsten Aufwand und erzielt die größte Wirkung? Die beiden anderen kann man dann ja immer noch in petto haben, aber diese eine wird auf jeden Fall umgesetzt. Das wird am Ende der Übung beschlossen und verkündet.

▶ Andere Themen

Sie können bei allen anderen Themen ähnlich verfahren, egal, ob es um Kommunikationsstrategien, Verkaufsgespräche oder Zeitmanagement geht. Eine konkrete (Übungs-)Maßnahme auswählen, die man beispielsweise eine Woche lang täglich übt – mit enormer Wirkung!

▶ Verlauf Kleingruppen

Sie können diese Arbeit auch in Arbeitsgruppen vornehmen lassen, wo jeweils drei Teilnehmer gemeinsam ihre Vorhaben entwickeln und gemeinsam überlegen, welche Auswirkung das jeweilige Vorhaben hat. Ganz gleich, ob die Teilnehmer die Vorarbeit einzeln oder in Gruppen machen, es bekommt jeder die Aufgabe: *„Überlege, wie du deine Auswahl anschließend der ganzen Gruppe in einem kurzen knackigen Ritual präsentierst!"*

### Weiterarbeit im Plenum

Vorhaben werden ja immer noch dadurch bestärkt, dass man sie öffentlich macht. Sie können die Teilnehmer bitten, ihr jeweiliges Vorhaben in der Gruppe vorzustellen.

Nach der Einzel- oder Gruppenarbeit finden sich alle im Plenum zusammen und verkünden nach und nach ihre Entscheidung, ihr Vorhaben.
Um die Wirkung zu verstärken, können Sie oder die Teilnehmer sich dazu ein Ritual ausdenken. Sie können ein Symbol zeichnen, ein Foto auswäh-

len, einen Spruch sagen, ein Geräusch produzieren (in die Hände klatschen) – was auch immer.

**Begleitendes Forum**

Wenn es zu den Webinaren auch noch ein Forum gibt, in dem gearbeitet wird, können die Teilnehmer die Übung auch dort durchführen. In diesem Fall bearbeiten sie die Aufgabe schriftlich und stellen das Ergebnis ins Forum. Die anderen Teilnehmer sowie der Trainer können dann dort nachfragen und ihre Einschätzungen ergänzen.

---

V   Vorhaben und Wirkung aufschreiben

A   In AGs mit anderen austauschen, Darstellung im Plenum

K   Kreative Präsentation oder Ritual im Plenum

*Lerntypen*

# Stolpersteine zu Steigbügeln umwandeln

| Medien | Whiteboard, Chat und Audio/Brainstorming |
|---|---|
| TN-Aktivität | Schreiben, sprechen |
| TN-Zahl/Gruppengröße | Bis 12 TN |
| Sozialform | Plenum |
| Webinartyp | Einzel-Webinar, Webinar-Reihe, längere Schulung |

*Methode*  Bei der Auswertungsrunde in Seminaren erlebe ich es oft, dass Teilnehmer vom Seminar begeistert sind, viele Anregungen und Methoden interessant fanden, doch wenn es um die Umsetzung geht, sagen sie: „Aber – bei uns geht das nicht. Mit meinen Teilnehmern kann ich das nicht machen. Bei meinem Thema, bei unseren Räumen ... Meine Kollegen machen da nicht mit! Mein Chef hält mich für verrückt!" Usw.

Diese Methode bietet eine hervorragende Möglichkeit, auf die zum Teil sicher berechtigten Zweifel der Teilnehmer früh genug einzugehen und sie selbst Lösungsstrategien erarbeiten zu lassen. So ist ein Transfer des Gelernten wahrscheinlicher.

*Ziel*  ▶ Umsetzungshindernisse im Vorfeld bearbeiten und beseitigen
▶ Eigene kreative Ideen zur Behebung von Hindernissen entwickeln und auf andere Situationen übertragen

*Verlauf*  Sie bitten die Teilnehmer zu überlegen, was sie gerne von dem im Webinar Gelernten umsetzen möchten, wo sie aber Hindernisse oder Schwierigkeiten bei der Umsetzung befürchten. Diese Hindernisse können im Außen liegen (Arbeitsbedingungen, Kollegen, Raum, Finanzen, Zeit) oder im Innern (eigene Hemmungen oder Ängste, vermeindliche Unfähigkeiten). Diese Stolpersteine sollen die Teilnehmer erst einmal für sich notieren.

Die Teilnehmer sollten dabei nur solche Methoden oder Handlungen auswählen, die ihnen im Prinzip gut gefallen, von denen sie überzeugt sind,
dass sie nützlich oder hilfreich sein können.

Im Präsenzseminar sieht es so aus: Im Plenum sitzen alle im Halbkreis,
vorne steht ein leerer Stuhl. Vor diesen Stuhl wird nun die erste Karte mit
einem formulierten Hindernis gelegt und kurz erläutert. Wenn andere Teilnehmer das gleiche Thema haben, werden ihre Karten dazugelegt. Nun beginnt ein kreatives Brainstorming. Vorher sollten die Brainstorming-Regeln
noch einmal erläutert werden:
▶ Alle Äußerungen sind erlaubt und erwünscht.
▶ Es werden keine Bewertungen oder Killerphrasen geäußert.
▶ Es sollten auch ruhig verrückte Ideen geäußert werden, weil diese wiederum den Anstoß für weitere neue Ideen bilden können.
▶ Die Idee wird nicht kommentiert.

Jeder, der eine Idee hat, setzt sich auf den leeren Stuhl und äußert diese.
Dann geht er an seinen Platz zurück. Die Teilnehmer, die das entsprechende Problem haben, notieren sich alle Ideen und Vorschläge. Erst anschließend, wenn die ganze Übung abgeschlossen ist, können sie auswählen, was
sie davon brauchen können oder nicht.

**Im Webinar**

Nachdem jeder seine Stolpersteine notiert hat, stellt sie jeder kurz in einer
Runde vor. Sie notieren alle Stolpersteine und schauen, welche evtl. zu-
sammenpassen, das gleiche Thema haben. Diese können dann zusammen
bearbeitet werden.

Sie schreiben den ersten Stolperstein oben auf das Whiteboard. Dann beginnt das Brainstorming nach den Regeln wie oben beschrieben. Im Webinar gibt es dazu vier Varianten.

▶ Die Teilnehmer melden sich per Handzeichen, nennen ihren Vorschlag,
   wie im Präsenzseminar. Derjenige, der das Thema genannt hat, notiert
   sich selbst alle Ideen zu seinem Stolperstein auf einem Blatt Papier.
▶ Wie oben, nur diesmal schreiben Sie als Trainer alle Lösungsvorschläge
   auf das Whiteboard, sodass alle Vorschläge für alle sichtbar sind.
▶ Alle Teilnehmer schreiben ihre Lösungsvorschläge in den Chat. (Den
   können Sie anschließend speichern und im Forum hochladen.)
▶ Alle Teilnehmer schreiben ihre Lösungsvorschläge direkt auf das Whiteboard.

**Weiterarbeit**

Da die Übung meist gegen Ende des Seminars stattfindet, überlassen Sie es jedem Teilnehmer, die Auswahl aus den Vorschlägen später vorzunehmen. Sie können aber auch zum Abschluss eine kleine Runde machen, wo jeder kurz mitteilt, ob und was ihm das Brainstorming gebracht hat. Und vielleicht hat ja auch schon jemand eine ganz konkrete Idee oder sagt: „Der Vorschlag XY, der ist total hilfreich. Das probiere ich gleich am … aus!"

*Variante*     Sie können Hindernisse und Schwierigkeiten auch in Arbeitsgruppen sammeln lassen.

*Trainer-*     ▶ Sie sollten in verschiedenen Webinaren die unterschiedlichen Brain-
*Hinweis*     storming-Varianten einmal ausprobieren und testen, was für Sie am effektivsten läuft oder am meisten Spaß macht.

▶ Es ist verblüffend, wie viele Lösungsvorschläge in kurzer Zeit entwickelt werden können! Alleine die Tatsache, dass oft 20-30 Vorschläge kommen, zeigt auf, dass es doch offensichtlich Chancen für die erfolgreiche Umsetzung gibt.

▶ Die Wirkung der Übung hängt damit zusammen, dass einem für andere oft leichter etwas einfällt, als wenn man selbst in dem Problem verfangen ist. Ich habe allerdings auch oft schon erlebt, dass der Fragesteller selbst als Erster auf den Stuhl ging und schon eine Idee hatte.

*Lerntypen*     V  Lösungsvorschläge notieren und am Whiteboard oder im Chat lesen
A  Lösungsvorschläge nennen, anschließender Austausch

# Tagebuch

| Medien | Tagebuch (virtuell oder real) |
|---|---|
| TN-Aktivität | Schreiben, zeichnen, skribbeln |
| TN-Zahl/Gruppengröße | Beliebig |
| Sozialform | EA |
| Webinartyp | Webinar-Reihe, längere Schulung |

Mit dieser Methode beginnt der Transfer schon vom ersten Tag des Online-Seminars an. Die Teilnehmer nehmen es selbst in die Hand, was sie vom Seminar umsetzen.

*Methode*

▶ Alle Transfer-Ideen sofort notieren

*Ziel*

**Vorarbeit**

*Verlauf*

Bitten Sie die Teilnehmer, sich ein schönes Notizbuch zu besorgen oder eine Software, ein Format auszuwählen, in dem sie regelmäßig während der Schulung Notizen machen. Sie können die Teilnehmer auch anregen, ihre Notizen mit Farben und Bildern zu veranschaulichen, mit Mind Maps und Skizzen anzureichern.

**Im Webinar**

Laden Sie die Teilnehmer ein, sich dort regelmäßig Notizen zu machen, und zwar nicht nur die Inhalte oder Methoden zu notieren, sondern vor allem immer dann, wenn ihnen eine Idee kommt, was sie mit einer Erkenntnis machen oder wie sie eine Methode verändern wollen. Wenn es eine längerfristige Schulung ist, erinnern Sie die Teilnehmer immer wieder einmal daran oder räumen Sie auch einmal bewusst Zeit für Notizen ein.

Am Ende eines Webinars können Sie noch einmal die Teilnehmer bitten, sich ein konkretes Ziel zu formulieren. „Das will ich ab sofort so und so machen." Dieses Ziel teilen sie dann reihum im Plenum mit. Es reicht, wenn sie nur den einen Satz sagen, der dadurch aber mehr Bekräftigung bekommt.

*Trainer-*
*Hinweis*

**Forum-Arbeit**

▶ In einem meiner Online-Seminare für Trainer habe ich erlebt, wie eine Teilnehmerin von selbst begann, in ihrem Ordner auch ein Tagebuch anzulegen, in dem sie jeden Tag die wichtigsten Dinge notieren wollte. Sie können dafür als Trainer schon eigene Ordner einrichten und die Teilnehmer auffordern, dort täglich ihre Notizen zu machen. Dabei gibt es zwei Möglichkeiten:

- Sie legen einen Ordner im Seminarraum an, den jeder lesen (und kommentieren) kann.
- Oder jeder Teilnehmer schreibt für sich persönlich die Dinge auf, macht sie aber nicht öffentlich.

▶ Für Notizen, in denen die Teilnehmer schnell Ideen festhalten und vielleicht auch noch etwas mit Bildern und Zeichnungen gestalten können, gibt es verschiedene Tools, etwa: OneNote, EverNote oder (für ganz kurze Notizen) Wunderlist.

▶ Sie können aber auch die an anderer Stelle erwähnten virtuellen Pinnwände, Conceptboards oder Whiteboards dazu nutzen. Natürlich geht es im Prinzip auch mit einer Word-Datei (auch da kann man Farben und Formen ins Spiel bringen) oder sogar einer Excel-Tabelle. Aber es sollte möglichst etwas anderes sein, als das, was die Teilnehmer ohnehin jeden Tag nutzen, einfach, damit das Medium etwas „Besonderes" ist.

*Lerntypen*

V  Schreiben, skizzieren, malen
A  Austauschen über das Ziel
K  Etwas Schönes in der Hand haben, malen

# Transfer-Arbeitsgruppen

| Medien | Whiteboard, Audio |
|---|---|
| TN-Aktivität | Sich in Paaren oder AGs austauschen |
| TN-Zahl/Gruppengröße | 6-10 TN |
| Sozialform | Paare/AGs |
| Webinartyp | Webinar-Reihe, längere Schulung |

Diese Methode kann am Ende eines Webinars durchgeführt werden. Wenn eine Fülle an Methoden vorgestellt wird, lohnen sich solche Transfer-Einheiten auch immer wieder zwischendurch.

*Methode*

▶ Gelerntes wirklich umsetzen

*Ziel*

Überlegen Sie sich zu Ihrem konkreten Thema, an welchen Stellen und zu welchen Schwerpunkten solch eine Transfer-Übung zwischendurch sinnvoll sein kann.

*Verlauf*

Beispiel **Motivation:** Die Teilnehmer nehmen sich eine kleine neue Gewohnheit vor, die sie nun täglich üben wollen. „Fünf Minuten jeden Abend den Schreibtisch aufräumen."

**Im Webinar**

Wenn Sie während eines Webinars eine Transfer-Arbeit in Gruppen anregen möchten, dann geben Sie eine Struktur zum Austausch und zur Erarbeitung erster Transfer-Ideen vor. Die Teilnehmer bearbeiten die Aufgaben schriftlich.

Beispiele für Transfer-Übungen während des Seminars:
▶ Welche Übungen, Methoden haben wir heute gemacht? Zu welcher Seminarphase?
  • Alle Methoden bitte aufschreiben

▶ Nacheinander die einzelnen Methoden vornehmen und dazu erste Ideen entwickeln und aufschreiben:
- ● Bei welchen Themen/Inhalten kann ich diese Methode in meinen Seminaren einsetzen?
- ● Wie muss ich sie für mein Thema/meine Zielgruppe eventuell verändern oder überarbeiten?

Transfer-Übungen zum Seminarende:
▶ Eine Methode konkret ausarbeiten, eventuell auch schon herstellen
▶ Die konkrete Umsetzung planen: Wann und wie wird die Methode eingesetzt?

Die Teilnehmer können sich auch nur einen Schwerpunkt vornehmen, über den sie diskutieren und planen, was sie damit machen.

**Weiterarbeit**

Sie können die Ergebnisse anschließend im Plenum mit folgenden Möglichkeiten noch einmal vorstellen lassen:
▶ Die Paare oder Gruppen haben Stichworte auf ein Whiteboard geschrieben, das sie im Plenum zeigen und erläutern
▶ Die AGs haben eine Folie mit den Ergebnissen vorbereitet
▶ Sie teilen sich nur mündlich mit
▶ Sie schreiben die Stichworte in den Chat

Sie können sich auch ganz gegen einen solchen Austausch entscheiden. Wesentlich ist vor allem, dass jeder eine konkrete Aufgabe erarbeitet hat und diese nachher umsetzt. Dazu ist die Partner- oder Gruppenarbeit sinnvoll – und oft auch ausreichend. Sie können dann lediglich nachher noch im Plenum besprechen, wenn es irgendwelche Fragen zur Umsetzung gibt.

---

*Lerntypen*  V  Methoden und Ideen dazu aufschreiben, Umsetzung planen
A  Sich mit Partner oder in AG austauschen

# Transfer-Brainstorming

| Medien | Whiteoboard, Audio |
| --- | --- |
| TN-Aktivität | Sprechen und schreiben |
| TN-Zahl/Gruppengröße | Bis 12 TN |
| Sozialform | Plenum |
| Webinartyp | Einzel-Webinar, Webinar-Reihe, längere Schulung |

Ein Trick, Ihre Teilnehmer bei der Umsetzung ihrer Vorhaben zu unterstützen, sind Methoden, bei denen die Teilnehmer diese öffentlich machen. Es einmal laut auszuprechen oder sichtbar für alle aufzuschreiben, gibt dem Vorsatz mehr Gewicht als ein bloßer Gedanke: „Das mach ich mal."

*Methode*

▶ Umsetzung von Vorhaben konkret planen und öffentlich machen

*Ziel*

Am Ende eines Webinars oder einer Webinar-Reihe bitten Sie die Teilnehmer zu einem Brainstorming. Dazu geben Sie eine konkrete Frage vor, die Teilnehmer sollen ihre Ideen auf das Whiteboard schreiben. Dazu können sie auch mit den Zeichenwerkzeugen kleine Symbole zeichnen. Anschließend kann sich jeder mündlich zu seinen Notizen äußern. Denn das verleiht dem Vorhaben mehr Gewicht.

*Verlauf*

Mögliche Fragen:
▶ Was setzen Sie als Erstes nach dem Webinar um? (Mündliche Erläuterung: wann und wie)
▶ Welche drei der hier vorgestellten Methoden/Tools/Tipps wollen Sie auf jeden Fall ausprobieren?

**Weiterarbeit**

Sie können die Ergebnisse auf dem Whiteboard anschließend speichern und den Teilnehmern per E-Mail als Erinnerung schicken oder in ein begleitendes Forum einstellen.

*Trainer-*
*Hinweis*

Das gemeinsame Brainstorming kann auch dazu führen, dass die Teilnehmer durch die anderen Äußerungen noch gute Anregungen und Impulse bekommen. Das ist ein zusätzlicher Effekt der gemeinsamen und öffentlichen Sammlung.

*Lerntypen*

V   Vorsätze aufs Whiteboard schreiben
A   Mündliche Erläuterungen

# Transfer-Interview

| Medien | Audio, Whiteboard, Chat |
|---|---|
| TN-Aktivität | Partner-Interview |
| TN-Zahl/Gruppengröße | 2-12 TN |
| Sozialform | Paare |
| Webinartyp | Einzel-Webinar, Webinar-Reihe, längere Schulung |

Mit einem Partner wird eine strukturierte Auswertung vorgenommen, die gleichzeitig den Transfer unterstützt.

*Methode*

▶ Transfer vorbereiten, Hindernisse bearbeiten

*Ziel*

Es bilden sich Paare (Sie können hier ein Zufallspaarbildungsspiel einsetzen oder die Teilnehmer schon vor dem Webinar bitten, sich zu Paaren zusammenzufinden), die sich über vorgegebene Fragen austauschen.

*Verlauf*

Beispiel:
▶ Welche der im Webinar/Online-Seminar behandelten Themen haben für mich einen Nutzen?
▶ Was will ich in meinen Trainings/in meinem Berufsalltag umsetzen?
▶ Mit welchen konkreten Schwierigkeiten rechne ich und wie werde ich mit ihnen umgehen?

Dabei ist es sinnvoll, wenn erst der eine Partner interviewt wird, dann der andere. Geben Sie hierzu eine feste Zeit vor, z.B. 15 Minuten. Teilen Sie auch vorher mit, ob die Teilnehmer anschließend über den Austausch berichten sollen oder ob die Übung nach den Partnergesprächen abgeschlossen ist.

**Weiterarbeit**

Wenn Sie die Variante wählen, dass anschließend noch ein Austausch im Plenum stattfindet, sollte auch dieser strukturiert sein, damit nicht einfach alles noch einmal wiederholt wird.

Hierbei können Sie vorgeben: *„Jeder sagt mit einem Satz, was das wichtigste Ergebnis des Interviews war."* Oder: *„Jeder sagt eine Sache, die er als Erstes umsetzen möchte."* Oder: *„Wer hat dazu noch eine Frage oder braucht Unterstützung von der ganzen Gruppe und dem Trainer?"*

*Trainer-Hinweis*  Die Paare können sich entweder in Gruppenräumen oder per Telefon oder Skype austauschen und dann in die Gesamtgruppe zurückkehren.

*Lerntypen*  V   Notizen machen
A   Partner-Interviews

# Übungs-Präsentation

| Medien | Webinar |
|---|---|
| TN-Aktivität | Präsentation |
| TN-Zahl/Gruppengröße | Bis 10 TN |
| Sozialform | Plenum |
| Webinartyp | Einzel-Webinar, Webinar-Reihe, längere Schulung |

Bei Aus- und Fortbildungen für Online-Trainer, Webinar-Trainer, Online-Moderatoren etc. macht es natürlich Sinn, dass die Teilnehmer schon während der Ausbildung die Möglichkeit haben, selbst erste Webinare durchzuführen und auszuprobieren.

*Methode*

Wie solche Teilehmer-Präsentationen vorzubereiten, durchzuführen und auszuwerten sind, darüber könnte man noch mal ein eigenes Buch schreiben und ist Bestandteil solcher Ausbildungen. Daher gibt es hier nur eine grobe Beschreibung, um die Idee zu verdeutlichen.

▶ Zukünftige Online-Trainer können hier erste Praxiserfahrungen machen und üben, üben, üben

*Ziel*

### Vorarbeit

*Verlauf*

Die Teilnehmer bekommen im vorherigen Webinar (oder im Forum) das Angebot, eine eigene Webinar-Sequenz mit der Gruppe durchzuführen. Dabei können Sie bei Bedarf eine konkrete Aufgabe vorgeben, die mit dem Seminarthema zu tun hat, einen bestimmten Schwerpunkt hat.

### Im Webinar

Im Online-Training hat dann jeder Teilnehmer eine vorgegebene Zeit, um seine Präsentation durchzuführen. Es empfiehlt sich, diese Präsentationen auf mehrere Webinare zu verteilen, damit es nicht zu ermüdend wird.

Für die Durchführung und das Feedback sollten Sie eine feste Struktur vorgeben.

1. Präsentation des Teilnehmers (beispielsweise 10-15 Minuten)
2. Feedback des Präsentators selber (wie ist es ihm gegangen, wie fand er seine eigene Präsentation) und Mitteilung, wozu er ein Feedback möchte.
3. Feedback der anderen Teilnehmer
4. Feedback des Trainers

**Weiterarbeit**

Da solche Präsentationen viel Zeit in Anspruch nehmen, ist es sehr zu empfehlen, dass die Teilnehmer unabhängig von den gemeinsamen Gruppen-Webinaren solche Übungs-Webinare durchführen.

Sie können sich dazu mit einigen aus der Seminargruppe verabreden oder auch Freunde oder Kollegen dazubitten. Wobei diese oft aus Freundlichkeit kein wirklich ehrliches Feedback geben (so schon öfter erlebt) und vor allem doch meist den Fokus auf die Inhalte richten („oh, wie interessant") und weniger auf die Methoden und die Art der Präsentation.

Trotzdem sind alle Formen extrem hilfreich, weil die angehenden Trainer dabei auch gleichzeitig lernen, wie sie mit der Technik umgehen, wie sie vielleicht mit der Zeitplanung oft noch danebenliegen, was für sie besonders schwierig ist und wo sie noch Unterstützung brauchen.

Webinare zu halten lernt man letztendlich nur durch Webinare halten, ähnlich wie Schwimmen und Sprachen lernen. Üben ist die Devise, bevor man offiziell nach außen geht und Webinare professionell anbietet. Leider unterschätzen viele diesen Umstand und machen „einfach mal so eben" ein Webinar – entsprechend sind dann aber auch die Ergebnisse.

 *Trainer-Hinweis*  Die Teilnehmer schicken vorher ihre Präsentation an den Trainer, damit dieser sie im Webinarraum hochladen kann. Je nach Plattform kann er dann den Präsentator zum Co-Moderator einstufen, sodass dieser selbst seine Folien weiterklicken und die Whiteboard-Werkzeuge bedienen kann.

 *Lerntypen*  V  Folien für die Präsentation erstellen, Präsentation der anderen anschauen
A  Webinar durchführen, Feedback geben
K  Es selbst ausprobieren, konkret durchführen

# Wünsche in Ziele umwandeln

| Medien | AB |
|---|---|
| TN-Aktivität | Schreiben, Austausch mit Partner oder Gruppe |
| TN-Zahl/Gruppengröße | 2-8 TN |
| Sozialform | Paare/Plenum |
| Webinartyp | Webinar-Reihe, längere Schulung |

Diese Methode ist dem Zielrahmen (Seite 261) ähnlich, enthält aber noch einige andere Aspekte. In Einzelarbeit kann hiermit jeder sein Vorhaben oder Ziel am Ende eines Seminars sehr konkret festklopfen und auch schon mögliche Schwierigkeiten berücksichtigen und bearbeiten.

*Methode*

▶  Ziel bestärken

*Ziel*

**Vorbereitung**

*Verlauf*

Jeder Teilnehmer erhält vor dem Webinar ein Arbeitsblatt (siehe Kasten) mit der Bitte, es vor dem Webinar auszufüllen.

**Variante**

Sie können diese Übung auch wie den Zielrahmen zu zweit durchführen lassen, indem der eine Partner die Fragen stellt und der andere antwortet.

---

**Arbeitsblatt Wünsche in Ziele wandeln**

1. Das ist mein Ziel ...

2. Daran merke ich, dass ich es erreicht habe ...

---

3. Welche Teilziele setze ich mir und wann sind sie erreicht? ...

4. Folgendes unternehme ich jetzt ...

5. Wer könnte mir helfen? ...

6. Was könnte mich (be)hindern? ...

7. Welche Lösungsstrategien gibt es zu den Hindernissen? ...

8. Was motiviert mich? ...

### Weiterarbeit

Bei der Einzelvariante können sich die Teilnehmer anschließend in Paaren austauschen, wie die Übung bei ihnen funktioniert hat, was sie erlebt haben, ob es irgendwo klemmte. Bei kleinen Gruppen können Sie diesen Austausch im Webinar mit allen durchführen.

### Online-Variante in einem Forum

Da diese Übung rein schriftlich geschieht, ist sie ohne Veränderung auch in Online-Seminaren einsetzbar.

*Trainer-Hinweis*

Eine Ergänzung zu Punkt 7 im Arbeitsblatt (Welche Lösungsstrategien gibt es zu den Hindernissen?): Ich habe ein Vorhaben, ein Ziel, überlege, was mich daran hindert oder hindern könnte es umzusetzen (die Stolpersteine) und überlege dann auch sofort: Was kann ich tun, um diese Hindernisse im Vorfeld erst gar nicht entstehen zu lassen oder sie zu beheben? Indem ich mir schon vorher darüber Gedanken mache, treten sie in der Tat oft gar nicht auf. Es werden kreative Potenziale frei, die mir helfen, Widerstände und Schwierigkeiten mit einzukalkulieren und Lösungen zu finden, diese zu bewältigen.

*Quelle*  Ich habe die Methode von Horst Müller übernommen und etwas ergänzt.

*Lerntypen*  V  Arbeitsblatt ausfüllen
A  Bei der Paarvariante: Fragen und Antworten

# Zielrahmen

| Medien | AB, Audio |
|---|---|
| TN-Aktivität | Partnerarbeit |
| TN-Zahl/Gruppengröße | 2-12 TN |
| Sozialform | Plenum |
| Webinartyp | Webinar-Reihe, längere Schulung |

Eine bekannte Methode aus dem NLP. Sie dient dazu, sich klar zu werden, *Methode*
ob das Ziel auch wirklich den eigenen Bedürfnissen und Vorstellungen entspricht und zu überprüfen, ob es vielleicht auch innere Teile gibt, die dem
Ziel widersprechen oder zumindest Schwierigkeiten sehen.

Die genaue Visualisierung der Zielerreichung hilft auch, die Motivation zu
stärken. Denn so lange Vorhaben sehr vage bleiben, werden sie kaum in die
Tat umgesetzt.

▶ Vorhaben zum Transfer unterstützen und vorbereiten *Ziel*

*Verlauf* **Vorbereitung**

Die Teilnehmer erhalten vor dem Webinar das Arbeitsblatt (siehe Kasten), damit sie direkt loslegen könen.

---

**Arbeitsblatt Zielrahmen**

1. Was ist dein Ziel? Was hast du geplant?
▶ Was willst du ereichen? Wo willst du hin? Was ist dein Traum?
(Das Ziel ist in der Gegenwart formuliert, positiv formuliert)

2. Konkret mit allen Sinnen:
Wenn du das Ziel erreicht hast/dein Vorhaben umgesetzt hast:
▶ Wie sieht es aus? Was siehst du?
▶ Wie hört es sich an? Was hörst du?
▶ Wie fühlt es sich an? Wie fühlst du dich?
▶ Wie riecht/schmeckt es?

3. Kontext:
Nicht jedes Ziel ist für alle Situationen geeignet.
▶ In welchem Zusammenhang, mit wem, wo, wann, wie oft willst du das Ziel erreicht haben/erreichen können?

4. Ökologiecheck:
Jede Veränderung hat Konsequenzen.
▶ Wie verändert sich dein Leben (das Seminar/die konkrete Situation), wenn du das Ziel (Vorhaben) erreicht hast?
▶ Was fällt weg? Was kommt hinzu?
▶ Wie sieht es aus, wenn du es durch die Augen der Mitbetroffenen betrachtest?

5. Selbst erreichbar:
▶ Liegt es in deiner Hand, das Ziel zu erreichen?

6. Woran merkst du, dass du dieses Ziel erreicht hast?
▶ Beschreibe es oder konstruiere dir einen inneren Film (visualisieren). Nenne ganz konkrete Erscheinungsformen. (Beispiel: XY Geld verdienen – du siehst eine bestimmte Summe auf deinem Kontoauszug.)

---

**Im Webinar**

Sie erläutern kurz im Plenum die Methode. Anschließend finden sich die Teilnehmer zu Paaren am Telefon oder per Skype zusammen. Wenn Gruppenräume vorhanden sind, können sie diese nutzen.

Person A beginnt und stellt an B die Fragen, die auf dem Arbeitsblatt stehen – und B antwortet. A kann nachfragen oder nachhaken, wenn die Antworten noch zu unkonkret sind. Danach werden die Rollen getauscht.

**Variante 1**

Derjenige, der fragt, kann die Antworten von A notieren und sie ihm dann später geben.

**Variante 2**

Die Teilnehmer können den Bogen auch alleine und schriftlich ausfüllen.

**Weiterarbeit**

Es kann ein kurzer Austausch im Plenum stattfinden, wie die Übung erlebt wurde (ohne inhaltlich wiederzugeben, was besprochen wurde), welche Erfahrungen die Teilnehmer damit gemacht haben.

Mögliche Aspekte:
▶ Fiel es den Teilnehmern schwer, das Ziel so konkret zu beschreiben und zu sehen?
▶ Sind beim Ökologiecheck Probleme oder Hindernisse deutlich geworden?
▶ Hat jemand erlebt, dass das Ziel doch nicht das richtige ist?

---

V  Arbeitsblatt lesen, evtl. Notizen machen, innere Visualisierung

A  Antworten geben

*Lerntypen*

# Methoden zu Auswertung und Abschluss

### Auswertung

### Abschluss

## Auswertung

Am Ende eines Webinars oder einer längeren Schulung führen wir Trainer gerne eine **Auswertung** durch. Die Wahl der Methode richtet sich nach unserem Ziel. Was wollen Sie erfahren und daraus lernen?

Wenn ein Seminarthema ganz neu war, möchte ich darüber ganz viel und möglichst ausführlich von den Teilnehmern erfahren, damit ich feststellen kann, was hilfreich war, was gut oder vielleicht weniger gut ankam. Das Ziel kann aber auch sein, dass sich die Teilnehmer noch einmal über die Inhalte bewusst werden und darüber reflektieren, was von ihren Erwartungen vor dem Webinar erfüllt wurde (siehe „Postkarte", Seite 286), was sie dazu beigetragen haben, wie es ihnen während der Veranstaltung ging.

Ein weiterer Effekt dieser gemeinsamen Auswertungen ist, dass die Teilnehmer feststellen können, das Dinge ganz unterschiedlich erlebt und bewertet werden. So wird auch noch einmal deutlich: Es ist kaum möglich, dass alle Teilnehmer mit allen Schwerpunkten, Methoden und Inhalten etwas anfangen können. Daher bieten wir Trainer eine Bandbreite an, sodass möglichst für jeden etwas dabei ist.

Ich habe eine Moderations-Trainerin im Ohr, die mir mal sagte: „Ich stelle mich nicht als Person zur Beurteilung, ich konzentriere mich nur auf die Inhalte." Wenn Sie inhaltlich konstruktiv auswerten möchten, dann wählen Sie eine Methode wie „Was nehmen Sie mit vom Bazar?" (Seite 296) Dann werden die Teilnehmer ermutigt, nur das zu notieren, was sie als sinnvoll betrachten und umsetzen möchten. Das ist nicht nur für die Trainerpsyche erfreulicher, sondern auch für die Teilnehmer selbst. Denn es richtet den Fokus auf das, was sie „gewonnen" haben. Es erzeugt in ihnen ein besseres Gefühl, als den Fokus auf vermeintliche Defizite zu richten.

Bei längeren Seminaren mache ich im Forum manchmal jeden Abend eine Tagesauswertung. Auch das gibt gute Einblicke für den Trainer – und bietet den Teilnehmern einen weiteren Überlick und die Gelegenheit zu reflektieren, was sie alles an dem Tag gelernt haben.

# 3 Spalten

| Medien | Whiteboard |
|---|---|
| TN-Aktivität | Schreiben und sprechen |
| TN-Zahl/Gruppengröße | Bis 12 TN |
| Sozialform | Plenum |
| Webinartyp | Einzel-Webinar, Webinar-Reihe, längere Schulung |

*Methode*  Mit dieser Methode können Sie am Ende eines Webinars einen guten Überblick darüber bekommen, was die Teilnehmer vom Webinar mitnehmen.

*Ziel*  ▶  Feedback für Sie als Trainer
▶  Fokussierung der Teilnehmer auf Umsetzung des Gelernten

*Verlauf*  Am Ende des Webinars zeigen Sie eine Folie mit drei Spalten. Sie bitten die Teilnehmer, mit dem Textwerkzeug Stichworte in die drei Spalten zu schreiben: Was ist neu? Was kann ich im Alltag schwer umsetzen? Was kann ich direkt aktiv umsetzen? Sie können natürlich die Fragen variieren und Ihrem Thema anpassen.

| Was ist neu? | Was kann ich im Alltag schwer umsetzen? | Was kann ich direkt aktiv umsetzen? |
|---|---|---|
|  |  |  |

**Weiterarbeit**

Je nachdem kann es interessant sein, noch einmal über die Stichworte in der zweiten Spalte zu sprechen (falls dazu am Ende noch Zeit bleibt). Oder in einem nächsten Webinar zu diesen Punkten Methoden zu kreativen Lösungsideen einzusetzen. Wie beispielsweise „Stolpersteine zu Steigbügeln umwandeln" (siehe Seite 246).

Es empfiehlt sich, vor einer Auswertung zuerst eine Zusammenfassung (siehe Seite 224) zu zeigen, was im Webinar erarbeitet und gelernt wurde. Das macht eine konkrete Auswertung leichter.

*Trainer-Hinweis*

V   Schreiben und lesen
A   Evtl. mündlich erläutern

*Lerntypen*

# 4-Skalen-Abfrage

| Medien | Whiteboard |
|---|---|
| TN-Aktivität | Ankreuzen, evtl. erläutern |
| TN-Zahl/Gruppengröße | Bis 12 TN |
| Sozialform | Plenum |
| Webinartyp | Einzel-Webinar, Webinar-Reihe, längere Schulung |

**Methode**  Eine ausführlichere Bestandsaufnahme kann während einer längeren Webinar-Reihe, in der eine Gruppe intensiv zusammenarbeitet, zwischendurch sinnvoll sein. Je nach Thema aber auch bei einem einmaligen Webinar.

**Ziel**  ▶ Bestandsaufnahme der Teilnehmer, wie sie das Webinar erleben und wie es ihnen geht

**Verlauf**  Sie bitten die Teilnehmer, ein Kreuz auf jede Skala zu setzen, wobei 1 sehr gering und 10 sehr hoch ausgeprägt bedeutet. Anschließend können die Teilnehmer die Kreuze noch erläutern. Das ist vor allem dann sinnvoll, wenn sich einige in unterdurchschnittlichen Bereich befinden.

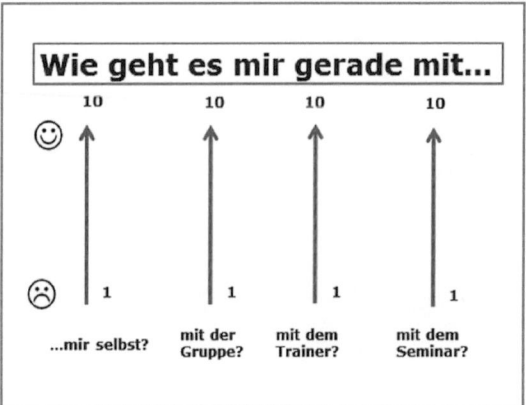

Bei kritischem Feedback sollten Sie gemeinsam überlegen, was Sie ändern können, damit die Kreuze in den postiven Bereich rücken können.

*Trainer-Hinweis*

---

V   Grafik und ankreuzen

A   Erläutern

K   Gefühle werden abgefragt und ernst genommen

*Lerntypen*

# Baum der Erkenntnis

| Medien | Bild oder Zeichnung eines Baums |
|---|---|
| TN-Aktivität | Stichworte schreiben (auf Folie oder in Chat) |
| TN-Zahl/Gruppengröße | Bis 12 TN |
| Sozialform | Plenum |
| Webinartyp | Einzel-Webinar, Webinar-Reihe, längere Schulung |

*Methode*  Eine Methode zur Auswertung mit schöner Symbolik, die unterschiedliche Sichtweisen zulässt.

*Ziel*  ▶  Ausgewogene Auswertung

*Verlauf*  Sie zeigen eine Folie mit einem Baum, an den die Teilnehmer ihre Feedback-Ergebnisse hängen sollen. Sie können schon entsprechende Früchte

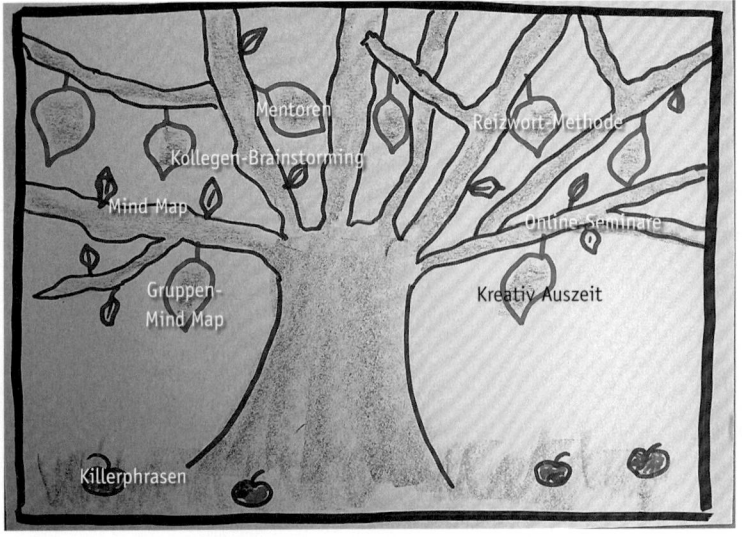

Abb.: Baum der Erkenntnis

in den verschiedenen Farben vorbereitet haben, in die die Teilnehmer ihre Stichworte schreiben

**Rot = Reife Früchte** (diese sind ganz oben eingezeichnet)
Das nehme ich an Erkenntnissen und Erfolgen aus dem Webinar mit

**Grün = Zarte Knospen** (diese sind etwas weiter unten im Geäst)
Das war gut, das kann noch wachsen, davon noch mehr, das ist noch entwicklungsfähig, offen geblieben

**Gelb/Braun = Fallobst** (liegt auf dem Boden)
Damit kann ich nichts anfangen, das ist nicht gelungen, das sollte hier nicht wieder passieren

## Schriftliche Runde

Wenn genug Platz ist, können alle Teilnehmer ihre Stichworte auf die Folie schreiben. Alternativ schreiben sie sie mit der jeweiligen Farbe in den Chat. Oder Sie bereiten für jede Farbe eine eigene Folie vor.

## Mündliche Runde

Sie können die Teilnehmer auch ein mündliches Feedback geben lassen und selbst die Stichworte auf der Folie eintragen. Dann ist es sinnvoll, vorher den Teilnehmern einige Minuten Zeit zu lassen, sich ihre Stichworte zu notieren, ehe Sie mit der Runde beginnen. Anschließend lesen Sie als Moderator noch einmal alle Karten vor und fragen bei Unklarheiten nach.

Es empfiehlt sich, mit dem Fallobst anzufangen, dann die Knospen und zuletzt die Früchte zu beschriften, damit alle wohlgestimmt die Veranstaltung beenden.

*Trainer-Hinweis*

| | |
|---|---|
| V | Zeichnung und Stichworte schreiben |
| A | Erläuterungen |
| K | Symbolik, Farben |

*Lerntypen*

# Blitzlicht

| Medien | Folie oder Whiteboard, Audio |
|---|---|
| TN-Aktivität | Sprechen |
| TN-Zahl/Gruppengröße | Bis 12 TN |
| Sozialform | Plenum |
| Webinartyp | Einzel-Webinar, Webinar-Reihe, längere Schulung |

**Methode**   Ich hörte einmal von einer Trainerin, dass viele Teilnehmer das Blitzlicht bei Präsenzseminaren hassen. Dennoch halte ich das Blitzlicht für eine sehr sinnvolle Methode, die Sie immer wieder einmal schnell einsetzen können. Wichtig ist dabei eine klare Fragestellung und diese auch auf einer Folie zu visualisieren. Ebenso eine klare Anweisung, wie viel und wie lange jeder sprechen soll. Oft reicht ein Satz, manchmal nur ein Wort. In einem Webinar ist es besonders entscheidend, dass die Teilnehmer immer wieder ermuntert werden, sich zu beteiligen.

**Ziel**   ▶ Für den Trainer: Mitbekommen, wo die Gruppe steht, wie es den einzelnen Teilnehmern geht, wie eine Methode angekommen ist
▶ Für die Teilnehmer: Mitbekommen, wie es den anderen in der Gruppe geht; alle mal erleben; erfahren, wie unterschiedlich manche Dinge erlebt werden

**Verlauf**   Sie geben auf einer Folie das Thema oder die Fragen vor, zu dem die Teilnehmer sich reihum äußern sollen. Dabei ist es wichtig, eine klare Struktur vorzugeben: *„Jeder sagt nur einen Satz"* Oder: *„Jeder hat eine Minute Zeit."* Auch in welcher Reihenfolge sich jeder äußern soll, geben Sie aus Zeitgründen vor. Sie können die Reihenfolge wählen, wie die Teilnehmer in der Liste auf der Plattform angezeigt werden oder Sie nehmen Ihre Einstiegsfolie, die Sie zur Begrüßung gezeigt haben. Alternativ geben Sie selbst eine Reihenfolge schriftlich vor, damit jeder weiß, wann er an der Reihe ist.

Hier einige Beispiele:

### Blitzlicht zum Einstieg

Bei mehrteiligen Webinaren können Sie ab dem zweiten Webinar zu Beginn ein Blitzlicht durchführen. Fragen können sein (am besten nur 1-3 Fragen):

► Wie geht es mir in diesem Augenblick?

► Was hat sich Wichtiges seit unserem letzten Treffen ereignet?

► Was habe ich in der Zwischenzeit zum Thema gemacht?

► Was wünsche ich mir für heute?

### Blitzlicht zwischendurch

► Was war für dich wichtig/neu?

► Welche Fragen habt ihr noch zum Thema?

► Welche Ideen hast du, diese Methode in einem deiner Seminaren einzusetzen?

► Wie geht es dir in diesem Augenblick?

► Was brauchst du gerade? Was täte dir gut? (Ein Schluck Wasser, mal aufstehen und strecken, ein Spiel zwischendurch, gerade hinsetzen, Fenster auf...)

### Blitzlicht am Ende

► Wie geht es dir jetzt?

► Wie hast du dich in der Gruppe gefühlt?

► Was nimmst du mit?

---

► Eine Kollegin von mir bevorzugt die „Popcorn-Methode". Jeder entscheidet selbst, wann er spricht, nämlich dann, wenn es hochploppt. Das finde ich schon bei Präsenzseminaren schwierig. Aber in Online-Seminaren ist es noch komplizierter, weil niemand sieht, dass da gerade jemand zu sprechen anhebt und man sich rasch ins Wort fällt.

► Wie auch in Präsenzseminaren wird es immer Teilnehmer geben, die etwas länger reden. Wenn es drei Sätze statt einem sind, ist das sicher nicht tragisch. Wenn jemand kein Ende findet, erinnern Sie ihn freundlich an die Vereinbarung und zeigen noch mal mit dem Pointer auf die Folie „Jeder sagt einen Satz".

*Trainer-Hinweis*

---

A  Fragen beantworten

*Lerntypen*

# Dieses Thema

| Medien | Whiteboard |
|---|---|
| TN-Aktivität | Schreiben |
| TN-Zahl/Gruppengröße | Bis 12 TN |
| Sozialform | Plenum |
| Webinartyp | Einzel-Webinar, Webinar-Reihe, längere Schulung |

*Methode*  Die Teilnehmer werden sich bewusst, was für sie besonders wichtig war, woran sie weiterarbeiten wollen.

*Ziel*
▶ Auswertung
▶ Den Fokus auf wichtige Themen setzen

*Verlauf*  Am Ende des Webinars zeigen Sie eine Folie, auf der drei wichtige Schwerpunkte des Webinars oder eines Themas aufgeführt sind. Sie bitten die Teilnehmer, in den Feldern der rechten Spalte zu markieren, welches Thema für sie besonders wichtig war. Dabei können sie zwischen verschiedenen Möglichkeiten wählen.

**Dieses Thema war wichtig für mich**

| | |
|---|---|
| Gruppenarbeiten im VC | |
| Lerntypen im VC | |
| Trainerleitfaden | |

▶ Sie geben als Trainer vor, dass jeder Teilnehmer nur ein Thema auswählt
▶ Die Teilnehmer setzen nur Kreuze (bei großen Gruppen)
▶ Die Teilnehmer schreiben ihren Namen in das rechte Feld

Die Teilnehmer können ihre Auswahl anschließend noch mündlich erläutern. Sie teilen mit, was genau sie daran wichtig finden und was sie weiter mit dem Thema machen wollen, was sie beispielsweise dazu umsetzen wollen.

Zamyat M. Klein: 150 kreative Webinar-Methoden

Sie können ganz andere Fragen über die Folie schreiben. Beispiele:

▶ Was hat mich zum Nachdenken gebracht?

▶ Wozu habe ich noch Fragen?

▶ Wozu möchte ich noch weiterarbeiten?

▶ Was will ich umsetzen?

*Trainer-
Hinweis*

---

V Folie sehen und schreiben

A Erläuterungen

*Lerntypen*

# Einkaufswagen oder Mülltonne

| Medien | Foto auf Folie |
|---|---|
| TN-Aktivität | Notizen oder erläutern |
| TN-Zahl/Gruppengröße | Bis 10 TN |
| Sozialform | Plenum |
| Webinartyp | Einzel-Webinar, Webinar-Reihe, längere Schulung |

*Methode*  Für meine Präsenzseminare hatte ich die beiden netten Requisiten, die Mülltonne und den Einkaufswagen, gekauft. Als Foto kann man sie auch

für Webinare nutzen. Die Mülltonne ist als Metapher natürlich etwas drastisch und mehr mit einem Augenzwinkern zu sehen. Ich habe allerdings auch schon erlebt, dass Teilnehmer die Mülltonne ganz anders interpretierten. Sie warfen eigene hinderliche Glaubenssätze oder falsche Erwartungen in die Tonne ...

Abb.: Mülltonne und Einkaufswagen

*Ziel*  ▶  Auswertung des Webinars

*Verlauf*  Sie zeigen das Foto und bitten die Teilnehmer, einen Moment darüber nachzudenken, was sie aus dem Webinar (oder der Webinar-Reihe) mitnehmen und was sie nicht brauchen könnnen. Sie können sich auch Notizen dazu machen.

Anschließend können Sie die Rückmeldung auf verschiedene Weise durchführen:

▶ Mündlich
Jeder Teilnehmer erläutert kurz, was er mitnimmt und was er „in die Tonne schmeißt". Sie können eine Vorgabe machen, wie lange jeder sprechen darf oder wie viele Sätze maximal verwendet werden.

▶ Schriftlich
Die Teilnehmer schreiben ihr Feedback in den Chat. Oder sie schreiben es direkt auf die Folie über den entsprechenden Gegenstand.

V   Foto sehen, schreiben
A   Erläutern
K   Spaß an den Symbolen

*Lerntypen*

# Farbhüte

| Medien | Whiteboard, Papier |
|---|---|
| TN-Aktivität | Auswertung schreiben oder mündlich erläutern |
| TN-Zahl/Gruppengröße | Bis 8 TN |
| Sozialform | Plenum |
| Webinartyp | Webinar-Reihe, längere Schulung, in Verbindung mit einem Forum |

*Methode*   Dies ist eine sehr ausführliche und detaillierte Methode. Ich setze sie gerne ein, wenn ich ein Seminarthema neu ausprobiert habe oder es ein wichtiges Webinar für mich war.

*Ziel*   ▶ Ausführliche Auswertung des Webinars

*Verlauf*   Sie können die Stichworte auf eine Folie schreiben. Jeder Teilnehmer äußert sich mündlich zu jedem der Punkte. Alternativ verschicken Sie die Anleitung vorher an Ihre Teilnehmer und bitte sie, die Auswertung schriftlich vorzunehmen.

Ich habe zu jeder Farbe viele Stichworte und Fragen notiert. Wählen Sie die passenden für sich aus oder formulieren Sie andere. Es sollten auf keinen Fall so viele sein wie hier vorgeschlagen.

### Blau (ordnend)

Was war das Wesentliche für mich? Wie würde ich es in einem Satz zusammenfassen? Wie war der Gesamtablauf? Die Choreografie, der Aufbau von Themen und Inhalten?

Zamyat M. Klein: 150 kreative Webinar-Methoden

### Weiß (analytisch)

Was habe ich gelernt? Was nehme ich mit?

### Rot (emotional)

Wie hat es mir gefallen (Methoden, Ablauf, Atmosphäre, Leute ...)? Wie habe ich mich gefühlt? Was für ein Gefühl habe ich, wenn ich an die Übertragung und Anwendung denke?

### Schwarz (kritisch)

Welche Gefahren, Risiken sehe ich? Was fehlte? Was war schlecht?

### Gelb (chancenorientiert)

Was will ich mit dem Gelernten, Erfahrenen nun machen? Welche Perspektiven sehe ich, welche Chancen?

### Grün (kreativ)

Welche neuen weitreichenden Ideen entstehen bei mir? Welche Veränderungen, Weiterentwicklungen werde ich anstoßen?

---

Das ist eine sehr ausführliche Auswertung, die mündlich viel Zeit erfordert. Wenn sich die Teilnehmer dazu schriftlich äußern, können Sie es nachher in Ruhe lesen und bekommen wirklich aufschlussreiche Informationen, die Sie für eine Reflexion und Überarbeitung des Webinarkonzepts nutzen können. Das ist besonders dann lohnend, wenn Sie ein Thema ganz neu durchgeführt haben.

*Trainer-Hinweis*

---

Das 6-Farben-Denken oder die 6-Farben-Hüte hat der britische Kognitionswissenschaftler Edward de Bono als Kreativitätstechnik entwickelt. Ich habe die Methode so umgewandelt, dass sie als Webinarauswertung genutzt werden kann.

*Quelle*

---

V   Auswertung schreiben
A   Mündliche Erläuterung im Webinar

*Lerntypen*

# Fische im Teich

| Medien | Whiteboard, Stichworte schreiben |
|---|---|
| **TN-Aktivität** | Schreiben, erläutern |
| **TN-Zahl/Gruppengröße** | Bis 12 TN |
| **Sozialform** | Plenum |
| **Webinartyp** | Einzel-Webinar, Webinar-Reihe, längere Schulung |

 *Methode*   Eine weitere Visualisierungsmöglichkeit für eine Auswertung.

 *Ziel*   ▶ Feedback der Teilnehmer

 *Verlauf*   Sie bitten die Teilnehmer auf die jeweilige Seite der Folie ihre Stichworte zu schreiben.

Das habe ich geangelt...   Das lasse ich im Teich zurück...

Unter „Das habe ich geangelt ..." schreiben sie alles, was ihnen gefallen hat, was sie mitnehmen, sie selbst ausprobieren und umsetzen wollen.

Unter „Das lasse ich im Teich zurück ..." notieren sie, womit sie (im Moment) nichts anfangen können, was sie erst einmal nicht mitnehmen und ausprobieren wollen, was ihnen nicht gefallen hat.

Bei Bedarf und ausreichend Zeit können die Teilnehmer noch mündliche Erläuterungen oder Ergänzungen geben.

▶ Wenn ich in einem Supermarkt einkaufen gehe, nehme ich auch nicht alles mit, was dort im Angebot ist, sondern ich wähle mir das aus, was ich im Moment brauche. Gleiches passiert hier.

▶ Durch die Art der Formulierung „Das lasse ich im Teich zurück ..." geht es weniger um eine Trainerkritik im Sinne von „Das war doof. Das hat mir nicht gefallen, nichts gebracht", stattdessen ist die Kritik eher neutral formuliert: „Das lasse ich zurück, weil ich es im Moment nicht brauchen kann."

▶ Die hinter der Formulierung der Aussage stehende Haltung nimmt sowohl dem Trainer als auch dem Teilnehmer den Stress.

*Trainer-Hinweis*

---

V   Schreiben
A   Erläutern
K   Nettes Bild, Metapher

*Lerntypen*

# Hand-Feedback

| Medien | Bild oder Zeichnung einer Hand |
|---|---|
| TN-Aktivität | Mündlich oder schriftlich im Chat |
| TN-Zahl/Gruppengröße | Bis 12 TN |
| Sozialform | Plenum |
| Webinartyp | Alle: öffentlich und intern, Einzel-Webinar, Webinar-Reihe, längere Schulung |

*Methode*  Eine nette Abwechslung zur Auswertung. Durch die Vorgaben haben die Teilnehmer die Möglichkeit, positive Ergebnisse zu benennen ebenso wie Dinge, die ihnen zu kurz gekommen sind oder mit denen sie nicht so viel anfangen konnten.

*Ziel*  ▶  Feedback des Webinars unter verschiedenen Aspekten

*Verlauf*  Sie zeigen eine Folie mit einer Hand (eine Zeichnung oder ein Foto) und erläutern die Bedeutung der einzelnen Finger. Am besten steht die Beschreibung auch auf der Folie.

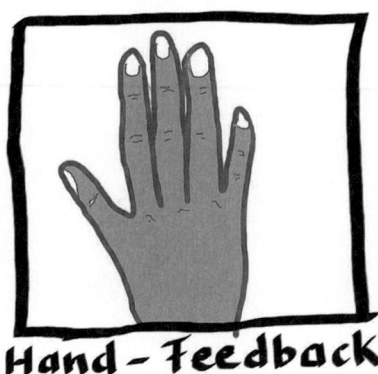

Abb.: Hand-Feedback

Zamyat M. Klein: 150 kreative Webinar-Methoden

Je nach Teilnehmerzahl können Sie die Auswertungsrunde mündlich durchführen oder Sie bitten die Teilnehmer, ihre Auswertung in den Chat zu schreiben. Das können alle gleichzeitig machen, es spart also Zeit. Auf ein gemeinsames Zeichen hin klicken alle auf „absenden". Auf diese Weise schreiben alle unbeeinflusst voneinander ihr Feedback.

Sie können als Trainer die Ergebnisse selbst noch einmal laut vorlesen oder auch nur auf einige Dinge eingehen, die einer Erläuterung oder Nachfrage bedürfen.

Zuordnung zu den Fingern:

D   Daumen: Daumen hoch für ...
Z   Zeigefinger: Darauf möchte ich hinweisen ...
M   Mittelfinger: Das stand diesmal für mich im Mittelpunkt ...
R   Ringfinger: Das nehme ich als Schatz mit ...
K   Kleiner Finger: Das ist mir zu kurz gekommen ...

---

V   Bild und Text, schriftliche Erläuterung
A   Mündliche Erläuterung

*Lerntypen*

# Hühnerhof

| Medien | Bild von Hühnerhof |
|---|---|
| TN-Aktivität | Pfeil setzen und erläutern |
| TN-Zahl/Gruppengröße | Bis 12 TN |
| Sozialform | Plenum |
| Webinartyp | Alle: öffentlich und intern, Einzel-Webinar, Webinar-Reihe, längere Schulung |

*Methode*  Eine witzige Form der Auswertung, die den Teilnehmern hilft, ein ehrliches Feedback über ihren aktuellen Zustand zu geben.

*Ziel*  ▶  Bestandsaufnahme am Anfang oder Ende eines Webinars

*Verlauf*  Sie zeigen ein Bild, ähnlich wie das vom Hühnerhof (siehe Folgeseite) und geben folgende Anleitung:

*„Betrachten Sie das Bild. Als welches Huhn fühlen Sie sich im Moment – in Bezug auf unser heutiges Webinar? Das interessiert, aber etwas abseits sitzende Zuschauende? Oder eher das Akrobatische, das gerade einen Drahtseilakt vollzieht? Oder... – Setzen Sie bitte einen Pfeil, der auf das entsprechende Huhn zeigt. Kommentieren Sie Ihre Verortung kurz im Chat oder mündlich."*

Abb.:
„Als welches Huhn
fühlen Sie sich im
Moment?"

Der Cartoon ist eine Zeichnung von Stefanie Diers, die Idee ist angelehnt an einen Cartoon von Johann Mayr. Die Idee zur Methode stammt aus dem Methodenfundus von schulentwicklung.nrw.de. Dort finden Sie eine Druckversion von J. Mayrs Cartoon zur nichtkommerziellen Nutzung.

*Quelle*

V   Bild sehen
A   Position erläutern
K   Pfeil schieben, Spaß an witzigem Bild haben

*Lerntypen*

# Postkarte am Ende

| Medien | Fotos von Postkarten |
|---|---|
| TN-Aktivität | Reflektieren |
| TN-Zahl/Gruppengröße | Bis 12 TN |
| Sozialform | Plenum |
| Webinartyp | Webinar-Reihe, längere Schulung |

*Methode* Wenn Sie als Einstieg die Seminarerwartungen und Ziele mit der Methode „Postkarte" (s. Seite 69) durchgeführt haben, können Sie nun den Bogen spannen.

*Ziel* ▶ Überprüfen, ob sich die Erwartungen und Ziele erfüllt haben

*Verlauf* **Vorarbeit**

Suchen Sie die Notizen von der Seminarerwartungsabfrage „Postkarte" heraus und bauen Sie sie ein. Entweder ordnen Sie die Namen der Teilnehmer den Nummern der Postkarten zu oder Sie halten das Whiteboard mit den Teilnehmernotizen bereit.

**Im Webinar**

Sie präsentieren das Whiteboard oder die Notizen der Teilnehmer und bitten sie, sich diese kurz anzuschauen und zu beurteilen, was davon in Erfüllung gegangen ist bzw. bearbeitet wurde – und was nicht.

Die Teilnehmer zeigen der Reihe nach mit dem Pointer, welche Postkarten sie ausgewählt hatten und erläutern, inwieweit sich ihre Erwartungen und Wünsche erfüllt haben bzw. was noch offen ist. Die so behandelten Postkarten werden (statt wie im Präsenzseminar abgehängt zu werden) mit einem Haken (erfüllt), einem Kreuz (hat sich nicht erfüllt) oder einem Kreis (da ist noch was offen) markiert.

Anschließend kann in der gesamten Gruppe überlegt werden: Was können die Betroffenen noch tun, damit die offenen Punkte doch noch geschlossen werden?

V   Postkarten anschauen                                    *Lerntypen*
A   Erläutern

# Schatzkarte

| Medien | Whiteboard, Stempel (Stern) |
|---|---|
| TN-Aktivität | Stern setzen, evtl. erläutern |
| TN-Zahl/Gruppengröße | Bis 20 TN |
| Sozialform | Plenum |
| Webinartyp | Einzel-Webinar, Webinar-Reihe, längere Schulung |

 *Methode*  Diese Methode setze ich gerne bei der Arbeit in einem Forum ein, sie lässt sich auch auf ein Webinar übertragen.

 *Ziel*  ▶ Kreative Auswertung eines Webinars oder einer Schulung

 *Verlauf*  Sie zeigen die erste Folie mit der Insel und dem See, dem Gebirge, den Felsen und dem Baum und erläutern die Symbole.

Die Teilnehmer sollen dann Stichworte zu den entsprechenden Symbolen schreiben. Wenn die Gruppe groß ist und der Platz nicht ausreicht, schreibt jeder in den Chat. Dazu jeweils das Stichwort: Früchte ... und dann, was er aus dem Webinar oder der Webinar-Reihe mitnimmt. Anschließend können Sie bei Bedarf die Notizen noch mündlich erläutern lassen.

Sie können das Arbeitsblatt auch vorher an die Teilnehmer per E-Mail schicken und sie bitten, es vor dem letzten Webinar ausgefüllt an Sie zurückzusenden. Dann zeigen Sie nacheinander die Folien und jeder Teilnehmer kann direkt dazu seine Erläuterungen geben.

*Variante*

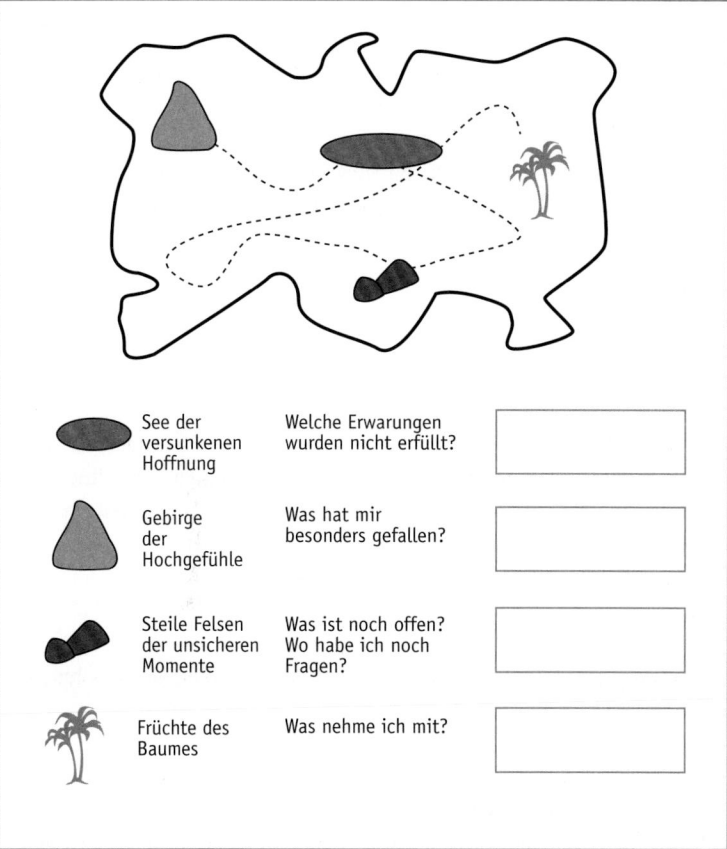

Anweisung des Trainers: „*Bitte füllen Sie die rechten Felder aus (dazu müssen Sie in das Kästchen klicken und dann das Textfeld aktivieren) und stellen Sie diese in die Schatzkarte an die entsprechende Stelle.*"

V   Schatzkarte anschauen

A   Erläuterungen

*Lerntypen*

# Schaufenster

| Medien | Folie mit Erläuterungen der vier Felder, Chat, Audio |
|---|---|
| TN-Aktivität | Schreiben und erläutern |
| TN-Zahl/Gruppengröße | Bis 8 TN |
| Sozialform | Plenum |
| Webinartyp | Webinar-Reihe, längere Schulung |

**Methode** Die Methode gibt ein differenziertes Feedback für Sie als Trainer. Da sich erst einmal alle in Einzelarbeit schriftlich äußern, werden die Teilnehmer nicht gegenseitig durch das, was die Vorredner sagen, beeinflusst. Durch das schriftliche Ausfüllen wird die Auswertung sehr viel differenzierter und aussagekräftiger, da jeder die Dinge anders erlebt und bewertet.

**Ziel** ▶ Ausgewogenes Feedback, unbeeinflusst von den anderen Teilnehmern

**Verlauf** **Vorbereitung**

Eventuell schicken Sie den Auswertungsbogen schon vorher an die Teilnehmer Ihres Kurses, damit diese die Ergebnisse mit zum Abschluss-Webinbar bringen oder in ein begleitendes Forum einstellen.

**Im Webinar**

Sie stellen auf einer Folie die Methode vor:

| 1. Was war für dich wichtig? | 2. Was ist noch offen? |
|---|---|
| 3. Was hat dir nicht gefallen? | 4. Was hat dir gut gefallen? |

Zamyat M. Klein: 150 kreative Webinar-Methoden

### Schriftliche Variante

Sie bitten die Teilnehmer, einzeln das Schaufenster in Stichworten für sich auf einem Blatt Papier auszufüllen. Vorher können Sie die Fragen kurz erläutern. Dann geben Sie einige Minuten Zeit und kündigen an, dass alle beispielsweise 3-5 Minuten Zeit haben, um Stichworte zu notieren und in dieser Zeit schweigen.

Nach der vereinbarten Zeit bitten Sie die Teilnehmer, ihre Ergebnisse in den Chat zu schreiben – alle schicken ihren Text gleichzeitig ab.

Anschließend trägt jeder seine Antworten vor und erläutert sie kurz. Eine wichtige Regel dabei ist: Die Teilnehmer sollen sich an die vorgegebene Reihenfolge der Fragen halten, also mit dem enden, was ihnen gut gefallen hat.

Das ist nicht nur für den Trainer nett, sondern sorgt auch dafür, dass die Teilnehmer mit einem guten Gefühl das Webinar beenden.

### Mündliche Variante

Die Teilnehmer beantworten reihum die vier Fragen. Hierbei besteht allerdings die Gefahr, dass die ersten Redner die weiteren (unbewusst) beeinflussen.

### Begleitendes Forum

Die Teilnehmer stellen vor dem Abschluss-Webinar schon ihre Ergebnisse ein, sodass Sie (und auch die anderen Teilnehmer) diese vorher lesen und sich im Webinar auf Erläuterungen oder Nachfragen beschränken können.

---

V   Notizen aufs Papier und in den Chat          *Lerntypen*
A   Bei der mündlichen Variante oder beim Vorlesen der Schaufenster

# Skala mit Stern

| Medien | Whiteboard, Stempel (Stern) |
|---|---|
| TN-Aktivität | Stern setzen, evtl. erläutern |
| TN-Zahl/Gruppengröße | Bis 20 TN |
| Sozialform | Plenum |
| Webinartyp | Einzel-Webinar, Webinar-Reihe, längere Schulung |

**Methode**  Eine schnelle Methode zum Abschluss eines Webinars, wo Sie mit einem Blick sehen können, was es den Teilnehmern gebracht hat.

**Ziel**  ▶  Feedback und Überblick für alle

**Verlauf**  Zum Ende des Webinars bitten Sie die Teilnehmer, einen Stern zu setzen, wenn die Plattform solche Möglichkeiten anbietet. Ansonsten können Sie mit dem Stiftwerkzeug ein Kreuz setzen.

> ### Setzen Sie einen Stern...
>
> • Das Thema heute hat mir
>
> wenig                                    viel
>
> gebracht

Bei Bedarf können Sie die Sterne noch erläutern lassen, was in der Regel aber nicht notwendig ist. Es sei denn, viele Sterne sind im negativen Bereich, dann sollten Sie schon die Möglichkeit zur Erläuterung geben.

**Trainer-Hinweis**

Wie immer können Sie die Fragestellung natürlich anders formulieren.

**Lerntypen**  V  Stern setzen
A  Evtl. erläutern

Zamyat M. Klein: 150 kreative Webinar-Methoden

# SMS

| Medien | Handy |
|---|---|
| TN-Aktivität | SMS schreiben |
| TN-Zahl/Gruppengröße | Beliebig |
| Sozialform | EA |
| Webinartyp | Alle: öffentlich und intern,<br>Einzel-Webinar, Webinar-Reihe, längere Schulung |

Mal eine etwas andere Auswertungsmethode. Sicher eher passend bei längeren Schulungen oder Gruppen, mit denen man bereits etwas vertrauter ist.

*Methode*

▶ Einzel-Feedback

*Ziel*

Sie bitten die Teilnehmer, Ihnen am Ende des Webinars ihre Auswertung per SMS auf Ihr Handy zu schicken. Dafür formulieren Sie im Webinar die Aufgabe, die Sie auf Folie visualisieren:

*Verlauf*

„Schreiben Sie eine SMS:
▶ Was war heute sinnvoll?
▶ Was war weniger interessant?"

Ideen von Inga Geisler, *www.ingageisler.de/liveonlinetrainer* übernommen.

*Quelle*

V Schreiben
K Abwechslung in der Methode, persönlicher Kontakt zum Trainer

*Lerntypen*

# Stimmungsbarometer

| Medien | Whiteboard |
|---|---|
| TN-Aktivität | Symbole auswählen, evtl. erläutern |
| TN-Zahl/Gruppengröße | Bis 10 TN |
| Sozialform | Plenum |
| Webinartyp | Webinar-Reihe, längere Schulung |

*Methode*  Diese Methode gibt Ihnen sehr detailierte Auskunft darüber, wie die ver-schiedenen Inhalte und Methoden bei den Teilnehmern ankamen. Ihr Einsatz ist nur bei längeren Webinar-Reihen oder Schulungen geeignet. Ebenso, wenn Sie ein Thema neu anbieten, neue Inhalte und Methoden ausprobieren.

Das Stimmungsbarometer sollten Sie am Ende eines jeden Webinars durch-führen, nicht erst am Ende der gesamten Reihe, weil dann die Erinnerung nicht mehr so detailliert vorhanden ist.

*Ziel*  ▶  Detailliertes Feedback über einzelne Webinar-Bestandteile

*Verlauf*  Sie zeigen eine Folie, auf der eine Spalte für jedes Webinar eingezeichnet ist. Diese Spalte unterteilen Sie in verschiedene Felder, die jeweils mit einem Seminarschwerpunkt, einem Thema oder einer Methode überschrie-ben sind. Zusätzlich zeigen Sie eine Folie mit Symbolen für das Stim-mungsbarometer.

Abb.: Stimmungsbarometer

| Stimmungsbarometer | | | |
|---|---|---|---|
| **Einstieg** | **Input** | **Energizer** | **Wiederholungs-Methoden** |
| Farben | Tipps zur Trainer-Kommunikation | Hörspiel | Begriffe zuordnen |
| Wahr – unwahr | | Malen nach Zahlen | Wort und Zahl |
| | | Yoga-Übung | Wer wird Millonär |
| | | | Ausschnitt erkennen |

Die Teilnehmer werden aufgefordert, am Ende eines jeden Webinars Symbole zu den verschiedenen Seminarteilen einzutragen. So können Sie sich jeweils einen schnellen Überblick verschaffen, wie die Stimmung ist, womit die Teilnehmer etwas anfangen konnten, welche Methoden sie weniger ansprechend fanden. Für die Teilnehmer ist das Stimmungsbarometer eine kurze Reflexion des Tages.

Symbole (Beispiele)

| Aha-Erlebnis | Überbelastung | Harmonie; sehr wohl gefühlt | Identitätskrise |
|---|---|---|---|
| wollte am liebsten abhauen | gut gelaunt; Erfolgserlebnis gehabt | langweilig | viele neue Erfahrungen; viel gelernt |
| interessant; voller Hoffnung | Ärger | wie im Urlaub; erholsam | |

Sie können die Symbole als Anregung einsetzen und die Teilnehmer bitten, das passende Symbol mit dem Zeichenstift frei zu zeichnen.

*Trainer-Hinweis*

V   Symbole auswählen, zeichnen
A   Evtl. Erläuterung, Diskussion über unterschiedliche Erfahrungen
K   Symbole, Bildchen

*Lerntypen*

# Was nehmen Sie mit vom Bazar?

| Medien | Whiteboard-Symbole |
|---|---|
| TN-Aktivität | Ankreuzen, evtl. erläutern |
| TN-Zahl/Gruppengröße | Bis 15 TN |
| Sozialform | Plenum |
| Webinartyp | Alle: öffentlich und intern, Einzel-Webinar, Webinar-Reihe, längere Schulung |

*Methode*  Wieder eine andere Metapher für eine Auswertung. Mit der Bazar-Metapher wird auch unbewusst noch einmal deutlich gemacht: Das Angebot ist sehr groß und jeder wählt sich das aus, was er gerade gut brauchen kann.

*Ziel*  ▶ Bewusst machen, was man vom Webinar mitnimmt und nutzen möchte

*Verlauf*  Sie zeigen eine Folie mit einem Bazar-Foto und der Frage: „Was nehmen Sie mit?"

Sie bitten die Teilnehmer dann ...

▶ ihre Antworten in den Chat zu schreiben (dann kann man das Bild noch sehen)

▶ oder auf das Whiteboard (mit dem Foto als Hintergrund lassen sich die Stichworte jedoch nicht so gut lesen)

▶ oder auf ein nachgeschaltetes Whiteboard zu schreiben

▶ oder ihre Antworten mündlich zu formulieren.

Es sind auch Kombinationen möglich:

▶ Zuerst schreibt jeder in den Chat. Das können Sie auch noch etwas spannender gestalten, indem Sie die Teilnehmer bitten, zunächst nur ihre Antwort in den Chat zu schreiben und erst auf Ihr Kommando hin gemeinsam auf „senden" zu klicken, es also zu veröffentlichen. So beeinflusst sich niemand gegenseitig.

▶ Dann können Sie noch eine mündliche Runde anschließen, wo jeder seine Worte kurz erläutert. Dabei können ggf. Punkte ergänzt werden.

Eine ausführliche Form ist immer dann sinnvoll,

▶ wenn Sie ein ganz neues Thema angeboten haben und daher an einem ausführlichen Feedback interessiert sind.

▶ wenn es vom Thema her wichtig ist, dass die Teilnehmer sich am Ende selbst noch einmal klarmachen, was sie mitnehmen. Dazu wäre dann eine andere Fragestellung sinnvoll, wie: „Was setze ich als Erstes um?"

*Trainer-Hinweis*

V  Antworten schreiben
A  Antworten erläutern

*Lerntypen*

# Wetterkarte

| Medien | Whiteboard mit Wetterkarte |
| --- | --- |
| TN-Aktivität | Ankreuzen, evtl. erläutern |
| TN-Zahl/Gruppengröße | Bis 10 TN |
| Sozialform | Plenum |
| Webinartyp | Alle: öffentlich und intern, Einzel-Webinar, Webinar-Reihe, längere Schulung |

*Methode*    Eine kurze knackige Auswertungsmethode, bei der man schnell einen Überblick über die Gesamtstimmung bekommt.

Abb.: Wetterkarte

▶ Auswertung eines Webinars, Stimmung der Teilnehmer auf einen Blick    *Ziel*

Sie blenden eine Folie mit verschiedenen Wettersymbolen ein und bitten    *Verlauf*
die Teilnehmer zu markieren, welches Symbol ihrer aktuellen Verfassung
entspricht. Je nach Plattform-Möglichkeit können Sie einen Stern setzen
lassen oder ein Kreuz einzeichnen lassen oder die Namen, wenn Sie es
nicht anonym abfragen wollen. Ergänzend können die Teilnehmer ihre
Wahl noch mündlich oder im Chat erläutern.

V   Symbole sehen, markieren    *Lerntypen*
A   Erläutern

# Wie geht es mir?

| Medien | Whiteboard-Symbole |
|---|---|
| TN-Aktivität | Ankreuzen, evtl. erläutern |
| TN-Zahl/Gruppengröße | Bis 15 TN |
| Sozialform | Plenum |
| Webinartyp | Alle: öffentlich und intern, Einzel-Webinar, Webinar-Reihe, längere Schulung |

*Methode*    Einfach und knackig können Sie mit dieser Methode ein momentanes Stimmungsbild abfragen.

*Ziel*    ▶ Gefühlslage der Teilnehmer erfahren

*Verlauf*    Sie bitten die Teilnehmer, einen Punkt neben den passenden Smiley zu setzen. Wie immer können Sie eine solche Zuordnung noch mündlich erläutern lassen.

• Wie geht es mir?

• Was beschäftigt mich gerade?

*Lerntypen*    V   Folie und Punkt setzen
              A   Erläutern

# Zielscheibe

| Medien | Whiteboard |
|---|---|
| TN-Aktivität | Punkte setzen, evtl. erläutern |
| TN-Zahl/Gruppengröße | Bis 10 TN |
| Sozialform | Plenum |
| Webinartyp | Alle: öffentlich und intern, Einzel-Webinar, Webinar-Reihe, längere Schulung |

Eine differenziertere Auswertungsmethode, die relativ flott geht.　　　*Methode*

▶ Feedback am Ende eines Webinars oder einer Webinar-Reihe　　　*Ziel*

Sie präsentieren die Zielscheibe (Abb.) und moderieren die Aufgabe wie folgt an:　　　*Verlauf*

*„Bitte bewerten Sie mit einem Punkt oder Kreuz in jedem Segment der Zielscheibe das heutige Webinar anhand der angegebenen Teilbereiche. Je näher das Kreuzchen an der Mitte der Zielscheibe gesetzt wird, desto positiver ist die Bewertung in dem entsprechenden Teilbereich. Punkte neben der Zielscheibe symbolisieren im fraglichen Bereich große Unzufriedenheit."*

Sie können natürlich auch weniger Segmente für die Zielscheibe nehmen. Dieses Beispiel stammt aus einer Trainer-Ausbildung. Bei anderen Themen sind solche Bereiche wie „Habe methodisch Neues erfahren" nicht so relevant.　　　*Trainer-Hinweis*

V　Zielscheibe sehen und lesen　　　*Lerntypen*
A　Erläutern
K　Punkte setzen oder Kreuze malen

　　　**301**

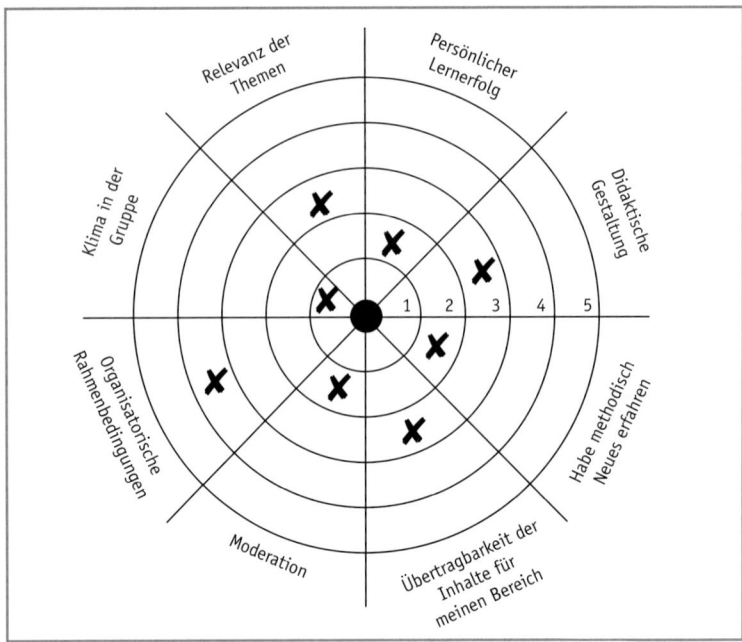

Abb.: Zielscheibe

# Zwei Seiten

| Medien | Whiteboard |
|---|---|
| **TN-Aktivität** | Ankreuzen, evtl. erläutern |
| **TN-Zahl/Gruppengröße** | Bis 15 TN |
| **Sozialform** | Plenum |
| **Webinartyp** | Einzel-Webinar, Webinar-Reihe, längere Schulung |

Diese Methode setze ich häufig in Webinaren ein, vor allem auch bei Gruppen, mit denen ich mehrere Webinarthemen oder eine Reihe durchführe.

*Methode*

▶ Auswertung eines Webinars
▶ Hinweise für weitere Webinare

*Ziel*

Sie bereiten die Folie vor und bitten die Teilnehmer am Ende des Webinars, dort ihre Stichworte als Feedback einzutragen. Anschließend können die Teilnehmer diese noch mündlich erläutern.

*Verlauf*

| Besonders gut hat mir gefallen ... | Fürs nächste Mal wünsche ich mir ... |
|---|---|
|  |  |

Bei einem einmaligen Webinar können Sie die Überschrift der rechten Spalte verändern, zum Beispiel: „Damit konnte ich im Moment nichts anfangen" oder „Dazu habe ich noch Fragen". Sie können natürlich auch

*Trainer-Hinweis*

die Überschrift „Das hat mir nicht gefallen" wählen, die anderen Formulierungen finde ich persönlich aber etwas konstruktiver oder freundlicher.

*Lerntypen*   V   Stichworte schreiben und die der anderen lesen
A   Stichworte erläutern

**Abschluss**

Bei längeren Webinar-Reihen oder Kursen ist es passend, nach der Auswertung noch eine Abschlussübung für die Gruppe anzubieten. Dort sagen sich die Teilnehmer gegenseitig noch einmal etwas Nettes zum Abschluss, ggf. schenken sie sich etwas und verabschieden sich bewusst voneinander. Denn sie haben einige Wochen oder sogar Monate miteinander gearbeitet – da ist ein gemeinsames Abschlussritual für die meisten ein sehr schönes Erlebnis.

# 3 positive Eigenschaften

| Medien | Folie, Chat, Audio |
|---|---|
| TN-Aktivität | Schreiben |
| TN-Zahl/Gruppengröße | Bis 8 TN |
| Sozialform | Plenum |
| Webinartyp | Webinar-Reihe, längere Schulung |

*Methode*

Eine sehr schöne, feierliche Abschlussmethode, die ich in Präsenzseminaren gerne bei längeren Seminaren am Ende durchführe. Sie lässt sich ähnlich in einem Webinar einsetzen.

*Ziel*

▶ Abschluss eines Webinars durch gegenseitige Geschenke und Würdigung

*Verlauf*

**Vorarbeit**

Sie haben ein Arbeitsblatt vorbereitet, auf dem links untereinander alle Namen der Teilnehmer stehen, daneben sind jeweils drei freie Spalten – Sie können die Übung aber auch ohne dieses Arbeitsblatt durchführen.

**Im Webinar**

Sie bitten die Teilnehmer, sich zum Ende des Seminars auf alle anderen Teilnehmer einzustimmen und zu jedem Teilnehmer drei positive Eigenschaften zu notieren, die ihnen spontan in den Sinn kommen. Entweder haben sie das Arbeitsblatt ausgedruckt oder notieren es sich auf ein Blatt Papier.

Wer fertig ist, setzt ein Häkchen. Dann beginnt die feierliche Übergabe. Dazu wird der erste Teilnehmer aufgerufen – und falls Sie mit Webcams arbeiten, sollte dieser dann freigeschaltet werden. Sie können einen feierlichen Tusch ertönen lassen – und dann lesen die anderen Teilnehmer demjenigen reihum ihre drei Wörter vor. Der Beschenkte hört nur zu und genießt. Dann kommt der Nächste dran.

Zamyat M. Klein: 150 kreative Webinar-Methoden

Sie können währenddessen eine Folie
einstellen mit einem Thron vorne und
feierlichem Ambiente drumherum (siehe
Präsenzvariante in der Abbildung). Oder ein
Bild von einem Geschenk-Tisch oder einen
schönen Blumenstrauß.

**Weiterarbeit**

Sie sollten schon vor der Übung bekannt geben, dass alle Teilnehmer ihre
Geschenke nach dem Webinar schriftlich erhalten, sodass jeder in Ruhe zuhören und genießen kann und nicht hektisch mitschreiben muss.

Alle Teilnehmer senden ihre Notizen an Sie und Sie leiten sie weiter. Wenn
es begleitend ein Forum gibt, werden die Listen dort eingestellt. Oder es
gibt einen E-Mail Verteiler aller Teilnehmer, die dann jeweils ihre Listen
herumschicken.

▶ Diese Variante ist nicht ganz so feierlich wie im Präsenzseminar, wo     *Trainer-*
  der betreffende Teilnehmer vorne auf einen „Thron" gesetzt wird, dazu    *Hinweis*
  feierliche Barockmusik läuft und die anderen Teilnehmer nacheinander
  nach vorne treten und mit feierlicher Verbeugung auf zwei Händen ihre
  Geschenke überreichen.
▶ Vielleicht fällt Ihnen ja etwas ein, wie Sie auch im Webinar dem
  Ganzen noch einen feierlicheren Anstrich geben können.
▶ Auf jeden Fall werden Ihre Teilnehmer hochgegriffen sein, denn so eine
  geballte Ladung positver Rückmeldungen ist für jeden Menschen sehr
  schön und wohltuend.

V   Eigenschaften notieren     *Lerntypen*
A   Wörter vorlesen
K   In positiven Gefühlen baden

# Abschluss-Runde

| Medien | Folie, Audio |
|---|---|
| TN-Aktivität | Sprechen |
| TN-Zahl/Gruppengröße | Bis 12 TN |
| Sozialform | Plenum |
| Webinartyp | Einzel-Webinar, Webinar-Reihe, längere Schulung |

**Methode**  Eine unspektakuläre, aber sinnvolle Abschlussform, bei der jeder Teilnehmer noch einmal die Gelegenheit bekommt, das zu sagen, was für ihn wichtig ist.

**Ziel**  ▶ Bewusstes Abschließen eines Webinars oder einer Reihe

**Verlauf**  Sie zeigen eine Folie (siehe Abb.) und bitten die Teilnehmer, reihum zu den drei Punkten etwas zu sagen. Am Ende bedanken Sie sich und sagen selbst auch ein bis zwei Abschlusssätze.

**Trainer-Hinweis**

Punkt 2 bezieht sich auf eine Online-Trainer-Ausbildung, Sie können natürlich andere Fragen stellen oder sich auf zwei beschränken.

**Lerntypen**  V  Folie lesen
A  Zu den Fragen antworten
K  Noch einmal einen Kontakt zu allen herstellen

# Jedem einen Satz sagen

| Medien | Folie mit TN-Fotos oder Namen, Audio |
|---|---|
| TN-Aktivität | Sprechen |
| TN-Zahl/Gruppengröße | Bis 12 TN |
| Sozialform | Plenum |
| Webinartyp | Webinar-Reihe, längere Schulung |

Eine kleine Methode, mit der die Teilnehmer sich auch voneinander verabschieden.

*Methode*

▶ Abschluss einer Zusammenarbeit

*Ziel*

**Vorbereitung**

*Verlauf*

Sie können eine Folie vorbereiten, auf der die Teilnehmerrunde abgebildet ist. Entweder nur die Namen oder die Fotos im Kreis oder als Mind Map. Damit können Sie dann auch die Reihenfolge der Runde strukturieren.

**Im Webinar**

Sie bitten die Teilnehmer zum Abschluss, zu jedem anderen Teilnehmer einen Satz zu sagen. Sie können es ganz offen lassen oder auch Vorgaben machen.

Beispiele:
▶ Etwas, das ihr von dem anderen gelernt habt
▶ Etwas, das euch an ihm/ihr besonders gut gefallen hat
▶ Etwas, das euch besonders in Erinnerung ist
▶ Etwas, das einem zum anderen spontan einfällt

Dazu können Sie einen Moment Zeit lassen, in der jeder in Gedanken nach und nach die anderen Teilnehmer durchgeht und sich ein Stichwort notiert. Dann starten Sie die Runde.

A beginnt und sagt seine Sätze zu jedem anderen Teilnehmer, dann folgt B usw. Es empfiehlt sich, das dann einfach stehen zu lassen und nicht darüber zu reden, nachzufragen oder zu diskutieren.

*Variante*     Die Teilnehmer können ihre Sätze auch in den Chat schreiben. Dazu wird ein Teilnehmer genannt, zu dem dann alle gleichzeitig etwas in den Chat schreiben. Auf Ihr Zeichen hin klicken alle gleichzeitig auf absenden. Dann ist der nächste Teilehmer an der Reihe. Sie können dies ohne Pause durchführen lassen – sodass die Teilnehmer erst alle am Ende der Session ihre Sätze lesen. Das macht es etwas feierlicher, als wenn jeder zwischendurch seine Rückmeldungen schnell liest, während die anderen schon weiterschreiben.

*Lerntypen*     V    Schreiben und lesen

A    Sätze sagen

K    Gefühle

# Wörter verschenken

| Medien | Papier, Chat |
|---|---|
| TN-Aktivität | Schreiben, malen, sprechen |
| TN-Zahl/Gruppengröße | Bis 10 TN |
| Sozialform | EA, Plenum |
| Webinartyp | Webinar-Reihe, längere Schulung |

*Methode*

Diese Methode eignet sich sehr gut, wenn die Teilnehmer etwas enger in Kontakt gekommen sind oder es um persönliche Themen ging. Daher ist sie eher für längere Schulungen oder Webinar-Reihen geeignet. Bei einmaligen Webinaren kann man sie eher als kreative Übung einsetzen.

*Ziel*

▶ Ausführlicher wertschätzender Abschluss für eine Gruppe, die länger zusammengearbeitet hat

*Verlauf*

Sie bitten die Teilnehmer, sich etwas zu schreiben bereitzulegen. Dann führen Sie sie mit folgenden Worten an die Übung heran:

*„Setz dich einen Moment lang bequem hin und schließe die Augen ... Es gibt Wörter, die für uns eine ganz besondere Bedeutung haben ... Lass einfach einmal Wörter auftauchen, die für dich im Moment besonders wichtig sind und einen schönen Klang haben ... Such dir dann ein Wort aus ... Wenn du ein Wort ausgewählt hast, machst du die Augen wieder auf und schreibe es auf ...“*

Dieses erste Wort schenken sich die Teilnehmer selbst. Anschließend sucht sich jeder bis zu sechs andere Teilnehmer aus, deren Namen er untereinander auf seinem Zettel notiert. Bei kleinen Gruppen werden alle berücksichtigt. Die Teilnehmer stimmen sich nun nach und nach auf die ausgewählten Personen ein und schauen, welches Wort ihnen spontan einfällt, das sie dieser Person schenken wollen. Das notieren sie sich zu dem

Namen der Person. Wenn alle fertig sind, setzen sie ein Häkchen, damit Sie erkennen, dass es weitergehen kann.

### Wörter verschenken

Sie nennen den Teilnehmer, mit dem begonnen wird. Alle Teilnehmer sagen ihm nun reihum das Wort, das sie für ihn haben. Er notiert sich die geschenkten Wörter und sagt am Ende nur „Danke schön!" Noch wirksamer ist es, wenn alle ihr Wort in den Chat schreiben. Danach kommt der nächste Teilnehmer an die Reihe usw.

Nun erst erläutern Sie, wie es weitergeht. Die Aufgabe besteht nun darin, aus den geschenkten Worten (auch dem eigenen) ein „Gedicht" zu schreiben, in dem diese Begriffe vorkommen. Es geht nicht darum, dass sich das Gedicht reimt oder das Versmaß eingehalten wird. Lassen Sie die Teilnehmer einfach drauflosschreiben. In Präsenzseminaren werden die Gedichte dann mit bunten Stiften besonders schön aufgeschrieben und ein Bild dazu gemalt. Das können die Teilnehmer hier ebenfalls machen, wenn es ein begleitendes Forum gibt, und es dort dann später hochladen. Ansonsten lesen am Ende alle reihum ihre Gedichte vor.

*Trainer-Hinweis*

▶ Die Ankündigung, ein Gedicht zu schreiben, löst zwar immer erst bei einigen Teilnehmern Entsetzen aus, die Ergebnisse sind aber stets berührend. Manche schreiben kurze witzige Gedichte, andere öffnen sich und schreiben über sehr persönliche Dinge.

▶ Es ist vor allem sehr spannend, welche Worte man geschenkt bekommt. Hierbei kann es sinnvoll sein, vorher festzulegen, welche Art von Worten verwendet werden sollen: nur positive Dinge, die man im anderen sieht oder was man ihm wünscht. Letzteres kann nämlich auch als Mangel interpretiert werden, im Sinne von „Die denkt, das brauche ich".

▶ Die Geschenke sollten eindeutig als positiv bewertet werden!

▶ Achten Sie darauf, dass keiner übersehen wird und auch wirklich jeder Teilnehmer Wortgeschenke erhält.

*Quelle*    Nach einer Idee von Klaus Vopel.

*Lerntypen*    V    Wörter schreiben, Gedicht schreiben, malen
A    Sprechen
K    Gefühle äußern

# Weiser Rat

| Medien | Papier |
|---|---|
| TN-Aktivität | Schreiben und vorlesen |
| TN-Zahl/Gruppengröße | Bis 12 TN |
| Sozialform | EA, Plenum |
| Webinartyp | Einzel-Webinar, Webinar-Reihe, längere Schulung |

Dein bester Ratgeber bist du selbst. Mit dieser Methode fördern wir unsere gewonnenen Erkenntnisse.

*Methode*

▶ Ergebnis des Webinars kreativ zusammenfassen

*Ziel*

Erfahrungsgemäß sind die Teilnehmer ganz gespannt, wenn Sie schon zu Beginn des Webinars mitteilen, dass sie ganz am Ende einen weisen Rat mitbekommen. Wer hätte das nicht gerne? Entsprechend ist die Irritation, wenn Sie die Übung zum Webinarende einleiten: *„Als Belohnung für die geleistete Arbeit gibt es zum Schluss noch einen weisen Rat. Natürlich steckt die Weisheit in jedem selber: Aus den Anfangsbuchstaben des eigenen Namens wird ein Satz gebildet, der einen Rat oder eine Aufmunterung enthält."*

*Verlauf*

M it
A chtsamkeit
T ägliches
T un
H eiteres
I n
A rbeit
S uchen

**Trainer-Hinweis**

Es kommt nicht auf grammatikalisch astreine Sätze an.

**Quelle**

Nach einer Idee von Klaus Vopel.

V   Schreiben
A   Vorlesen

*Lerntypen*

# Energizer für zwischendurch

## Energizer

Hier finden Sie Übungen, die nicht direkt mit dem Schulungsthema zu tun haben. Sie ermöglichen Ihren Teilnehmern, kurz aufzutanken, Spaß zu haben, etwas miteinander zu machen, die Konzentration zu heben, sich auf Neues einzulassen, den Kopf freizubekommen ... Gerade die Sprach- und Wortspiele fördern Konzentration und Kreativität und damit den weiteren Lernprozess.

In Online-Sessions ist es noch wichtiger als in Präsenzseminaren, den Teilnehmern Möglichkeiten anzubieten, zwischendurch mal etwas zu tun, was ihre Konzentration erhält oder steigert. Denn ein Online-Seminar ist sehr viel einseitiger als ein Präsenzseminar. In einem Live-Online-Seminar sitzen die Teilnehmer und Trainer in der Regel bewegungslos vor dem PC, sehen sich in der Regel nicht und kommunizieren nur selten miteinander. Ihre Rolle ist in der Regel deutlich passiver als im Präsenzseminar, die Kommunikationskanäle sind vergleichsweise eingeschränkt. Die Gefahr, dass die Teilnehmer in ihrer Aufmerksamkeit nachlassen oder – noch schlimmer – sie ganz verlieren, ist vorhanden.

Die Energizer fördern eine positive Gruppendynamik, weil man die anderen Teilnehmer und auch den Trainer auf einer anderen Ebene erlebt und neue Aspekte voneinander kennenlernt. Gerade wenn womöglich ein trockener Stoff vermittelt wird und die Schulungen intensiv und anstrengend sind, ist es wichtig, zwischendurch die Stimmung aufzulockern und dem Ganzen die Schwere zu nehmen. Dazu ist es natürlich erforderlich, auch den eigentlichen Unterricht didaktisch und methodisch so aufzubereiten, dass es nicht trocken und schwierig ist, sondern anschaulich und lebendig bleibt. Und zwischendurch sind Energizer die Mittel der Wahl, um den Energielevel und die Freude am gemeinsamen Arbeiten hochzuhalten.

Es hängt natürlich von der Länge des Webinars oder der Schulung ab, wie viele Energizer Sie einsetzen und wann.

### Zu Beginn

Einen kurzen witzigen Bildimpuls setze ich gerne schon zu Beginn ein, während die Teilnehmer eintrudeln. Dann haben alle schon mal was zum Schauen und Schmunzeln. Manchmal hängt er mit dem Seminarthema zusammen oder einem aktuellen Ereignis.

### Nach längerem Input

Wenn Sie einen längeren Input oder längere Erklärungen geliefert haben, ist es gut, anschließend oder vielleicht sogar schon zwischendurch einen kurzen Energizer einzubauen. Der sollte dann am besten gar nichts mit dem Thema zu tun haben – einmal kurz aufstehen und sich dehnen wäre dann sinnvoller.

### Wenn ein Thema abgeschlossen ist

Energizer eignen sich gut als klare Zäsur zwischen zwei Themenblöcken. Sie signalisieren: Jetzt sind wir mit dem Thema A fertig. Bevor Sie nun nahtlos zum Thema B übergehen, bietet sich ein kleiner Energizer an.

### Nach Arbeitsgruppen

Bei längeren Schulungen, die über Tage oder sogar Wochen gehen, wird viel in Arbeitsgruppen gearbeitet. Dann ist die Energie verstreut. Wenn alle wieder im Plenum zusammenkommen, ist eine gemeinsame Übung gut, um die Teilnehmer wieder als Gruppe zusammenzuführen. Das müssen Sie dann gar nicht thematisieren, vielmehr setzen Sie damit ein unbewusstes Signal.

### Nach Pausen

Bei längeren Schulungen gibt es natürlich auch Mittags- und Kaffeepausen. Auch hier ist es gut, einen Energizer einzusetzen, um die Energie wieder zu bündeln.

### In Tiefphasen

Das berühmte „Suppenkoma" mit einigen Durchhängern nach der Mittagspause gibt es auch bei Online-Seminaren. Hier helfen Energizer.

Wenn man eine Gruppe gut kennt und länger begleitet, kann man vereinbaren, dass die Teilnehmer einfach mitteilen, wenn sie sich nicht mehr so gut konzentrieren können. Dann können Sie ein kleines Spiel oder eine Körperübung einsetzen, vielleicht auch eine Augenübung, damit alle noch einmal auftanken und weiterarbeiten können.

# ABC-Bewegung

| Medien | Whiteboard, Audio |
|---|---|
| TN-Aktivität | Laut lesen und Arme bewegen |
| TN-Zahl/Gruppengröße | Beliebig |
| Sozialform | Plenum |
| Webinartyp | Einzel-Webinar, Webinar-Reihe, längere Schulung |

Eine anregende Methode zwischendurch, bei der zumindest mal ein bisschen Bewegung der Arme hinzukommt. Sie fördert zudem die Konzentration und soll dazu beitragen, beide Gehirnhälften in Schwung zu bringen. Es ist zudem eine nette Konzentrationsübung, die man auch mal alleine zwischendurch machen kann.

*Methode*

▶ Bewegung und Konzentration

*Ziel*

Sie präsentieren die Folie (Folgeseite). Die Teilnehmer lesen die obere Zeile laut und bewegen gleichzeitig die Arme nach den Anweisungen der unteren Zeile.

*Verlauf*

L = linken Arm anheben
R = rechten Arm anheben
Z = zusammen (beide Arme anheben)

Sie lesen also laut „A" und heben dabei den linken Arm an, dann lesen sie „B" und heben den rechten Arm usw.

Sie können den Schwierigkeitsgrad steigern, indem Sie das ganze Alphabet rückwärts lesen und dann in Spalten von oben nach unten.

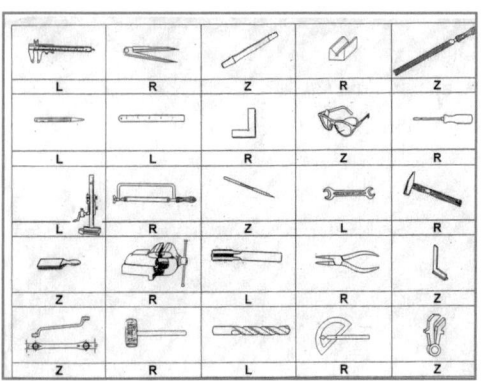

| A | B | C | D | E |
|---|---|---|---|---|
| L | R | Z | R | Z |
| F | G | H | I | J |
| L | L | R | Z | R |
| K | L | M | N | O |
| L | R | Z | L | R |
| P | Q | R | S | T |
| Z | R | L | R | Z |
| U | V | W | X | Y |
| Z | R | L | R | Z |

## Varianten

Man kann auch statt der Arme die Füße (im Sitzen) oder die Beine (im Stehen) anheben.

Sie sollten überhaupt empfehlen, die ganze Übung im Stehen zu machen, dann kommt der Kreislauf noch mal etwas mehr in Schwung.

Schwieriger wird es, wenn das Alphabet durch Bilder ersetzt wird, wie im Beispiel durch Werkzeuge. Bei Sprachkursen können Sie auch kunterbunte Bilder für Wörter einsetzen, die gelernt wurden. Da ist noch einmal mehr Konzentration gefragt und das Umschalten von rechter auf linke Gehirnhälfte und umgekehrt muss mehrmals blitzschnell erfolgen.

Die Teilnehmer sehen das Bild, müssen wissen, was es ist und wie es heißt, müssen den Fachbegriff oder die Vokabel nennen und gleichzeitig die untere Zeile lesen und die richtige Bewegung dazu machen. Es ist dann kein reines Spiel mehr, sondern hat auch Wiederholungscharakter.

---

## Trainer-Hinweis

Sie können die Übung per Video vormachen. Die Teilnehmer schaffen es in der Regel nicht, wirklich gleichzeitig das Alphabet zu lesen (in Präsenzseminaren machen sie es jeweils zu zweit, das ist einfacher) und daher klingt das ganze total chaotisch. Das macht aber überhaupt nichts, weil es trotzdem seinen Zweck erfüllt. Es ist eine kurze Unterbrechung, die Teilnehmer bewegen sich ein wenig, konzentrieren sich und müssen lachen. Danach können sie mit Schwung weiterarbeiten.

---

*Lerntypen*

V Buchstaben lesen, gleichzeitig obere und untere Zeile
A Obere Zeile laut lesen
K Arme und Beine bewegen, aufstehen

# Acht alberne Affen

| Medien | Whiteboard, Papier, Chat |
|---|---|
| TN-Aktivität | Schreiben und vorlesen |
| TN-Zahl/Gruppengröße | Bis 10 TN |
| Sozialform | EA, Plenum |
| Webinartyp | Einzel-Webinar, Webinar-Reihe, längere Schulung |

Ein lustiges Sprachspiel, das in allen möglichen Formen funktioniert: in Webinaren, in einem Forum, bei Twitter und natürlich auch in Präsenzseminaren.

*Methode*

▶ Kreativität anregen, Spaß und Spiel

*Ziel*

Ein Teilnehmer sagt laut „A" und zählt dann stumm das Alphabet weiter auf. Sie sagen irgendwann „Stopp" und mit dem Buchstaben, den er nennt, wird dann weitergearbeitet.

*Verlauf*

Aufgabe:
Jeder schreibt erst einmal auf ein Blatt Papier einen Satz, in dem jedes Wort beispielsweise mit „B" anfängt. Die Vorgabe lautet: Es muss ein grammatikalisch richtiger Satz sein, inhaltlich kann und soll er ruhig völlig unsinnig sein. Umso mehr Spaß macht es.

Es geht nicht auf Tempo – sagen Sie das den Teilnehmern vorher. Und sie können ruhig längere Satzkonstruktionen mit Nebensätzen bilden.
Dann kündigen Sie an, dass langsam alle zum Schluss kommen sollen. Anschließend liest reihum jeder seinen Satz vor.

**Beispiele für „B"**

▶ Brummende Bären betrachten beiläufig blumige Beerenwiesen, bevor bei beginnendem Bauchtanz brisante Ballerinen blaulichtige Bullen bezirzen.

▶ Bis Beethoven beim brummenden Bass billiges Bier bestellte, begann beseelter Balaleika-Blues.

Sie sollten auf jeden Fall noch eine zweite oder sogar dritte Runde machen, weil die Teilnehmer nun wissen, wie es geht und so langsam Spaß daran gefunden haben, falls sie zuerst etwas Scheu hatten.

Acht alberne Affen aßen abends aromatische Apfelsinen, am allerliebsten am alten Ast.

*Varianten*  Die Teilnehmer lesen ihre Sätze nicht vor, sondern schreiben sie in den Chat. Sie können auch beides kombinieren: Einer schreibt seinen Satz in den Chat und liest ihn vor, dann veröffentlicht der Nächste seinen Satz im Chat und liest ihn ebenfalls vor etc. Damit das nicht so lange dauert, können alle gleichzeitig ihren Satz in das Chat-Fenster schreiben, aber erst auf „senden" drücken, wenn sie dran sind.

*Lerntypen*  V  Schreiben
A  Vorlesen
K  Spaß an Nonsens

# Adokasi

| Medien | Chat |
|---|---|
| TN-Aktivität | Schreiben |
| TN-Zahl/Gruppengröße | Bis 10 TN |
| Sozialform | Paare |
| Webinartyp | Interne Webinare, längere Schulungen |

Eine anspruchsvolle, kreative Schreibübung, die dazu verhelfen kann, die Fantasie anzuregen. Auslöser ist ein Fantasiewort. Vor allem hat sie viel mit Kommunikation und Teamarbeit zu tun.

*Methode*

▶ Anregung der Kreativität
▶ Kommunikation und Kennenlernen auf kreative Art

*Ziel*

Sie erläutern in der Gesamtgruppe die Aufgabe, bevor die Partner dann in ihre Gruppenräume gehen und die Übung gemeinsam durchführen. Die Teilnehmer können Teil 1 der Übung erst jeweils für sich auf einem Blatt Papier notieren und dann in den Chat schreiben.

*Verlauf*

**Teil 1**

Jeder schreibt drei Konsonanten mit etwas Abstand zwischen den Buchstaben, beispielsweise ...d...k...s. In einem zweiten Schritt werden Vokale zwischen, vor und hinter die Konsonanten geschrieben, beispielsweise a...d...o...k...a...s...i. So entsteht ein Fantasiewort.

Zu diesem Fantasiewort schreibt jeder kurze Assoziationen auf, beispielsweise: „... ist rot schillernd, erscheint immer am Vormittag, ist schwer zu treffen." Es kann irgendetwas sein, ohne dass man selbst eine konkrete Vorstellung davon hätte.

Dann schreiben die Partner die Worte und Assoziationen in den Chat.

### Teil 2

Nun schreiben beide abwechselnd eine Geschichte, in der sich die beiden Fantasiewörter begegnen. Jeder notiert jeweils einen Satz in den Chat, dann schreibt der Partner den nächsten Satz. Dabei wird nicht gesprochen. Wenn einer meint, dass die Geschichte zu Ende sei, sagt er Bescheid und der andere darf noch einen Schlusssatz schreiben.

### Auswertung

Die Auswertung kann zu zweit oder in der Gruppe erfolgen. Die Teilnehmer können berichten, wie es ihnen bei der Übung ging. Oft hat jeder eine bestimmte Vorstellung im Kopf, wie die Geschichte verlaufen soll. Es ist nicht für jeden einfach auszuhalten, wenn der Partner sie in eine ganz andere Richtung lenkt und andere Assoziationen hat. Manchen fällt es leicht, dem dann nachzugeben und sich auf etwas Neues einzulassen, andere versuchen immer wieder, ihren Weg weiterzuverfolgen. Einigen macht es Spaß, sie sind neugierig, was kommt, andere werden ärgerlich oder frustriert. Wenn zwei Personen sich schon länger kennen, kann hier auch einiges über die Beziehung deutlich werden.

Die Geschichten nehmen manchmal Science-Fiction-Charakter an oder sie sind grotesk und lustig, unheimlich oder freundlich. Das hängt ganz von der momentanen Verfassung und Stimmung der Teilnehmer ab, die hier sehr deutlich wird.

### Weiterarbeit

Wenn es gewünscht wird, können sich die Teilnehmer ihre Geschichten am Ende vorlesen. Jeweils eines der Paare liest sie dann am Stück vor.

---

*Trainer-Hinweis*

Ideal ist es, wenn Sie entweder für jedes Paar einen Gruppenraum haben oder die Möglichkeit, dass sich die Teilnehmer zu zweit per Privatchat austauschen können. Wenn beides auf Ihrer Webinarplattform nicht möglich ist, müssen Sie Alternativen bieten, die dann vor dem Webinar schon organisiert werden müssen. Beispielsweise können sich die Teilnehmer in anderen Chats oder über Skype verabreden oder über eines der vielen Online-Tools, die für kollaboratives Arbeiten geeignet sind.

---

*Quelle*

Die Ursprungsmethode ist von Klaus Vopel.

---

*Lerntypen*

V  Wörter erfinden, schreiben
A  Eventuell vorlesen
K  Spaß an fantasievoller oder Science-Fiction-Geschichte

# Ardha Chandrasana – Seitliche Dehnung

| Medien | Foto |
|---|---|
| TN-Aktivität | Aufstehen, dehnen, Yoga |
| TN-Zahl/Gruppengröße | Beliebig |
| Sozialform | Plenum |
| Webinartyp | Einzel-Webinar, Webinar-Reihe, längere Schulung |

Diese Übung kann man gut zwischendurch im Webinar einbauen. Die Teilnehmer stehen kurz auf und dehnen sich. Das fördert die Durchblutung und den Kreislauf.

*Methode*

▶ Gesunde Unterbrechung bei langem Sitzen am Schreibtisch

*Ziel*

Sie bitten die Teilnehmer einmal aufzustehen und die Übung nach Ihrer Ansage mitzumachen.

*Verlauf*

## Anleitung

▶ *„Stellen Sie sich aufrecht hin, die Füße etwas auseinander.*

▶ *Dehnen Sie den rechten Arm bis in die Fingerspitzen.*

▶ *Heben Sie den Arm seitlich an und drehen Sie in Schulterhöhe die Handfläche nach oben.*

▶ *Lassen Sie den Arm weiter aufsteigen bis zur Senkrechten.*

▶ *Dehnen Sie weit nach oben.*

▶ *Die linke Hand gleitet am linken Bein nach unten, der rechte Arm bleibt nah am Körper. Dehnen Sie die ganze rechte Seite. Lassen Sie den Atem weiter fließen.*

▶ *Richten Sie sich langsam wieder auf und lassen Sie den Arm langsam sinken (die Dehnung wird noch gehalten, bis der Arm ganz unten ist). Dehnen Sie in Schulterhöhe die Handfläche nach unten und lassen Sie sich weiter sinken. Dann lösen Sie die Dehnung auf.*

▶ *Spüren Sie einen Moment nach und vergleichen Sie die rechte und linke Körperseite miteinander. (Die eine Seite fühlt sich dann manchmal länger an oder wärmer, auf jeden Fall ist durch die Dehnung ein deutlicher Unterschied zu bemerken.)*

▶ *Dann beginnt das Gleiche zur anderen Seite."*

---

*Trainer-Hinweis*

▶ Oft führe ich mit den Teilnehmern gemeinsam eine Seite durch und sage dann bei der anderen Seite: *„Entscheiden Sie selbst, wenn Sie zurückkommen wollen und machen es dann wie eben."* Das ist noch mal für die Kinästheten, die gerne selbst wählen und entscheiden.

▶ Wenn die Kabel der Headsets nicht lang genug sind, dass die Teilnehmer Ihre Ansagen hören und gleichzeitig die Übung machen können, dann erklären Sie die Übung vorher genau und lassen sie dann ausführen.

---

*Lerntypen*  K  Körperübung, Bewegung

# Ardha Matsyendrasana – Drehhaltung

| Medien | Folie, evtl. Webcam |
|---|---|
| TN-Aktivität | Mitmachen, bewegen, dehnen, Yoga |
| TN-Zahl/Gruppengröße | Beliebig |
| Sozialform | Plenum |
| Webinartyp | Webinar-Reihen, interne Webinare |

Als Energizer können Sie leichte Körper- und Dehnungsübungen anbieten, wie diese Yoga-Übung.

*Methode*

▶ Drehung der Wirbelsäule, Lockerung des Rückens

*Ziel*

Wie bei allen Yoga-Übungen kann es sinnvoll sein, die Übung erst einmal kurz anhand der Fotos zu erklären (oder Sie machen Sie vor der Webcam vor) und sie dann Schritt für Schritt anzuleiten. Dann können Sie jeweils zu den einzelnen Phasen die passenden Fotos einblenden, also bei dem Durchgang selbst nicht mitmachen. Ansonsten mache ich alle Übungen immer selbst mit, um auch ein besseres Gefühl für die Zeit zu haben.

*Verlauf*

## Anleitung

▶ *„Lassen Sie ganz vorne auf der Stuhlkante sitzend die Wirbelsäule wachsen, sodass sie gerade aufgerichtet ist. Das ist bei allen Drehhaltungen und bei dieser Übung besonders wichtig.*

▶ *Schlagen Sie das rechte Bein über das linke, der linke Fuß steht fest auf dem Boden in der Mitte vor dem Körper. Legen Sie die linke Hand auf den rechten Oberschenkel, stellen Sie die rechte Hand hinterm Rücken auf, in der Mitte nah am Körper, dabei zeigt der Daumen zur Wirbelsäule. Das dient dazu, den Körper aufgerichtet zu halten und sich nach oben zu stützen.*

▶ *Drehen Sie die rechte Schulter nach rechts hinten.*
*Dann drehen Sie langsam den ganzen Oberkörper*
*nach rechts, zuletzt den Kopf. Vorsichtig, sodass Sie*
*sich nicht im Nacken verspannen.*

▶ *Lassen Sie den Atem fließen, entspannen Sie immer*
*mehr, während gleichzeitig die Wirbelsäule weiter*
*nach oben wächst.*

▶ *Drehen Sie sich jetzt langsam zur Mitte zurück und*
*lösen Sie die Beinhaltung.*

▶ *Spüren Sie einen Moment nach.*

▶ *Das Gleiche dann zur anderen Seite ... "*

*Trainer-*
*Hinweis*

Nehmen Sie Übungen, die Ihnen vertraut sind, die Sie selbst gut beherr-
schen und daher auch anleiten können, die von den Teilnehmern keine
großen Künste erfordern und bei denen „nichts passieren kann".

*Lerntypen*    K    Bewegung, Körperübung

# Aufstehen, dehnen

| Medien | Webcam |
|---|---|
| TN-Aktivität | Aufstehen und dehnen :-), Yoga |
| TN-Zahl/Gruppengröße | Beliebig |
| Sozialform | Plenum |
| Webinartyp | Im Grunde alle, leichter sicher eher in kleineren oder internen Gruppen |

Den ganzen Tag am Computer sitzen ist nicht gesund, das weiß jeder. Trotzdem machen es die meisten stundenlang und erst recht bei Online-Seminaren. Daher sind die Teilnehmer in der Regel ganz froh, wenn man sie mal dazu ermuntert, aufzustehen.

*Methode*

▶ Ausgleich für zu langes Sitzen, Konzentration fördern

*Ziel*

Nach einem Abschnitt bzw. vor einem neuen Thema bitten Sie die Teilnehmer, einmal kurz aufzustehen. Dann sprechen Sie einfach Ihre Anleitung und bitten die Teilnehmer, mitzumachen.

*Verlauf*

### Anleitung

▶ *„Stellen Sie die Füße parallel, etwa zwei Fußbreit auseinander.*

▶ *Lassen Sie die Wirbelsäule wachsen, die Arme locker rechts und links herunterhängend.*

▶ *Mit der nächsten Einatmung beide gestreckte Arme seitlich anheben und nach oben strecken, beide Hände übereinanderlegen und weit nach oben dehnen.*

▶ *Dann mit einer Ausatmung zur linken Seite beugen, mit der Einatmung wieder zur Mitte zurück, mit einer weiteren Ausatmung zur rechten Seite beugen, mit der nächsten Einatmung zur Mitte zurück.*

▶ *Danach noch einige Male im eigenen Atemrhythmus ohne Ansage dreimal zu jeder Seite und in der Mitte immer wieder nach oben dehnen.*

▶ *Dann: Bei der nächsten Ausatmung beide Arme wieder seitlich sinken lassen und einen Moment nachspüren.*

▶ *Dann wieder hinsetzen und weiter geht es mit dem Webinar."*

### Varianten

Sie können unendlich viele Varianten durchführen, je nachdem, welche Übungen Sie selbst kennen oder gerne machen. Sie können beispielsweise nur einen Arm anheben und zur anderen Seite dehnen.

*Trainer-Hinweis*

▶ Da Ihr Headset ja ein längeres Kabel hat, können Sie auch im Stehen weitersprechen und die Anweisungen geben.

▶ Sie können solche Dehnübungen auch im Sitzen durchführen (besser als nichts), aber gerade das Aufstehen ist hier das Wichtige. Ich halte meine Webinare ohnehin die meiste Zeit im Stehen an meinem höhenverstellbaren Schreibtisch.

*Lerntypen*   K   Bewegung

# Augenübungen

| Medien | Folie, evtl. Webcam |
|---|---|
| TN-Aktivität | Mitmachen, bewegen, dehnen |
| TN-Zahl/Gruppengröße | Beliebig |
| Sozialform | Plenum |
| Webinartyp | Webinar-Reihen, interne Webinare |

Bei langer PC-Arbeit sind nicht nur der Rücken, sondern auch die Augen sehr belastet. Daher ist es sehr gesund, zwischendurch einmal kurz solche Augenübungen zu machen. Wenn Ihre Teilnehmer sie einmal kennengelernt haben, können sie diese zukünftig auch alleine immer mal wieder durchführen.

*Methode*

▶ Durchblutet die Augen, verbessert das Sehvermögen
▶ Stärkt die Augenmuskulatur, entspannt die Augen

*Ziel*

Erklären Sie den Teilnehmern vorher, wie gut solche Augenübungen den müden PC-Augen tun. Und dass Sie diese Übungen mit ihnen machen, damit sie diese später auch alleine durchführen können.

*Verlauf*

### Anleitung

*„Führen Sie die folgenden Augenbewegungen immer ganz bewusst und langsam durch, geradezu genüsslich. Sie können dann richtig spüren, wie sich die Augenmuskulatur dehnt und wie es gut tut.*

▶ *Strecken Sie Ihren Arm vom Körper nach vorn weg, mit dem Daumen nach oben. Fokussieren Sie Ihren Blick dreimal, nämlich 1.: auf Ihre Nasenspitze, 2.: auf Ihren Daumen und 3.: entspannt in die Ferne. Das Ganze wiederholen Sie mehrere Male.*

▶ *Dann Palmieren, d.h., Sie reiben Ihre Handinnenflächen fest aneinander, bis sie warm werden. Schließen Sie die Augen, legen Sie die Handflächen mit einer sanften Wölbung über die Augen und genießen Sie die Wärme.*

▶ *Blicken Sie mehrmals ganz langsam und bewusst nach oben und unten.*

▶ *Blicken Sie von rechts nach links und umkehrt. Wiederholen Sie dies mehrmals.*

▶ *Blicken Sie diagonal von rechts oben nach links unten und wiederholen Sie dies mehrmals. Dann von links oben nach rechts unten.*

▶ *Gucken Sie „Kreise", erst im Uhrzeigersinn, dann andersherum.*

▶ *Ihr Blick wandert wie der Zeiger einer Uhr, etwas ruckartig von 1 Uhr, nach 2 Uhr, nach 3 Uhr usw. Zwischendurch reiben Sie immer wieder mal die Handflächen gegeneinander und legen Sie sie zur Entspannung über die Augen."*

---

**Trainer-Hinweis**

▶ Wenn Sie solche Übungen nicht kennen, dann machen Sie sie selbst vorher ein paar Mal, um die Wirkung zu spüren.

▶ Sie müssen nicht alle Varianten auf einmal anbieten. Vor allem, wenn Sie eine längere Schulung durchführen, können Sie jeden Tag eine neue Variante hinzufügen, sodass Ihre Teilnehmer nach und nach alle Übungen kennenlernen und dann auch alleine durchführen können.

---

**Lerntypen**

Für alle Lerntypen gesund und hilfreich

# Bilder zur Auflockerung

| Medien | Folie mit Bild oder Foto |
|---|---|
| TN-Aktivität | Lesen, schauen, schmunzeln |
| TN-Zahl/Gruppengröße | Beliebig |
| Sozialform | Plenum |
| Webinartyp | Einzel-Webinar, Webinar-Reihe, längere Schulung |

Wenn keine Zeit für eine Aktivierung oder ein Spiel ist oder es gerade besser passt, können Sie auch einfach mal ein lustiges Bild einblenden und den Teilnehmern kurz Zeit geben, es sich anzuschauen.

*Methode*

Das geht zwischendurch als kleine Pause, aber auch zum Einstieg in ein Webinar, während Sie noch auf die restlichen Teilnehmer warten. Manchmal gibt es auch einen aktuellen Bezug zu Tagesereignissen (Bahnstreik, Fußball-WM etc., das freut die Teilnehmer dann besonders).

▶ Kleine Auflockerung

*Ziel*

## Vorarbeit

*Verlauf*

Halten Sie jederzeit die Augen offen und speichern Sie die passenden Dateien, wenn Ihnen auf den Social-Media-Kanälen oder sonst wo im Netz ein passendes Motiv begegnet oder fotografieren Sie lustige Motive, die Ihnen im Alltag begegnen.

## Im Webinar

Je nach Anlass zeigen Sie einfach ohne Kommentar das Bild und lassen den Teilnehmern einen Moment Zeit, es sich anzuschauen. Falls Bedarf entsteht, können die Teilnehmer ihre Kommentare im Chat abgeben oder durch einen Smiley hinter ihrem Namen ausdrücken, ob sie Spaß damit hatten.

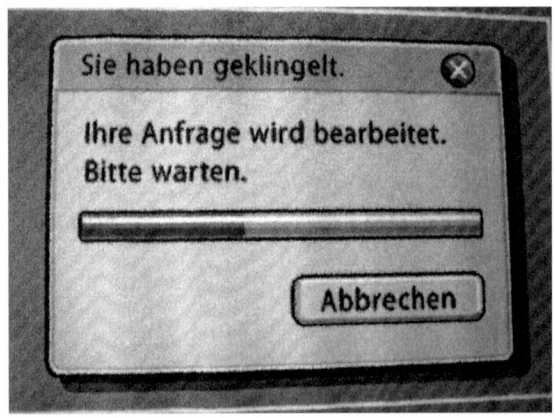

Abb.: Eine Fußmatte kann bereits das
passende Motiv bieten

*Trainer-*   ▶  Klären Sie vor Veröffentlichung die Nutzungsrechte der Bilder.
*hinweis*    ▶  Lustige (Netz-)Fundstücke gibt es wie Sand am Meer. Achtung: Nut-
             zungsrechte klären.

*Lerntypen*   V   Bilder schauen
              K   Lachen, Spaß haben

# Brahma Mudra – Kopfdrehung

| Medien | Folie, evtl. Webcam |
|---|---|
| TN-Aktivität | Mitmachen, bewegen, dehnen, Yoga |
| TN-Zahl/Gruppengröße | Beliebig |
| Sozialform | Plenum |
| Webinartyp | Webinar-Reihen, interne Webinare |

Als Energizer können Sie leichte Körper- und Dehnungsübungen anbieten, wie diese Yoga-Übung. Gerade bei langer PC-Arbeit ist diese Übung besonders angenehm und hilfreich.

*Methode*

▶ Beweglichkeit und Entspannung der Nacken- und Halsmuskulatur
▶ Konzentration und Wachwerden

*Ziel*

Diese Übung können die Teilnehmer gleich mit Ihnen zusammen machen. Sie können Sie vor der Webcam vormachen oder die entsprechenden Fotos einstellen, sodass die Teinehmer eine Vorstellung davon bekommen, wie es aussehen sollte.

*Verlauf*

## Anleitung

▶ *„Setzen Sie sich ganz vorne auf die Stuhlkante, die Füße parallel, in einem kleinen Abstand auseinander, fest auf den Boden.*
▶ *Drehen Sie den Kopf langsam nach links, als ob man über seine linke Schulter schauen wollte, ohne das Kinn anzuheben oder zu senken. Spüren Sie die eigene Grenze und bleiben Sie einen Moment an dem*

*Endpunkt. Lassen Sie dabei die Schultern locker hängen und den Atem fließen.*

▶ *Dann drehen Sie den Kopf wieder ganz langsam und bewusst zur Mitte zurück. Noch einmal die Wirbelsäule aufrichten und dann ...*

▶ *Drehen Sie den Kopf langsam nach rechts – wieder bis zur eigenen Grenze und lassen Sie ihn dort einen Moment.*

▶ *Drehen Sie den Kopf langsam zur Mitte zurück.*

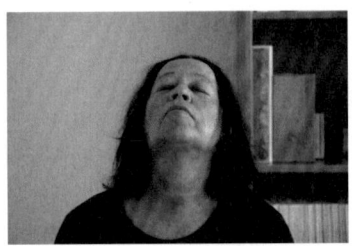 

▶ *Heben Sie das Kinn an und lassen Sie den Kopf vorsichtig in den Nacken sinken – und wie auf einem Kissen ablegen. Die Zähne können sich leicht voneinander lösen.*

▶ *Heben Sie den Kopf wieder langsam an und bringen ihn zur Mitte zurück.*

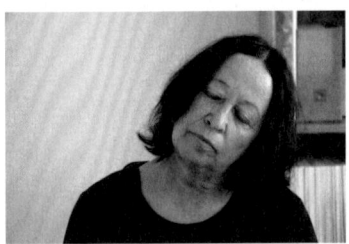 

▶ *Dann heben Sie das Brustbein etwas an, das Kinn geht in Richtung Halsgrube und der Kopf sinkt nach vorne, wo Sie ihn schwer hängen lassen. Spüren Sie die Dehnung im Nacken.*

▶ *Wieder zur Mitte zurück.*

▶ *Lassen Sie den Kopf langsam nach links in Richtung linke Schulter sinken. Spüren Sie die Dehnung in der rechten Halsseite.*

▶ *Der Kopf geht zur Mitte zurück und sinkt in einer fließenden Bewegung zur anderen (rechten) Seite. Spüren Sie die Dehnung in der linken Halsseite.*

▶ *Zur Mitte zurück."*

---

 *Lerntypen*    K    Bewegung, Körperübung

# Buchstabensalat

| Medien | Whiteboard, Papier |
|---|---|
| TN-Aktivität | Schreiben, Wörter bilden, sprechen |
| TN-Zahl/Gruppengröße | Bis 12 TN |
| Sozialform | EA, Plenum |
| Webinartyp | Offene und interne Webinare, Webinar-Reihen, längere Schulungen |

Ein kreatives Schreibspiel, das man gut zwischendurch als Auflockerung einsetzen kann, auch in Webinaren, die nicht das Thema Kreativität zum Inhalt haben.

*Methode*

▶ Anregung der Kreativität, Auflockerung

*Ziel*

Auf einer Folie haben Sie eine große Salatschüssel gezeichnet, in der Buchstaben herumschwimmen.

*Verlauf*

Die Teilnehmer haben die Aufgabe, in einem bestimmten Zeitraum so viele Wörter wie möglich aus diesen Buchstaben zu bilden. Es dürfen nur die dargestellten Buchstaben genutzt werden und auch nur so oft, wie sie dargestellt sind. Anschließend wird reihum vorgelesen. Dabei werden schon genannte Wörter gestrichen, sodass jeder Teilnehmer nur die vorliest, die noch nicht genannt wurden.

Man kann auch einfach nur die geschriebenen Wörter zählen lassen und derjenige mit den meisten Wörtern gewinnt.

*Varianten*    Sie können die Teilnehmer auch alle ihre Wörter gleichzeitig in den Chat schreiben lassen. Auf Ihr Kommando hin klicken alle auf „absenden", sodass niemand voneinander abschreiben kann.

*Trainer-*    Bei dem Beispielbild habe ich jetzt ganz willkürlich irgendwelche Buchsta-
*Hinweis*    ben in die Schüssel geschrieben. Sie können diese etwas bewusster aus-
wählen oder zumindest vorher testen, was damit möglich ist. Hier meine Beispiele aus dem obigen Bild (ein S wäre noch hilfreich gesesen): Hager, mager, Mond, Rabe, der, Garn, Brei, frei, haben, OM, Narbe, darben, mein, Erdal, Chrom, Farbe, Reim, reif, rein, geil, feil, ach, Dach, Bach usw.

*Quelle*    Diese Methode habe ich aus dem Buch von Georg Otto Wack: Kreativ sein kann jeder, Hamburg 1993.

*Lerntypen*    V  Buchstaben lesen, Wörter bilden und schreiben
A  Vorlesen
K  Spiel

# Das geht ja wirklich

| Medien | Folie |
|---|---|
| TN-Aktivität | Lesen |
| TN-Zahl/Gruppengröße | Beliebig |
| Sozialform | Plenum |
| Webinartyp | Einzel-Webinar, Webinar-Reihe, längere Schulung |

Ein kleiner Energizer zwischendurch ohne Action, mit Verblüffungseffekt. *Methode*

▶ Kurze Unterbrechung, Förderung der Konzentration *Ziel*

Sie zeigen die Folie, die Teilnehmer lesen sie in Ruhe durch. *Verlauf*

> **D45 G3HT J4 W1RKL1CH!**
> Ehct Ksras! Gmäeß eneir Sutíde, eneir Uvinísterät, 'ist
> es nchit witihcg, in wlecehr Rneflogheíe die
> Bstachuebn in enéim Wrot snid, das eznííge was nethííg íst,
> das der estre und der leztte Bstabchue an der rítihcegn
> Pstoíín snid. Der Rset knan ein ttoaelr Bsínöldn sein,
> tedztorm knan man ihn onhe Pemobrle lseen. Das ist so,
> weil wir nicht jeedn Bstachuebn enzclin leesn, snderon das Wrot
> als gzeans enkreenn. Ehct Ksras! Das ghet wicklirhl!
> Und dfuar ghneen wir jrhlaeng'm díe Slhcue!

V Lesen *Lerntypen*
K Verblüffung

# Ein Quadrat mit drei Strichen

| Medien | Folie |
|---|---|
| TN-Aktivität | Tüfteln, denken |
| TN-Zahl/Gruppengröße | Beliebig |
| Sozialform | Plenum |
| Webinartyp | Einzel-Webinar, Webinar-Reihe, längere Schulung |

 **Methode** Noch so eine „gemeine" Übung, die die Teilnehmer ins Schwitzen bringt und daher eine schöne Pausenunterbrechung ist.

 **Ziel** ▶ Konzentration und spielerische Pause

 **Verlauf** Stellen Sie den Teilnehmern schriftlich die folgende Aufgabe: *„Zeichnen Sie ein Quadrat mit drei Strichen."*

Die Auflösung zeigen Sie dann nach einer Weile, wenn es keiner rausgefunden hat.

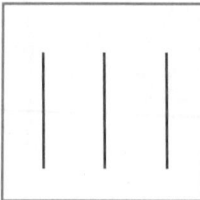

 **Quelle** Axel Rachow: Sichtbar. managerSeminare.

 **Lerntypen** V Zeichnen, tüfteln
K Herausforderung

# Ergänzen Sie die folgende Reihe

| Medien | Folie |
|---|---|
| TN-Aktivität | Denken |
| TN-Zahl/Gruppengröße | Beliebig |
| Sozialform | Plenum |
| Webinartyp | Einzel-Webinar, Webinar-Reihe, längere Schulung |

Eine kleine Denksportaufgabe für zwischendurch.

*Methode*

▶ Unterbrechung, Konzentration

*Ziel*

Sie zeigen folgende Folie:
*„Ergänzen Sie die folgende Reihe logisch ..."*

*Verlauf*

M / D / M / D /.. /.. /.. /

Auflösung: M D M D F S S
(Steht für: Montag, Dienstag, Mittwoch ...)

Die Idee stammt von Axel Rachow: Sichtbar. managerSeminare.

*Quelle*

V   Lesen, denken
A   Lösungsvorschläge sagen
K   Tüfteln, spielen

*Lerntypen*

# F finden

| Medien | Folie |
|---|---|
| **TN-Aktivität** | Lesen und finden |
| **TN-Zahl/Gruppengröße** | Beliebig |
| **Sozialform** | Plenum |
| **Webinartyp** | Einzel-Webinar, Webinar-Reihe, längere Schulung |

*Methode*    Eine kleine Konzentrationsübung zwischendurch.

*Ziel*    ▶ Unterbrechung, Konzentration

*Verlauf*    Präsentieren Sie eine Folie mit folgendem Text:

> FINISHED FILES ARE THE RESULT
> OF YEARS OF SCIENTIFIC STUDY
> COMBINED WITH THE EXPERIENCE OF YEARS

Stellen Sie den Teilnehmern die Aufgabe, den Text durchzulesen und herauszufinden, wie viele „F" in dem Text enthalten sind. (Lösung: 6)

Nach einer kurzen Zähl-Pause bitten Sie die Teilnehmer, die Antwort in den Chat zu schreiben. Am besten alle gleichzeitig auf „absenden" drücken lassen, damit niemand abschreibt.

*Varianten*    Dazu können Sie natürlich viele beliebige Varianten selbst entwickeln.

Ich habe dieses Beispiel jetzt einfach so übernommen. Ich habe keine Ahnung, ob es leichter oder schwerer ist, wenn der Text in der eigenen Sprache oder in einer Fremdsprache formuliert ist. Auch das können Sie ja einfach mal ausprobieren.

*Trainer-Hinweis*

---

Nach Lore Reß, *www.loreress.de* und Inga Geisler, *www.ingageisler.de*

*Quelle*

---

V   Lesen und finden
K   Spielerisch

*Lerntypen*

# Farbkarte

| Medien | Whiteboard |
|---|---|
| TN-Aktivität | Laut lesen |
| TN-Zahl/Gruppengröße | Beliebig |
| Sozialform | Plenum |
| Webinartyp | Einzel-Webinar, Webinar-Reihe, längere Schulung |

**Methode**   Diese Methode können Sie auch schnell mal zwischendurch einsetzen zum Wachmachen und zur Konzentration.

**Ziel**   ▶ Kleine Aktivierung der Gehirnzellen

**Verlauf**   Sie zeigen die Folie, auf der die Farbbenennungen in jeweils anderen Farben dargestellt sind, und bitten die Teilnehmer, gleichzeitig die Farben vorzulesen, nicht die Worte!

Am besten zählen Sie vor, 1-2-3, damit alle im gleichen Rhythmus lesen.

Schau auf die Karte und sag die FARBE nicht das Wort!

**GELB BLAU ORANGE**
**SCHWARZ ROT GRÜN**
**VIOLETT GELB ROT**
**ORANGE GRÜN SCHWARZ**
**BLAU ROT VIOLETT**
**GRÜN BLAU ORANGE**

Die Farbkarte erhalten Sie in der Farbversion als Download-Ressouce.

Zamyat M. Klein: 150 kreative Webinar-Methoden

Nach einem Durchlauf in der Gesamtgruppe können Sie noch fragen, ob 2-3 Freiwillige es noch einmal alleine machen wollen. In der Regel findet sich jemand, der das gerne noch mal ausprobiert.

*Varianten*

---

▶ Ähnlich wie beim ABC (Seite 180) gelingt es selten, dass die Teilneh-mer wirklich im gleichen Rhythmus lesen, aber das macht nichts.

▶ Als Trainerin mache ich hier meist nicht mit, weil meine Stimme domi-niert und sich dann alle an mir orientieren (und ich in der Regel auch fixer bin), sondern zähle nur vor und mache ein, zwei Wörter mit, dann ziehe ich mich zurück.

*Trainer-Hinweis*

---

V   Lesen
A   Laut vorlesen
K   Spaß

*Lerntypen*

# Gruppenbild

| Medien | Whiteboard |
|---|---|
| TN-Aktivität | Zeichnen |
| TN-Zahl/Gruppengröße | Bis 8 TN |
| Sozialform | Plenum |
| Webinartyp | Längere Webinar-Reihen, interne Webinare für Teams |

**Methode** Diese Methode eignet sich dazu, Gruppenprozesse wahrzunehmen oder den Aspekt „Zusammenarbeit im Team" zu thematisieren. Diese Reflexion sollte jedoch erst nach der Übung vorgenommen werden. Man kann sie einfach als andere Form der gemeinsamen Kommunikation einschieben, in der ein anderes Element genutzt wird als die Sprache.

**Ziel** ▶ Gemeinsame Aktivität und stumme Kommunikation

**Verlauf** Sie öffnen ein leeres Whiteboard und erläutern die Übung. Ein Teilnehmer beginnt und zeichnet etwas auf das Whiteboard. Eine Form, eine Figur, einen Gegenstand. Danach zeichnet der Nächste weiter, ebenfalls nur eine Form, dann der Übernächste usw. Während des Zeichnens wird nicht gesprochen.

Wenn jemand meint, die Zeichnung sei fertig, malt er einen Rahmen darum. Die anderen dürfen dann jeweils noch ein letztes Mal etwas zeichnen.

**Auswertung**

Folgende Fragen können Sie für die Auswertung anbieten:
▶ Wie ging es mir bei dem Prozess?
▶ Hatte ich eine bestimmte Idee, ein bestimmtes Thema, das ich darstellen wollte? Wie habe ich es erlebt, wenn andere mein Thema nicht aufgriffen, in meine Figuren hineinmalten oder etwas veränderten?

Zamyat M. Klein: 150 kreative Webinar-Methoden

▶ Diese Methode fordert einiges von den Teilnehmern. Sie müssen Geduld aufbringen, bis sie jeweils dran sind. Andere Personen verändern ihr Bild und ihre Idee, ohne dass sie direkt eingreifen können. Sie dürfen nichts sagen oder protestieren, nichts erklären, nicht argumentieren.

*Trainer-Hinweis*

▶ Allerdings kann diese Übung eine ziemliche Gruppendynamik auslösen und man kann eine gute Selbstbeobachtung üben.

- Wie gehe ich damit um, wenn „mein" Bild entstellt wird? Nehme ich das locker, sehe ich es nur als Spiel oder versuche ich verbissen, immer wieder meine Thematik durchzusetzen.
- Wie erlebe ich die anderen? Als einfühlsam oder aggressiv? Harmonierten wir miteinander, machte es uns Spaß oder waren wir eher ernst?
- Was sagt das über unsere Zusammenarbeit aus?
- War jemand führend oder dominant? Wie ist sonst seine Rolle in unserem Team?

V   Das Ergebnis betrachten
A   Auswertung
K   Zeichnen

*Lerntypen*

# Kleiner Sehtest

| Medien | Folie |
|---|---|
| TN-Aktivität | Schauen und suchen |
| TN-Zahl/Gruppengröße | Beliebig |
| Sozialform | Plenum |
| Webinartyp | Einzel-Webinar, Webinar-Reihe, längere Schulung |

**Methode**   Kleiner Energizer für zwischendurch oder auch zum Einstieg, während alle eintrudeln.

**Ziel**   ▶ Kleine Pause

**Verlauf**   Sie zeigen die folgende Folie und lassen die Teilnehmer suchen. Jeder, der die 8 gefunden hat, setzt als Zeichen ein Häkchen oder schreibt „Ja" in den Chat. Verrät aber noch nicht wo sie ist.

Nach einer Weile lassen Sie dann die Auflösung verraten. Sie können dazu auch eine zweite Folie zeigen, wo die 8 markiert ist oder ein Pfeil dorthin zeigt. Sie können aber auch verraten: *„Neunte Reihe von unten, ziemlich in der Mitte."*

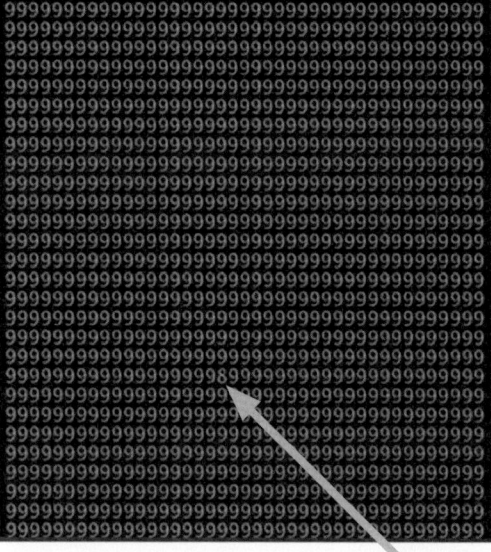

Abb.: Hier ist die 8

V   Schauen und suchen
K   Spiel

*Lerntypen*

# Malen nach Zahlen

| Medien | Whiteboard |
|---|---|
| TN-Aktivität | Zeichnen |
| TN-Zahl/Gruppengröße | Bis 10 TN |
| Sozialform | Plenum |
| Webinartyp | Einzel-Webinar, Webinar-Reihe, längere Schulung |

*Methode*
Ein netter Energizer, bei dem nicht gesprochen, sondern gezeichnet wird. Außerdem gibt es etwas zu raten. Also eine nette Möglichkeit, eine Pause zu gestalten.

*Ziel*  ▶  Unterbrechung, kreatives Tun

*Verlauf*
**Vorbereitung**

Sie bereiten eine Folie vor, auf der die Teilnehmer nach Zahlen malen können. Solche Folien kann man selbst herstellen (siehe Trainer-Hinweis).

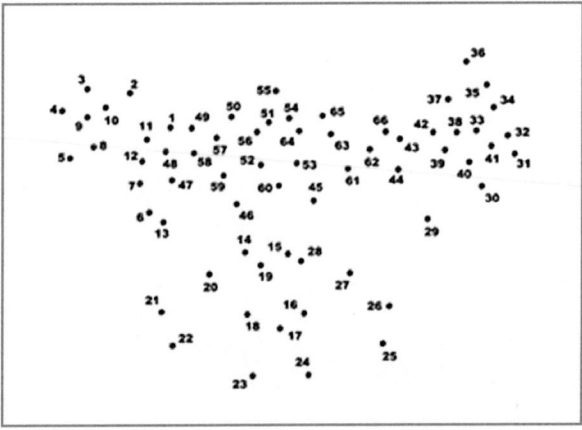

**Im Webinar**

Sie zeigen die Folie und bitten die Teilnehmer, die Zahlen mit dem Zeichenstift zu verbinden. Dazu sollten alle eine dünne Stiftstärke nehmen. Vielleicht ruhig mit unterschiedlichen Farben.

**Tipp**

Bitten Sie die Teilnehmer, an ganz unterschiedlichen Stellen zu beginnen (nicht alle bei 1) und von dort aus das Bild zu zeichnen und zu erraten. Wer als Erster die Lösung weiß, soll es in den Chat schreiben.

Gut wäre es, wenn es einen Privatchat gibt, in dem nur der Moderator den Ergebnisvorschlag lesen kann. Oder Sie lassen ihn sich per SMS oder E-Mail schicken, damit die anderen es nicht schon lesen und motiviert bleiben, weiterzuzeichnen.

Auf dieser Seite können Sie nach einem Foto eine solche Vorlage erstellen: *www.coloryourphoto.de/*

*Trainer-Hinweis*

V   Zeichnen, in den Chat schreiben
K   Spaß, raten

*Lerntypen*

# Mathematische Aufgabe

| Medien | Folie |
|---|---|
| TN-Aktivität | Tüfteln |
| TN-Zahl/Gruppengröße | Beliebig |
| Sozialform | Plenum |
| Webinartyp | Einzel-Webinar, Webinar-Reihe, längere Schulung |

*Methode*  Etwas zum Tüfteln in einer Pause oder als Unterbrechung.

*Ziel*  ▶  Kurze Unterbrechung

*Verlauf*  Sie zeigen eine Folie:

> Stellen Sie mit einem Strich diese mathematische Aufgabe richtig.
>
> 5 + 5 + 5 = 550

Auflösung:
5 4 5 +5 = 550

*Trainer-
Hinweis*  Sie können die Teilnehmer auffordern, erst einmal jeder für sich auf Papier auszuprobieren, bevor sie dann ihre Lösung auf der Folie eintragen.

*Quelle*  Aus Axel Rachow: Sichtbar. managerSeminare.

*Lerntypen*  V  Zahlen, tüfteln

# Nur ein Wort

| Medien | Folie |
|---|---|
| **TN-Aktivität** | Tüfteln und denken |
| **TN-Zahl/Gruppengröße** | Beliebig |
| **Sozialform** | Plenum |
| **Webinartyp** | Einzel-Webinar, Webinar-Reihe, längere Schulung |

Wieder eine kleine Herausforderung für Tüftler und Denker. Es gibt Menschen, die solche Spiele lieben und andere, die sie hassen. Daher immer mal abwechselnd unterschiedliche Methoden einsetzen.

*Methode*

▶ Kleine kreative Unterbrechung

*Ziel*

Sie zeigen folgende Folie mit der Anweisung: *„Bitte ordnen Sie die Buchstaben so, dass da hinterher nur ein Wort steht."*

*Verlauf*

Die Teilnehmer tüfteln und tüfteln – sie können dann nach einer kleinen Weile ihre Vorschläge in den Chat schreiben. Wenn die Gruppe gar nicht drauf kommt, zeigen Sie nach einer Weile die Auflösung:

Axel Rachow: Sichtbar. managerSeminare.

*Quelle*

V   Lesen, tüfteln
K   Herausforderung

*Lerntypen*

# Parvatasana (Berghaltung) – Schulterdehnung

| Medien | Folie, evtl. Webcam |
|---|---|
| TN-Aktivität | Mitmachen, bewegen, dehnen, Yoga |
| TN-Zahl/Gruppengröße | Beliebig |
| Sozialform | Plenum, auf dem Stuhl sitzend oder im Stehen |
| Webinartyp | Webinar-Reihe, längere Schulung |

*Methode* Als Energizer können Sie auch leichte Körper- und Dehnungsübungen anbieten, wie diese Yoga-Übung, die Berghaltung.

*Ziel* ▶ Dehnung des Nacken- und Schulterbereichs

*Verlauf* Bei dieser Übung können Verspannungen im Nacken und Schulterbereich (die viele Menschen haben, vor allem wenn sie viel am PC arbeiten) erst einmal deutlicher werden. Langfristig werden sie durch die Übung gelöst oder gemildert.

**Anleitung**

▶ *„Richten Sie die Wirbelsäule auf und heben Sie die Arme seitlich bis in Schulterhöhe an. Die Handflächen zeigen nach vorne – und Sie dehnen bis in die Fingerspitzen.*

▶ *Öffnen Sie die Arme noch etwas weiter nach hinten, sodass der Brustkorb gedehnt wird.*

▶ *Heben Sie de Arme an und legen Sie die Hände mit den Handflächen gegeneinander. Stellen Sie die Hände auf den Kopf auf (die Fingerspitzen zeigen nach oben) und nehmen die Ellbogen zurück.*

Zamyat M. Klein: 150 kreative Webinar-Methoden

▶ *Dann lassen Sie die Hände aufsteigen, bis die Arme gestreckt sind. Verschränken Sie alle Finger miteinander, bis auf die Zeigefinger. Denen Sie weit nach oben und lassen Sie den Atem fließen.*

▶ *Halten Sie diese Position eine Weile."*

▶ Das ist einer der Unterschiede zur Gymnastik: Es werden keine rhythmischen Bewegungen ausgeführt, sondern es geht darum, bewusst in eine Haltung hineinzugehen, dort eine Weile zu bleiben und dabei immer mehr zu entspannen, sich immer tiefer in diese Haltung „sinken" zu lassen. Dann genauso langsam und bewusst wieder herauskommen. Anschließend nachspüren.

▶ Es sind also jeweils vier Phasen, die alle gleich bedeutsam sind und bewusst ausgeführt werden sollten. Gerade beim Nachspüren wird oft die Wirkung einer Übung erst deutlich, das Blut fließt zurück, die Entspannung kann eintreten. Wenn man einfach von einer Übung in die andere springt, nimmt man nicht so deutlich wahr, was mit dem Körper geschieht – und dann ist die Wirkung auch nicht so tief.

*Trainer-Hinweis*

K   Bewegung, Körperübung

*Lerntypen*

# Paschimottanasana – Vorbeuge

| Medien | Foto |
|---|---|
| TN-Aktivität | Aufstehen, dehnen, Yoga |
| TN-Zahl/Gruppengröße | Beliebig |
| Sozialform | Plenum |
| Webinartyp | Einzel-Webinar, Webinar-Reihe, längere Schulung |

*Methode*  Sehr angenehm nach langem Sitzen am PC. Den Rücken einmal so ganz zu dehnen, ist für die meisten Menschen sehr wohltuend.
Durch das Abstützen der Hände können auch Personen diese Übung durchführen, für die die normale Vorbeuge (den Oberkörper einfach nach unten hängen lassen) nicht möglich oder angenehm ist.

*Ziel*  ▶ Gesunde Unterbrechung bei langem Sitzen am Schreibtisch

*Verlauf*  Sie erklären vorher kurz die Übung anhand des Fotos. Dann bitten Sie die Teilnehmer, einmal aufzustehen und die Übung nach Ihrer Ansage mitzumachen. Sie können sich entweder in einem Abstand vom Schreibtisch aufstellen, um die Hände an der Tischkante abzustützen oder in einem Abstand hinter ihren Stuhl, um sich an der Rückenlehne abzustützen.

**Anleitung**

▶ *„Stehen Sie auf und stellen Sie sich etwa einen Meter hinter einen Tisch (Stuhl). Mit der nächsten Einatmung nehmen Sie die Arme nach oben und dehnen sich weit nach oben.*

▶ *Mit der nächsten Ausatmung neigen Sie sich mit ganz geradem Körper nach vorne, bis der Oberkörper parallel zum Boden ist. Gleichzeitig lassen Sie die Arme sinken und stellen die Fingerspitzen auf der Tischkante (Stuhllehne) ab. Der Kopf bleibt zwischen den Armen, so dass Rücken und Halswirbelsäule möglichst eine Linie bilden.*

Zamyat M. Klein: 150 kreative Webinar-Methoden

- *Stellen Sie sich vor, dass Sie vorne an den Händen gezogen werden und gleichzeitig am Gesäß nach hinten, sodass der ganze Rücken lang gedehnt wird.*
- *Bleiben Sie so lange in der Haltung, wie es angenehm ist.*
- *Dann stützen Sie sich beim Aufrichten mit den Händen weiter auf der Tischkante (Stuhllehne) ab, beugen Sie die Knie leicht und kommen in kleinen Schritten nach vorne.*
*Richten Sie sich dabei langsam auf – keine abrupten Bewegungen!"*

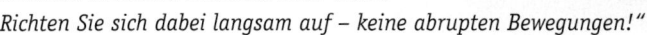

- Am besten erklären Sie vor der Übung schon, wie das Zurückkommen funktioniert, da die Teilnehmer vielleicht nicht alle zur gleichen Zeit die Übung beenden. Das achtsame Zurückkommen aus der Haltung ist aber wichtig. Wenn man nach der starken Dehnung einfach plötzlich hochkommt, kann das ungesund sein.
- Sie können statt der Stuhllehne oder der Tischkante auch Krücken oder Walking-Stöcke einsetzen.
- Wenn die Kabel der Headsets nicht lang genug sind, dass die Teilnehmer Ihre Ansagen hören und gleichzeitig die Übung machen können, dann erklären Sie die Übung vorher genau und lassen sie dann ausführen.

*Trainer-Hinweis*

---

K   Körperübung, Bewegung

*Lerntypen*

# Sätze bilden

| Medien | Chat |
|---|---|
| TN-Aktivität | Schreiben oder sprechen |
| TN-Zahl/Gruppengröße | Bis 12 TN |
| Sozialform | Plenum |
| Webinartyp | Einzel-Webinar, Webinar-Reihe, längere Schulung |

*Methode* Eine kreative Schreibübung, als Energizer möglich, aber auch in Verbindung mit einem Thema.

*Ziel* ▶ Kreative Pause, Teilnehmeraktivierung

*Verlauf* Die Teilnehmer sollen im Chat Sätze bilden, indem jeder ein Wort schreibt. Teilnehmer A beginnt mit einem Wort, B schreibt das zweite Wort usw. Die Reihenfolge sollte klar sein: entweder durch die Teilnehmerliste oder Sie haben eine Folie vorbereitet. Wenn jemand meint, der Satz sei zu Ende, setzt er einen Punkt.

*Variante* Sie können die Übung auch mündlich durchführen lassen: Jeder sagt reihum ein Wort. Das ist natürlich noch etwas schwieriger, weil man sich alle Vorwörter merken muss.

*Lerntypen*
V  Schreiben
A  Mündliche Variante
K  Spielen

# Wie viele Quadrate zählen Sie?

| Medien | Folie |
|---|---|
| TN-Aktivität | Zählen |
| TN-Zahl/Gruppengröße | Beliebig |
| Sozialform | Plenum |
| Webinartyp | Einzel-Webinar, Webinar-Reihe, längere Schulung |

Eine kleine Konzentrationsübung für zwischendurch.

*Methode*

▶ Unterbrechung, Konzentration

*Ziel*

Sie zeigen die Folie und stellen die Frage: *„Wie viele Quadrate zählen Sie?"* Dann lassen Sie den Teilnehmern einen Moment Zeit und bitten sie vorher. nichts in den Chat zu schreiben, bis Sie dazu auffordern.

*Verlauf*

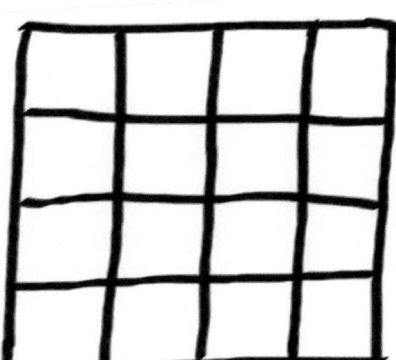

Auf Ihr Signal hin sollten alle gleichzeitig in den Chat schreiben und auf „Senden" drücken, sodass sie unbeeinflusst voneinander die Ergebnisse schreiben.

### Auflösung

Möglich sind 30 Quadrate:
▶ 16 Quadrate mit einem Kästchen
▶ 9 Quadrate mit vier Kästchen
▶ 4 Quadrate mit neun Kästchen
▶ 1 Quadrat mit 16 Kästchen

*Trainer-*
*Hinweis*
Für Kinästheten ist so etwas natürlich leichter, wenn sie etwas anfassen können. Empfehlen Sie ihnen, sich vor dem Webinar eine Tafel Ritter-Sport-Schokolade zu kaufen und daneben zu legen, dann können sie es praktisch ausprobieren :-).

*Quelle*
Aus Axel Rachow: Sichtbar. managerSeminare.

*Lerntypen*
V   Schauen, zählen
K   Spiel, Herausforderung

# Wischi Waschi

| Medien | Video |
|---|---|
| **TN-Aktivität** | Bewegung im Rhythmus |
| **TN-Zahl/Gruppengröße** | Beliebig |
| **Sozialform** | Plenum |
| **Webinartyp** | Einzel-Webinar, Webinar-Reihe, längere Schulung |

Bewegungsspiele sind bei Webinaren ja am schwierigsten umzusetzen. Mit einem passenden Video können Sie aber auch das ermöglichen.

*Methode*

▶ Energizer zwischendurch

*Ziel*

**Vorarbeit**

*Verlauf*

Stellen Sie je nach Plattform vorher den Film ein, damit Sie ihn direkt im Webinarraum abspielen können.
*www.youtube.com/watch?v=1WfP0Nfw5ZY*

**Im Webinar**

Sie erklären den Teilnehmern kurz, worum es geht und laden sie zu einer bewegten Übung ein. Erklären Sie auch, dass es nicht so sehr darum geht, die Bewegungen sofort perfekt zu können, sondern dass die Hauptwirkung durch das Bemühen entsteht, es richtig hinzubekommen. Dabei „rappelt es im Gehirn", und nur darum geht es.

Dann spielen Sie das Video ab und bitten die Teilnehmer, einfach mitzumachen. Da niemand sie bei der Übung sehen kann, fühlen sie sich vielleicht noch freier als in einem Präsenzseminar. Andererseits wird man da durch den Schwung der Gruppe mitgenommen und hat mehr zu lachen ...

**Weiterarbeit**

Sie können anschließend fragen, wer wirklich mitgemacht hat (Häkchen setzen lassen) oder wie es den Teilnehmern gefallen hat. Lassen Sie ein kurzes Feedback in den Chat schreiben. Wer mag, kann auch eine mündliche Rückmeldung geben.

*Trainer-Hinweis*

▶ Probieren Sie am besten vorher aus, ob und wie es mit Videos auf Ihrer Webinarplattform klappt. Ich habe einmal erlebt, dass ich das Video nicht sehen konnte, wohl aber meine Teilnehmer. Sie mussten mir dann sagen, wenn es zu Ende ist. So kann man immer wieder mal Überraschungen erleben.

▶ Denkbar ist auch, dass Sie den Bewegungsablauf „live" via Webcam vormachen.

*Quelle*

Zamyat M. Klein: Das tanzende Kamel – 33 kreative und bewegte Spielszenen für Trainings und Seminare. DVD. managerSeminare.

*Lerntypen*

A Musik
K Bewegung, Musik, Spaß

# Wohin fährt der Bus?

| Medien | Folie |
|---|---|
| TN-Aktivität | Denken, schreiben |
| TN-Zahl/Gruppengröße | Beliebig |
| Sozialform | Plenum |
| Webinartyp | Einzel-Webinar, Webinar-Reihe, längere Schulung |

Eine nette kleine Denksportaufgabe, die zur Auflockerung oder auch zum Einstieg genutzt werden kann.

*Methode*

▶ Auflockerung, Unterbrechung

*Ziel*

Sie zeigen eine vorbereitete Folie oder Sie zeichnen spontan einen Bus auf ein Whiteboard mit der Frage: *„Wohin fährt der Bus?"*

*Verlauf*

Die Teilnehmer sollen ihre Antworten in den Chat schreiben (wenn vorhanden, am besten in den Privatchat an Sie als Trainer). Sie können erst einmal einige Sekunden Zeit lassen.

**Antwort**

Der Bus fährt nach links, denn Busse haben die Türen stets auf der Beifahrerseite! Und hier ist keine Tür zu sehen.

Axel Rachow: Sichtbar. managerseminare.

*Quelle*

V   Zeichnung sehen, kombinieren, schreiben
K   Tüfteln

*Lerntypen*

# Zusammengesetzte Wörter

| Medien | Chat |
|---|---|
| TN-Aktivität | Schreiben |
| TN-Zahl/Gruppengröße | Bis 12 TN |
| Sozialform | Plenum |
| Webinartyp | Einzel-Webinar, Webinar-Reihe, längere Schulung |

*Methode*  Ein Schreibspiel zur Anregung der Kreativität oder als Energizer. Es kann auch eine Verbindung zum Seminarthema hergestellt werden.

*Ziel*  ▶ Auflockerung, Unterbrechung

*Verlauf*  Die Teilnehmer sollen eine Wortschlange aus zusammengesetzten Wörtern bilden. Sie zeigen erst ein Beispiel und dann beginnen Sie mit dem ersten Wortteil und schreiben ihn in den Chat.

Der erste Teilnehmer schreibt „Seminar", der nächste beispielsweise „Haus", wäre also Seminarhaus. Der übernächste nimmt dann „Haus" als erste Silbe und baut daraus ein neues Wort: „Bau" usw. Die Kette könnte dann etwa so aussehen: Seminar-Haus, Haus-Bau, Bau-Stelle, Stelle(n)-Angebot, Angebots-Vergabe usw.

*Trainer-Hinweis*  Die Reihenfolge der Teilnehmer sollte klar sein, damit das Spiel zügig geht. Entweder gehen Sie nach der Teilnehmerliste vor oder Sie haben eine Folie mit allen Namen im Kreis vorbereitet.

*Lerntypen*  V  Wörter schreiben
A  Mündliche Variante
K  Spiel

# Kapitel II
# 10 Profi-Tipps für erfolgreiche Webinare

# 10 Profi-Tipps

# Ein Live-Online-Seminar vorbereiten

Bei der inhaltlichen Vorbereitung und Planung eines Online-Seminars nutze ich ein ähnliches Phasen-Modell wie für Präsenzseminare. Doch die Vorbereitung eines Webinars beinhaltet weitere Überlegungen, die über die Seminarphasen hinausgehen.

**Vorbereitung**

1. Zielgruppe klären
2. Lernziele bestimmen
3. Ablaufplan erstellen
4. Technische Vorbereitung

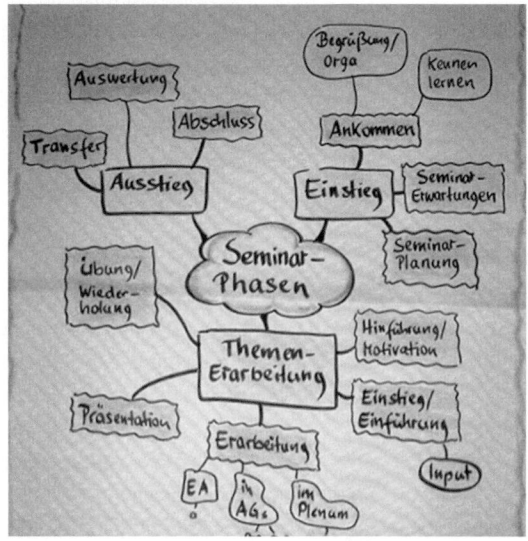

Abb.: Phasen eines Präsenzseminars

Abb.: Phasen eines Live-Online-Seminars

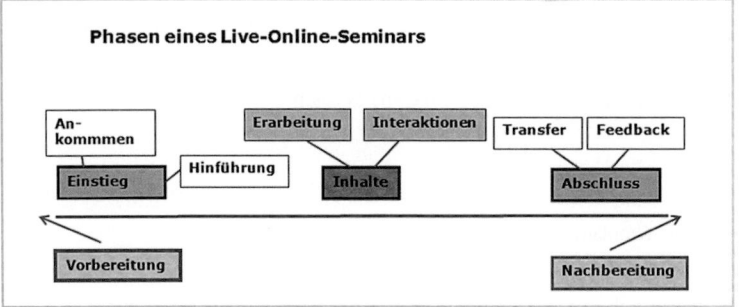

## 1. Zielgruppe klären

Eine Seminardurchführung gelingt, wenn Sie sich Gedanken um Vorwissen und Interessen Ihrer Teilnehmer machen. Ist dies bekannt, können Sie die

Inhaltsauswahl und Aufbereitung des Stoffs passgenau abstimmen. Der Lernerfolg wird dadurch erheblich gesichert. Diese Fragen sollten Sie sich daher stellen:

▶ Wer sind meine Teilnehmer (Alter, Geschlecht, Bildung, Beruf, Funktion im Unternehmen)?

▶ Wie ist die Zielgruppe zusammengestellt (homogen, heterogen, Team/ Einzelne)?

▶ Kennen sich die Teilnehmer untereinander? Gibt es hierarchische Abhängigkeiten?

▶ Muss ich mit Spannungen und Konflikten rechnen?

▶ Was ist die Motivation der Teilnehmer, das Seminar zu besuchen (freiwillig/geschickt)?

▶ Welche (Online-)Lernerfahrungen haben meine Teilnehmer?

▶ Welche Vorkenntnisse und Erwartungen haben die Teilnehmer zum Thema?

## 2. Lernziele bestimmen

Zum Bestimmen der Lernziele machen Sie sich bewusst, was die Teilnehmer am Ende einer Lerneinheit oder eines Webinars wissen und können sollen. Welche Erkenntnisse sollen sie gewonnen haben, womöglich sogar: Welche Verhaltensänderungen sollen bewirkt werden?

Entsprechend legen Sie dann die Lerninhalte und Themen fest und wählen dazu die passenden Methoden aus. Am Ende kann noch eine Überprüfung stattfinden, ob die Ziele erreicht wurden.

Es werden folgende Lernzielarten unterschieden:

▶ Kognitive Lernziele
Wissen, Denken, intellektuelle Fähigkeiten (z.B. den Ablauf eines Live-Online-Seminars kennen und verstehen, eine Sprache lernen, die Regeln der Kommunkation oder des Verkaufs kennen)

▶ Affektive Lernziele
Veränderung von Interessen, Einstellungen, Werten und Haltungen (z.B. von der Wichtigkeit der Eigenmotivation überzeugt sein)

▶ Psychomotorische Ziele
Manuelle und motorische Fertigkeiten im Umgang mit Werkzeug und Material sowie alle Handlungen, die eine Koordination von Bewegungsabläufen erfordern (z.B. das Whiteboard für alle Teilnehmer freischalten oder Yogaübungen am PC)

### 3. Ablaufplan erstellen

Nach diesen Vorüberlegungen können Sie nun in die konkrete Planung gehen und einen Trainerleitfaden erstellen – ob in Tabellenform oder als Mind Map. Sie können alle folgende Punkte in eine Tabelle aufnehmen oder sie entsprechend Ihren Bedürfnissen anpassen und auch Punkte weglassen. Das hängt auch damit zusammen, wie vertraut Ihnen ein Thema schon ist oder ob es ganz neu ist.

▶ Lernziel
▶ Seminarphase
▶ Thema/Inhalt
▶ Methode/TN-Aktivität
▶ Medien
▶ Zeit
▶ Folien-Nr.
▶ Lerntyp
▶ evtl. Text (wichtigste Schlagworte)

Wichtig: Bei der Berechnung der Zeit müssen auch eventuell gestellte Fragen der Teilnehmer eingerechnet werden (von Teilnehmeranzahl abhängig)!

Alternativen zur Tabellendarstellung
▶ Notizenfunktion in PPT
▶ Handzettel mit Folientext                                                    Abb.: Beispiel
▶ Mind Map                                                                      Tabellendarstellung

**Trainerleitfaden Webinar**
**Thema: Das fängt ja prima an! – Einstiegsmethoden**

| Seminarphasen/ Inhalt/Thema | Lernziel | Methoden/ TN-Aktivierung | F-Nr | Folie | Material und Medien | Zeiten/ Dauer | Lerntyp | Sozialform |
|---|---|---|---|---|---|---|---|---|
| Einstieg | Einstieg und Orientierung | | F1 | Titel | | 5 Min. | V | Plenum |
| | Ankommen und Visualisierungs-Beispiel | | F2 | Foto | Fußmatte | | V K | |
| | | | F3 | Technik-Check | | | | |
| | Visualisierungs-Beispiel | | F4 | Willkommen | Flipchart mit Pastellkreide | | V | |
| TOPs | Überblick und Visualisierungs-Beispiel | | F5 | TOPs | | | V | |
| | Einfache kreative Visualisierungsmöglichkeiten kennenlernen | Abfrage/ TN kreuzen mit Stift zutreffendes an | F6 | Frage zu Flips | | 5 Min. | V K | |
| | Trainerin kennenlernen | | F7 | Vita | | | V | |
| Kennenlernen | | | | | | | | |
| | Wohnort der TN | Landschaften stellen/ Mit Pointer zeigen | F20 | Landkarte | Landkarte | 5 Min. | V K | |
| | | Flohmarkt | F21 | Aufgabe | | 3 Min. | | |
| | | Gegenstand auswählen | F22 | Foto | Foto mit Gegenständen | | V K | |
| | Kennenlernen der TN untereinander | TN- Runde: jeder stellt sich anhand seines Gegenstands vor | F23 | Folie | | 10-15 Min. | A | |
| | Reflexion und Zusammenfassung | TN schreiben in den Chat | F 29 | Welche Methoden | | 5 Min. | V | |

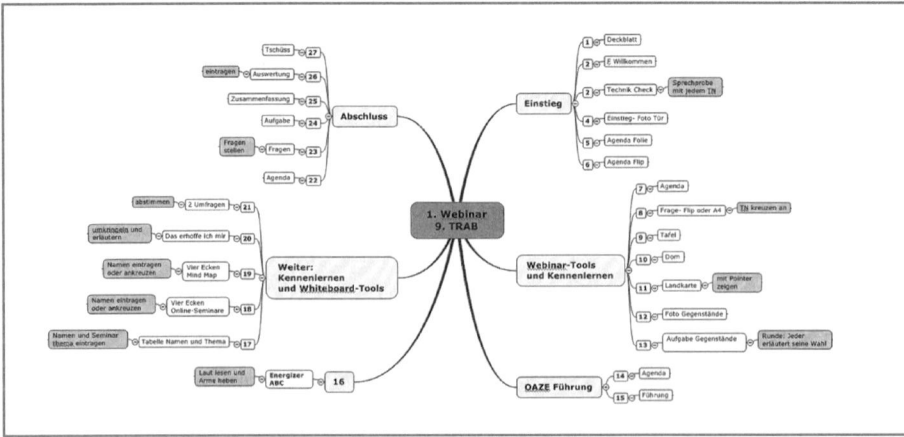

Abb.: Darstellung als
Mind Map

Das dargestellte Mind Map ist nur eine grobe Planung mit Foliennummer, Thema der Folie und den Teilnehmeraktivitäten, die in den äußeren Wolken stehen. Eine solche Planung reicht bei Themen, die Sie häufig durchführen, bei einem neuen Seminar sind sicher noch weitere Angaben hilfreich, wie etwa Zeitangaben, die Sozialformen und Lerntypenverteilung.

### Rhythmisierung

Rhythmisierung ist ein Begriff aus der Suggestopädie. Es bezeichnet die Gesamtchoreografie eines Seminars, den Aufbau, Hinführung und Abschluss, die Höhepunkte und den Wechsel in Methodik und Sozialformen.

▶ Wechseln von aktiv und passiv
▶ Wechsel der Sozialformen
▶ Einbau von Energizern

Bei einem Mind Map sieht man es am besten, ob ein regelmäßiger Wechsel in der Choreografie stattfindet oder ob man für den Vormittag beispielsweise fünf Vorträge zu verschiedenen Themen geplant hat und nachmittags nur Arbeitsgruppen. Das wäre für Konzentration und Lernerfolg nicht so sinnvoll.

Auch sollten Sie den regelmäßigen Einbau von Energizern vorher einplanen, jeweils nach den Pausen und wenn ein Thema abgeschlossen ist. Sie gelten als Zäsur vor neuen Inhalten.

### Dauer von Trainer-Beitrag und Input

In Online-Seminaren sollten reine Trainer-Vorträge deutlich kürzer sein als in Präsenzseminaren, weil die Beanspruchung der Teilnehmer hier noch viel einseitiger ist. Sie sitzen nur am PC und starren auf den Bildschirm und die Folien. Daher sollten auch während eines längeren Inputs immer

wieder kleine Teilnehmeraktivierungen eingebaut werden, die die Teilnehmer zumindest gedanklich aktiv einbeziehen, etwa durch eine Frage, über
die jeder kurz nachdenkt, eine kleine Abfrage, wo nur ein Handzeichen
gegeben wird oder eine rasche Umfrage. Es müssen keine langen Aktionen
sein, aber der Trainer zeigt damit, dass er sich noch bewusst ist, dass dort
auf der anderen Seite lebende Menschen sitzen.

### Teilnehmeraktivierung

Darüber hinaus gibt es viele Methoden, die eine ausführlichere Teilnehmeraktivierung ermöglichen und erfordern, bei denen die Teilnehmer etwas
erarbeiten, sich austauschen und miteinander kommunizieren. Nur so kann
der Input des Trainers auf fruchtbaren Boden fallen und einen Gewinn darstellen – als Basis für die weitere Erarbeitung.

### Berücksichtigung aller Lerntypen (im Wechsel)

Das Einbeziehen der Lerntypen in Live-Online-Webinare erfordert noch
einmal eine ganz besondere Aufmerksamkeit. Ist es in Präsenzseminaren
schon nicht so einfach, so braucht es in Webinaren einer ganz gezielten
Planung und auch sicher etwas Mut, um auch Methoden durchzuführen,
die alle mit ins Boot holen – auch die Kinästheten. Menschen mit visuellen
und auditiven Lernpräferenzen können leichter bedient werden. Mehr hierzu ab Seite 395.

### 4. Technische Vorbereitung

Sie haben das Webinar inhaltlich und methodisch vorbereitet und müssen
nun auch alles Technische vorbereiten. Am besten machen Sie sich eine
Checkliste, damit Sie nichts vergessen. Denn auch die Vorbereitungen sind
je nach Plattform unterschiedlich. Ich werde hier als Beispiel jeweils Adobe
Connect und edudip anführen, bei einer anderen Plattform müssen Sie es
für sich entsprechend verändern.

### edudip

Um dort ein Webinar durchzuführen, muss ich den virtuellen Klassenraum
erst einrichten. Titel, Datum, Uhrzeit, Länge, öffentliche oder private
Einstellung (für interne Webinare) usw. Wenn das abgeschlossen ist, kann
ich theoretisch schon in den VC, um dort evtl. weitere Vorbereitungen zu
treffen.

**Einladung der Teilnehmer:** Ich kann über edudip die Teilnehmer einladen, sie erhalten dann vom Betreiber die Einladung zusammen mit dem
Link zum Seminarraum und zu einem Systemcheck. Außerdem bekommen
sie eine Erinnerungs-Mail einen Tag und eine Stunde vorher.

**Unterlagen hochladen:** Sie können bereits vorher ihre PowerPoints oder eine PDF hochladen, die Sie im Webinar nutzen wollen. Zudem können Sie schon Umfragen vorbereiten. Auch bietet edudip zu jedem Webinar ein kleines Forum an, da können Sie ebenfalls bereits Unterlagen, Arbeitsblätter oder PDFs für Ihre Teilnehmer hochladen.

### Adobe Connect

Da ich dort nur Schulungen für andere Auftraggeber mache, muss ich den Raum nicht selbst einrichten. Aber ich lade auch dort vorher meine Power-Point hoch und kann Umfragen einrichten. Ich kann auch schon für die Arbeitsgruppen Whiteboards vorbereiten und zum Beispiel die Fragen für die jeweilige Arbeitsgruppe formulieren.

Auch andere Materialien kann ich vorbereitend hochladen, die ich beispielsweise den Teilnehmern während des Webinars zum Download anbiete. Vor Beginn des Webinars muss ich noch einstellen, dass den Teilnehmer der Zugang erlaubt wird. Den kann ich so lange sperren, bis ich mit meinen Vorbereitungen fertig bin.

**Systemcheck, Mikro und Webcam:** Natürlich sollte ich als Trainer auch rechtzeitig vorher checken, ob meine eigene Technik läuft. Also den Systemcheck durchführen (habe ich noch den aktuellsten Flash-Player installiert?), den Ton und die Webcam überprüfen. Wird meine Webcam von der Plattform erkannt oder muss ich da noch etwas einstellen?

### Vorbereitung des Trainers

Eine wesentliche Grundvoraussetzung für das Halten von Webinaren ist, dass Sie sich vorher mit der Plattform vertraut gemacht haben. Die virtuellen Räume auf den verschiedenen Plattformen sind sehr unterschiedlich aufgebaut. Arbeiten Sie sich vor dem Webinar gründlich in die Bedienung ein. Machen Sie mit einigen Freunden oder Kollegen ein Test-Webinar. Denn erst dann merkt man manche Tücken und Eigenheiten. Es reicht in der Regel nicht, sich nur mal kurz das Einführungsvideo des jeweiligen Anbieters anzuschauen und den Raum einzurichten.

Während des Webinars sollten Sie sicher in der Bedienung der Werkzeuge sein. Es geht erfahrungsgemäß ohnehin immer noch genug schief :-). Ich bin eigentlich kein pessimistischer Mensch. Doch meine Erfahrung zeigt mir, dass es immer wieder und vor allem immer wieder neue Probleme und Störungen bei Webinaren gibt. Oft können Sie sie gar nicht beeinflussen.

Daher sollten Sie auf jeden Fall die Störungen ausschließen, die Sie eben selbst in der Hand haben (siehe Beitrag: Technische Probleme und Störungen während eines Webinars ab Seite 374)

---

**Kleine Tipps für den Verlauf des Webinars**

- ▶ Störungen ausschalten
- ▶ Je nachdem, von wo aus Sie arbeiten, sorgen Sie dafür, dass niemand hereinkommt. Hängen Sie ein Schild an die Tür. Stellen Sie die Türklingel leise und das Telefon auch. Da Sie ja die ganze Zeit über das Mikro zu hören sind, wäre das sonst für Ihre Teilnehmer höchst irritierend. Und für Sie selbst auch.
- ▶ Stellen Sie sich etwas zu trinken hin, am besten stilles Wasser. Vielleicht auch einen Strohhalm, dann können Sie unauffällig am Mikro vorbei trinken.
- ▶ Sorgen Sie für frische Luft.
- ▶ Und halten Sie die Support-Nummer griffbereit.
- ▶ Als Sicherheit ist auch eine Telefonnummer eines Teilnehmers hilfreich, den Sie notfalls anrufen oder per SMS benachrichtigen können, wenn Sie ganz rausfliegen (wenn ich beispielsweise das Webinar aus der Türkei halte und just in dem Moment der Strom ausfällt) – und der dann zur Not die anderen informieren kann.
- ▶ Ansonsten stehen Sie auf, strecken Sie sich, atmen Sie einge Male tief durch und legen Sie los!

# Ein Live-Online-Seminar durchführen

### Einstieg, Ankommen, Begrüßung

In Präsenzseminaren betreten Sie auch nicht den Raum, gehen an Ihren Platz und starten die erste Folie. Vielmehr begrüßen Sie Ihre Teilnehmer, vielleicht auch einzeln per Handschlag, wenn diese nach und nach eintreffen. Und dann werden Sie wahrscheinlich noch einmal die gesamte Gruppe willkommen heißen, wenn Sie dann starten.

Entsprechend sollten Sie auch in einem Webinar jeden Teilnehmer mit Namen ansprechen und begrüßen. Oft verbinde ich das mit dem Soundcheck, den ich anfangs mit jedem durchführe.

Und wie auch in Präsenzseminaren gibt es ein Willkommensplakat (in diesem Fall eine Folie) und zum Einstieg erst einmal einen Überblick über die Planung, die Agenda, um den Teilnehmern eine Orientierung zu bieten, was sie im Webinar erwartet.

Sie können zu Beginn einige Regeln erläutern (Hand heben, wer etwas sagen möchte etc.) und dabei einige Funktionen des VC erläutern, die Sie gemeinsam nutzen werden.

Und wie ich es in Präsenzseminaren und Workshops immer befürworte, so gilt auch für Online-Seminare: Geben Sie Ihren Teilnehmern Zeit anzukommen, sich zu orientieren, sich kennenzulernen und miteinander in Kontakt zu kommen. Auch bei einer kurzen Veranstaltung kann man rasch eine entsprechend kurze Übung vorschalten. Drei Minuten fürs Warm up sind immer möglich. Denn nur wenn Sie einen Kontakt zwischen Teilnehmern und zum Trainer hergestellt haben, können Sie vernünftig miteinander arbeiten.

Während der Durchführung blende ich immer wieder die Agenda ein, wenn ein Thema oder Abschnitt beendet ist und ein neues Thema beginnt. Auf diese Weise haben die Teilnehmer immer wieder eine Orientierung.

Zamyat M. Klein: 150 kreative Webinar-Methoden

Am Ende gibt es stets noch einmal eine Zusammenfassung, was alles während des Webinars an Themen, Inhalten, Methoden und Aktivitäten behandelt wurde. Und wie auch im Präsenzleben folgt daran eine Auswertung und ein Abschluss.

## Nachbereitung

Wie für die Vorbereitung sollten Sie sich auch für die Nachbereitung eine Checkliste anlegen. Was zur Nachbereitung gehört, hängt auch ein wenig von der Plattform ab. Oft gehört es dazu, den Chat abzuspeichern und den Teilnehmern anschließend zur Verfügung zu stellen.

Ebenso sollten Sie die Ergebnisse von Arbeitsgruppen oder im Plenum abspeichern, wo die Teilnehmer etwas auf dem Whiteboard geschrieben, gesammelt, angekreuzt haben.

Bereiten Sie im Nachgang außerdem ein Handout für die Teilnehmer auf und laden Sie es in einem Forum hoch (ich nehme dazu eine PPP mit Notizfunktion, die ich anschließend als PDF hochlade).

Vielleicht gab es noch andere Dinge, die nachgefragt wurden, Links, die Sie noch einstellen wollten, ein Foto oder was auch immer. Manchmal wollen auch Teilnehmer etwas schicken, das Sie dann allen zugänglich machen. Auch hierzu eignet sich ein eingerichtetes Forum. Oder Sie verschicken diese Unterlagen per Serien-Mail.

## VC aufräumen

Bei Adobe muss man anschließend die Räume noch aufräumen. Den Chat löschen, die AG-Ergebnisse löschen, die Arbeitsgruppen zurücksetzen, die Unterlagen löschen.

## Trainer-Reflexion

Es ist sehr sinnvoll, am Ende kurz zu reflektieren, was gut gelaufen ist und was vielleicht nicht. Hier sollten Sie sich schriftlich notieren, worauf Sie beim nächsten Mal achten wollen etc. Vielleicht entwickeln Sie auch dazu ein Raster oder ein Mind Map, das Sie dann anschließend nur kurz ausfüllen.

Und dann nehmen Sie das Headset ab, fahren den PC runter und genießen Ihren Feierabend!

# Technische Probleme und Störungen während eines Webinars bewältigen

Abb.: Einatmen. Ausatmen. Lächeln. Quelle: Silvia Doberenz, www. die-erleuchterin.de

Den ersten Tipp, den ich Ihnen geben kann: Schaffen Sie sich in diesem Punkt ein dickes Fell an und üben Sie sich in Gelassenheit. Es ist einfach ein Fakt, dass immer wieder technische Probleme auftreten, die alle Teilnehmer nervös und ärgerlich machen. Denen ist es auch völlig egal, ob Sie Schuld an der Störung haben oder nicht – es wird zunächst als lästige Störung erlebt. Daher ist es in solchen Situationen fast das Wichtigste, dass Sie als Webinar-Leiter ganz entspannt, freundlich und humorvoll reagieren, während Sie nach Lösungen suchen. Als Teilnehmerin habe ich das bei Kollginnen immer sehr bewundert, wenn ich erleben durfte, wie souverän sie reagierten. Und ich selbst bekam es auch schon als Feedback von Teilnehmern, dass sie es toll fanden, wie gelassen und humorvoll ich damit umgegangen sei.

Probleme und Störungen sind leider so vielfältig und können so unterschiedliche Ursachen haben, dass Sie die meisten überhaupt nicht selbst beheben können. Daher lautet der zweite grundlegende Tipp: Legen Sie die Telefonnummer des jeweiligen Supports griffbereit, sodass Sie entweder selbst sofort dort anrufen können oder betroffenen Teilnehmern die Nummer geben, damit diese dort anrufen.

Ganz grob könnte man die Ursachenfelder so aufteilen:
▶ Technische Probleme, die mit der Plattform zu tun haben (und die weder Sie noch die Teilnehmer lösen können, sondern nur der entsprechende Support)
▶ Probleme durch falsche Bedienung der Teilnehmer. Nach meiner Erfahrung sind 90 Prozent aller Störungen auf unsachgemäße Bedienung der Plattform zurückzuführen. Das Problem ist dabei, dass die Teilnehmer fast immer behaupten, dass sie vorher alles getestet und richtig eingerichtet haben. Und leider kommt in den meisten Fällen doch heraus, dass sie irgendetwas eben doch nicht richtig eingestöpselt, getestet oder beachtet haben.

▶ Probleme, die durch einen Fehler des Trainers auftreten (siehe erstes
  Beispiel unten)

▶ Probleme durch äußere technische Umstände (Stromausfall, keine In-
  ternetverbindung etc.)

Was kann alles schiefgehen? Das Folgende ist wahrscheinlich nur eine klit-
zekleine Sammlung von großen und kleinen möglichen Katastrophen, das
Universum wird täglich neue schicken. Ich zähle nur einige auf, die ich
schon selbst in der Rolle als Trainerin erlebt habe:

**1. Sie kommen nicht in den Seminarraum**

So geschehen bei meinem allerersten Webinar im Rahmen einer Online-Trainer-Ausbildung, die ausnahmsweise morgens früh mit dem Webinar starten
sollte. Und ich kam nicht rein! Das war natürlich der Super-Gau!

*Mein erster Tipp:* Starten Sie auf jeden Fall selbst so früh, dass Sie noch
vor dem offiziellen Beginn Zeit haben, den Support anzurufen (den jede
Plattform bietet) und mit ihm gemeinsam auf Ursachensuche und Lösungs-
findung zu gehen. In diesem Fall lief es höchst chaotisch ab. Der Support
vermutete einen Virus auf meinem PC, was mich noch zusätzlich in heftige
Panik versetzte. Hinzu kam, dass ich wusste, dass die Teilnehmer ratlos
alleine im virtuellen Raum warteten.

*Mein zweiter Tipp:* Lassen Sie sich für solche und andere Notfälle vorher
die E-Mail-Adressen bzw. Telefonnummern der Teilnehmer geben, damit
Sie diese auf anderem Wege informieren können. Nach zahllosen Versu-
chen, den vermeintlichen Virus zu beseitigen (die mich locker fast eine
Stunde kosteten) und auch nichts brachten (mein PC hatte gar keinen
Virus), eröffnete mir der Support einen eigenen neuen Raum, den ich als
Ausweichplatz nutzen konnte. So begann das Webinar eine Stunde später
als geplant. Zum Glück hatte ich sehr nette Teilnehmer, die sich in der
Zwischenzeit schon mal per Chat unterhalten und gemeinsam Kaffee ge-
trunken hatten.

Übrigens: Die tatsächliche Ursache lag ganz woanders – und darauf muss
man erst mal kommen. Ich hatte sehr viele Videos auf meinem PC gespeichert, sodass der Arbeitsspeicher zu voll war. Das führte dazu, dass er die
Webcam für den virtuellen Klassenraum nicht mehr zuließ.

Weitere Tipps:

▶ Deaktivieren Sie die Webcam intern am eigenen PC. Dann ist es so, als
  ob man gar keine hat.

▶ Kaufen Sie eine externe Festplatte und überspielen Sie alle Videos auf
  das externe Laufwerk. Dann löschen Sie die Videos auf Ihrem PC.

Sie merken, dass auch ein fitter Support nicht immer alle Probleme richtig analysieren kann, vor allem nicht unter Zeitdruck.

**2. Die Teilnehmer können Sie nicht hören**

Lösungen:

▶ Ich bitte grundsätzlich alle Teilnehmer, sich 15 Minuten vor dem eigentlichen Beginn des Webinars einzuloggen, damit ich mit jedem einen Soundcheck durchführen kann. Zusätzlich bitte ich sie, möglichst sehr viel früher (am Tag vorher) den technischen Test und Soundcheck zu machen, den jede Plattform anbietet.

▶ Das nützt natürlich nichts, wenn die Teilnehmer dann am nächsten Tag einen anderen PC einsetzen, weil sie im Büro oder zu Hause sind (ist auch schon vorgekommen).

**3. Ein Teilnehmer kann nichts sehen**

Lösungen:

▶ Bitten Sie den Teilnehmer, aus dem VC herausugehen und sich noch mal neu einzuloggen.

▶ Wenn das nicht hilft, soll der Teilnehmer den Support anrufen. (Bei einem Teilnehmer hat es Tage gedauert, bis der Support das Problem lösen konnte.)

**4. Sie können einen Teilnehmer nicht hören bzw. nicht sprechen**

Lösungen:

▶ Bitten Sie den Teilnehmer, aus dem VC herausugehen und sich noch mal neu einzuloggen.

▶ Bohren Sie inquisitorisch nach, ob er wirklich ein Headset angeschlossen hat, es in den richtigen Buxen hat und im Webinarraum das richtige Headset ausgewählt hat.

▶ Wenn das nicht hilft, soll der Teilnehmer den Support anrufen.

**5. Teilnehmer fliegen ständig mittendrin raus**

▶ Da sie sich dann ja ohnehin immer wieder neu einloggen müssen, hilft das Einloggen nicht als Lösungsversuch. In diesem Fall sollte Ihr Teilnehmer den Support sofort anrufen.

**6. Die Teilnehmer können einen Film sehen, den Sie abspielen, Sie selbst aber nicht**

Lösungen:

▶ Ich habe den Film auf einem zweiten Monitor auf YouTube abgespielt, während die Teilnehmer ihn im VC anschauten. So konnte ich mitbekommen, wann er zu Ende war.

▶ Als ich diese Idee noch nicht hatte, habe ich die Teilnehmer gebeten, mir mitzuteilen, wenn der Film zu Ende ist.

▶ Sie können auch per Screensharing gemeinsam auf YouTube den Film anschauen.

### 7. Ihre Verbindung wird wegen Stromausfall unterbrochen

Ich bin jedes Jahr für längere Zeit in der Türkei und halte von dort aus Live-Online-Seminare ab. Gleichzeitig weiß ich, dass es dort hin und wieder mal einen Stromausfall gibt. Da habe ich mir Telefonnummern von zwei Teilnehmern geben lassen, damit ich im Notfall diese informieren kann. Die können dann der restlichen Gruppe im VC Bescheid geben – so mein Plan. Prompt passierte eine Störung bei einem Webinar, das schon begonnen hatte. Die Teilnehmer waren aber gerade in Arbeitsgruppen, sodass die Teilnehmer, deren Telefonnummer ich hatte, gar nicht alle anderen informieren konnten. Also musste ich doch den Support anrufen und bitten, die Teilnehmer aus den Gruppenräumen zu holen und sie zu informieren, dass ich das Webinar später nachhole.

Vieles an auftauchenden Störungen ist wirklich rätselhaft. So konnten mich Teilnehmer plötzlich nicht hören oder sprechen, die auf der gleichen Plattform den ganzen Tag selbst ein Webinar gegeben hatten – und auch nichts an ihren Einstellungen geändert hatten.

Klären Sie mit Ihren Teilnehmern von Anfang an, dass Sie während des Webinars nicht auf technische Probleme eingehen können, sondern dass diese sich in solchen Fällen bitte an den Support wenden mögen.

### Problem-Werkzeug Webcam

Zum Thema Webcam gibt es unter Trainern unterschiedliche Ansichten und Handhabungen. Ich gehe hier nur auf die technischen Aspekte ein. Alle anderen Überlegungen, ob und wann der Einsatz von Webcams sinnvoll ist oder nicht, können Sie im Beitrag „Webcam einsetzen oder nicht?" (ab Seite 382) nachlesen.

Ich persönlich habe früher meine Webcam immer ausgeschaltet und die Teilnehmer gebeten, Gleiches zu tun. Inzwischen handhabe ich es unterschiedlich. Bei kleineren und internen Webinaren lassen wir die Webcam oft an. Wenn es allerdings Probleme bei der Übertragung gibt, dann schalte ich sie aus.

So hatte ich einen Teilnehmer, dessen Ton immer mit zeitlicher Verzögerung bei mir ankam und umgekehrt. Das ist sehr nervig und erschwert die Kommunikation. Wir fielen uns oft ungewollt ins Wort.

Dann ist es zumindest einen Versuch wert, die Webcam auszuschalten.

Denn Webcams verursachen leider häufig Übertragungsprobleme. Je nach geringer Bandbreite können Teilnehmer dann eben nicht mehr hören oder sprechen oder haben mit großen Schwankungen zu tun.

Manche Trainer schalten ihre Webcam sogar auf Großformat, sodass ihr Gesicht die ganze Präsentationsfläche einnimmt. Das hatte bei mir einmal als Teilnehmerin zur Folge, dass ich dann leider nicht mehr hören konnte, was die großformatige Trainerin erzählte.

Mir ist es wichtiger, dass Teilnehmer gut hören und sprechen können, daher führe ich meine Webinare in der Regel ohne eingeschaltete Webcam durch.

**Zusammenfassung**

► Halten Sie die Telefonnummer des Supports bereit und rufen Sie dort sofort an, wenn Probleme auftreten oder verweisen Sie den betroffenen Teilnehmer an den Support.
► Seien Sie selbst früh genug im Webinarraum und laden Sie auch die Teilnehmer früher ein, um einen Soundcheck durchzuführen und früh genug festzustellen, wenn es irgendwo nicht funktioniert.
► Haben Sie nicht den Anspruch, dass Sie technische Probleme lösen können. Wenn Sie für einen Auftraggeber arbeiten, treffen Sie mit ihm die Vereinbarung, dass Sie nur für die Durchführung und die Inhalte zuständig sind und jemand anderes sich um die Technik und den Support kümmert. Sie können nicht gleichzeitig konzentriert ein Webinar durchführen und nebenbei ständig mit Teilnehmern an deren technischen Problemen arbeiten.
► Ein Trick, der sehr oft hilft: Der Teilnehmer verlässt den Virtuellen Seminarraum und loggt sich einfach noch einmal neu ein!

# Tipps zur Kommunkation in einem Webinar

Im Vergleich zu Präsenzseminaren ist die Kommunikation in einem Webinar natürlich eingeschränkt. Sie können Ihre Teilnehmer nicht sehen und damit auch keine Mimik, Gestik und Körpersprache wahrnehmen oder senden.

In jedem Kommunikationsseminar lernen Sie aber diese Übersicht kennen, die darstellt, dass die Inhalte in der Kommunikation die geringste Rolle spielen, viel mehr zählen Körpersprache, Gestik und Mimik.

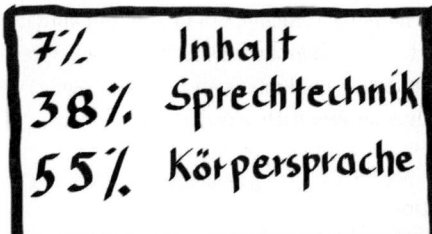

Daher müssen Sie in Webinaren eine ganz besondere Aufmerksamkeit schaffen.

**Tipps zur Teilnehmerkommunikation**

Einige Vereinbarungen mit den Teilnehmern können helfen, schneller eine Reaktion von ihnen mitzubekommen. Damit jeder weiß, wie die Kommunikation während der Schulung abläuft, werden folgende Regeln vereinbart:

▶ Wenn die Teilnehmer Fragen haben, sollen sie sich per Handzeichen (oder mit dem entsprechend passenden Icon der Plattform) melden

▶ Alternativ können sie jederzeit während des Trainings ihre Fragen in den Textchat schreiben. Das erfordert von Ihnen als Trainer eine besondere Aufmerksamkeit. Es empfiehlt sich, darauf hinzuweisen. Beispielsweise nach einem Input oder nach einer Sequenz sagen Sie: *„Ich mache mal eine kurze Pause und lese mal, was Sie in der Zwischenzeit in den Chat geschrieben haben."*

▶ Bei Wortmeldungen können Sie je nach Plattform entweder als Trainer das Mikro zuweisen oder die Teilnehmer können selbst ihr Mikro einschalten. Dann sollte vereinbart werden, dass sie nach ihrem Redebeitrag ihr Mikro wieder abschalten, damit man nicht ungewollt diverse Hintergrundgeräusche hört. Da habe ich schon die lustigsten Sachen erlebt, wenn Teilnehmer vergessen, ihr Mikro leise zu schalten – von Türenklappern, Hundegebell, Gespräche mit der Ehefrau oder Kindern bis hin zu lautem Schnaufen oder Seufzen.

▶ Die Teilnehmer können private Nachrichten (ist bei Adobe Connect und anderen Plattformen möglich) an den Moderator schreiben, die die anderen dann nicht lesen können.

▶ Wenn jemand aus irgendeinem Grund kurz wegmuss, soll er ein entsprechendes Symbol einschalten. (Bei Adobe Connect heißt es -> weggehen, bei edudip ist es eine Kaffeetasse.) Denn es ist für einen Trainer und auch für die Gruppe irritierend, wenn man einen Teilnehmer anspricht oder beispielsweise eine Abfragerunde macht, und der Betreffende antwortet nicht.

▶ Wenn jemand am Webinar nicht teilnehmen kann, sollte er vorher per Mail den Trainer darüber informieren. Dann warten Sie nicht unnötig am Anfang des Webinars auf Nachzügler.

▶ Auch das sollten Sie als Vereinbarung aufnehmen: Wir fangen pünktlich an! Daher bitte ich die Teilnehmer immer, 10-15 Minuten vorher im Raum zu sein, damit ich mit jedem einen Soundcheck und eine Sprechprobe machen kann, einfach, damit bei Problemen noch Zeit bleibt, den Support anzurufen und trotzdem pünktlich anfangen zu können.

### Tipps zur Trainer-Kommunikation

Auch in Präsenzseminaren visualisiere ich sehr viel. Selbst einfache Arbeitsanweisungen, da vor allem visuelle Lerntypen bei rein mündlicher Ansage vieles nicht so gut mitbekommen. In Webinaren ist dies noch wichtiger. Am besten visualisieren Sie gleichzeitig auf einer Folie, während Sie Inhalte erläutern.

▶ Es ist wichtig, dass Sie bei jeder Aufgabe klar kommunizieren, was die Teilnehmer tun sollen, wann genau und wie es getan werden soll. Beispiel: *„Sie haben drei Minuten Zeit, sich Notizen zu dieser Frage XXX zu machen. Danach – wenn ich es sage und dort im Chat die Frage eingetragen habe, schreiben Sie bitte anschließend drei Stichworte in den Chat."* Dazu eine kleine Erklärung: Es ist hilfreich, wenn Sie im Chat erst einmal ein Stichwort oder einen Satz veröffentlichen, zu dem die Teilnehmer anschließend ihre Antworten schreiben. Wenn ein Thema dann beendet ist, markieren Sie das Ende beispielsweise mit ***************. Danach schreiben Sie das nächste Thema usw. Wenn Sie später den Chat kopieren und die Ergebnisse den Teilnehmern beispielsweise in einem Forum zugänglich machen, haben alle eine Orientierung, welche Antworten zu welchen Fragen und Themen gehören.

▶ Sprechen Sie die Teilnehmer möglichst mit Namen an, immer wieder. Das mag jeder Mensch und es fördert die Konzentration. Die Teilnehmer fühlen sich buchstäblich „angesprochen" und miteinbezogen.

▶ Seien Sie zugewandt, auch wenn da nur ein Monitor steht. Stellen Sie sich vor, dass Sie vorne in einem Seminarraum stehen und die Teilnehmer anschauen. Dabei hilft es mir auch, wenn ich bei Webinaren tatsächlich stehe (siehe unten).

▶ Die Stimme, die Betonung, Modulation und Lebendigkeit sind noch wichtiger als in Präsenzseminaren. Üben Sie vorher Ihre Sprechtechnik, hören Sie sich Webinaraufzeichnungen an. Dann merken Sie schnell, ob Ihre Stimme gut rüberkommt oder auf Dauer vielleicht etwas monoton und einschläfernd wirkt.

▶ Sprechen Sie möglichst frei. Die Teilnehmer hören es auf jeden Fall sofort, wenn Sie etwas ablesen. Denn dann verändert sich Ihre Stimme, sie wird distanzierter, das Zuhören wird langweilig und führt zu Irritation beim Zuhörer. Wenn Sie etwas ablesen, dann sagen Sie vorher: „Ich zitiere jetzt ..." oder: „Ich lese den nächsten Abschnitt einmal vor."

▶ Nutzen Sie Stichworte oder ein Mind Map. Dann haben Sie eine Orientierung und vergessen nichts, gleichzeitig lesen Sie keine vorformulierten Sätze ab, sondern sprechen natürlich.

▶ Lächeln Sie Ihre Teilnehmer an. Jeder Verkaufstrainer lernt, dass der Zuhörer das Lächeln am Telefon wahrnimmt – und so ist es auch im Webinar.

▶ Stehen Sie teilweise – im Stehen atmen Sie besser, sprechen freier und Ihre Stimme klingt dynamischer und lebendiger. Ich habe einen höhenverstellbaren Schreibtisch, den ich mit Knopfdruck herauf- und herunterfahren kann. Eine Wohltat für den Rücken! Und Sie fühlen sich anders, wenn Sie stehen!

# Webcam einsetzen oder nicht?

Zum Thema Webcam scheiden sich die Trainer-Geister. Ich kenne Trainerinnen, die ausschließlich mit der Webcam arbeiten und andere, die es nie tun.

**Was spricht gegen den Einsatz einer Webcam?**

Wenn Trainer ihre Webcam nutzen, erscheint oben rechts oder links ein kleines Fenster, wo man den Trainer sprechen sehen kann. Je nach Standort der Webcam schaut der Trainer dann auch schon mal von oben herab oder umgekehrt von unten nach oben. Beides sieht irritierend aus, man sollte daher schon darauf achten, auf Augenhöhe gefilmt zu werden.

Da ich bei Webinaren oft mit zwei Monitoren arbeite, sehen mich die Teilnehmer dann oft von der Seite. Auch das ist nicht förderlich, weil sich die Zuschauer dann nicht persönlich angesprochen fühlen.

Meist sind die Bilder der Webcams nicht besonders vorteilhaft. Erst recht nicht, wenn sie wie bei mir im Laptop fest eingebaut sind. Da sieht man nur Teile meines Gesichts, zudem leicht verzerrt, wie durch ein Fischauge. Das gefällt mir nicht! Wenn Sie die Webcam einsetzen, dann ist es empfehlenswert, wenn Sie ein wenig in Technik investieren.

Ich finde es aber auch oft nicht notwendig, eine Webcam einzusetzen. Die Teilnehmer sollen ja nicht die ganze Zeit mich ansehen, sondern das, was ich auf den Folien zeige und schreibe. Oder was sie dort oder im Chat selber schreiben. Meiner Ansicht nach wird nur unnötig die Aufmerksamkeit geteilt, ohne wirklichen Nutzen zu bringen.

In meinem ersten Moderationsseminar meinte die Trainerin einmal (in einem ganz anderen Zusammenhang): „Die Aufmerksamkeit ist immer da, wo die Bewegung ist." So ist es auch hier. Automatisch schauen wir dorthin, wo sich etwas bewegt – und wenn es nur der Mund ist. Wenn in Restaurants im Hintergrund ein Fernseher läuft, schaut man auch immer automatisch dort hin.

Zamyat M. Klein: 150 kreative Webinar-Methoden

Zudem erhöht der Einsatz von Webcams die technischen Probleme (vergl. Beitrag „Technische Probleme und Störungen während eines Webinars bewältigen", ab Seite 374). Durch das Einschalten der Webcams wird oft die Verbindung schlechter und manche Teilnehmer können dann sogar nicht mehr hören oder sprechen.

Ich finde es als Teilnehmer auch nicht besonders spannend, die ganze Zeit einen Kopf mit Mikro zu sehen und zu beobachten, wie sich der Mund öffnet und schließt. Und mehr sieht man in der Regel tatsächlich nicht. Oft hört man die Worte auch mit einer winzigen Zeitverzögerung, sodass die Informationsaufnahme zusätzlich noch erschwert wird, wie bei einer schlechten Synchronisation.

Stattdessen stelle ich ein Foto von mir ein, wo ich freundlich lächle und gut aussehe :-). Dann hat man auch durchaus das Gefühl, dass man mit einer konkreten Person spricht.

Extrem wirkt es, wenn das Moderatorenfoto auf die ganze Seite vergrößert wird, wo sonst eine Folie zu sehen ist, sieht man das Porträt des Trainers. Auch das kann zu Störungen führen, etwa, dass ich die entsprechende Trainerin gar nicht mehr hören konnte, weil meine Bandbreite zu gering war. Einen Stummfilm wollte ich mir aber nicht ansehen.

Seitens des Trainers erfordert die Webcam eine noch viel höhere Konzentration, was mich persönlich nur ablenkt. Ich möchte mich auf die Inhalte konzentrieren, auch mal auf Notizen schauen können, ohne dass die Teilnehmer jede meiner Bewegungen beobachten können. Ich kann mich nicht mal kurz an der Nase kratzen oder einen Schluck trinken. Außerdem ist die Kommunikation sehr einseitig, alle Teilnehmer starren mich an, ich sehe dagegen niemanden.

Bei einem Präsenzseminar sehen mich die Teilnehmer natürlich auch die ganze Zeit. Aber da ist man sich dessen bewusst, weil wir uns alle und zudem mit dem ganzen Körper wahrnehmen können. Das ist eine ganz andere Aufmerksamkeit als bei einer Webcam.

### Was spricht für den Einsatz einer Webcam?

Dennoch habe ich in letzter Zeit auch verstärkt die Webcam eingesetzt. Ein Kunde forderte das ausdrücklich – und so habe ich mich langsam dran gewöhnt. Von Teilnehmern bekomme ich oft das Feedback, dass sie es begrüßen, zumindest zu Beginn und zum Ende des Webinars die Trainerin über die Webcam live sehen zu können. Dann fällt eine Beziehung leichter, sie ist nicht so anonym.

Bei meinen kleinen internen Webinaren in Verbindung mit der Online-Trainer-Ausbildung im Forum schalten wir alle unsere Webcams frei, Trainerin und Teilnehmer. Wir arbeiten über Wochen im Forum zusammen und treffen uns häufig in Webinaren. Da ist die Scheu, sich zu zeigen nicht mehr besonders groß und es ist dann sogar sehr nett, sich auch live zu sehen. Allerdings: Je nach Standort der Teilnehmer wird die Übertragung dadurch schlechter und der Ton kommt mit großer Zeitverzögerung an. Und ich merke auch bei mir als Trainerin da öfter Irritationen, je nachdem, wie Teilnehmer sich vor der Webcam verhalten, herumkramen, in luftigster Ferienkleidung vor dem PC sitzen, sich auf Sofas räkeln, scheinbar etwas ganz anderes machen. Das möchte ich gar nicht alles sehen.

Es gibt natürlich Themen und Situationen, wo es Sinn ergibt, die Webcam einzuschalten. So habe ich einmal ein Video-Seminar zu Rhetorik und Körpersprache besucht. Dass die Trainerin da auf einem Video zeigt, wie man richtig sitzt und atmet, ist nützlich. Wobei sie auch nicht nur vor einer Webcam herumsprang, sondern die Videos vorher professionell aufgenommen und im Webinar abgespielt wurden.

Auch wenn ich Yoga-Übungen am PC anleite, kann ein Nutzen entstehen, sie live zu zeigen (bislang beschränke ich mich dabei auf Fotos und die verbale Anleitung). Wenn ich Requisiten, Gegenstände oder Handlungen zeigen möchte, kann der Einsatz der Kamera ebenso sinnvoll sein. Bei bestimmten Bewegungsspielen ist es lustig, live anzuleiten, und ich kann dadurch die Teilnehmer vielleicht eher zum Mitmachen motivieren. Wobei ich das eben dann meist nicht sehen kann und darauf vertrauen muss, dass sie sich auch bewegen.

Kurz und gut: Der Webcam-Einsatz hängt vom Thema, der Gruppenzusammensetzung und der Art der Zusammenarbeit ab.

Bei vielen Webinaren, die ich testweise als Teilnehmerin besuche, erlebe ich allerdings immer wieder, dass sie eben aus einem reinen Vortrag bestehen, wo relativ langweilige und von der Gestaltung her immer gleiche Folien gezeigt werden und die Teilnehmer als einzige Aktivität höchstens mal im Chat schreiben können. Dann kann die eingeschaltete Webcam für die Illusion von Lebendigkeit sorgen, da die reine Folienbetrachtung doch schnell zu tödlicher Langeweile führen würde.

# Im Webinar den Überblick behalten

Wenn Sie ein Thema zum ersten Mal durchführen oder noch nicht sehr oft durchgeführt haben, ist es gut, sich parallel zu Ihren PowerPoint-Folien, die Sie durchklicken und zeigen, noch einen Überblick zu verschaffen – damit Sie beispielsweise wissen, welche Folie Sie als Nächstes präsentieren wollen, wie Sie im zeitlichen Rahmen sind, welche Übung Sie gleich anleiten etc.

Bei edudip haben Sie die Möglichkeit, auf der linken Seite des Bildschirms die Folien klein einzublenden, sodass Sie als Trainer immer die nächsten fünf Folien im Blick haben.

## 1. Mind Map

Für den Gesamtüberblick lege ich mir immer ein Mind Map an. Dort sind zumindest alle Folien mit Thema oder Titel durchnummeriert (vgl. Seite 368). Zudem fasse ich thematische Schwerpunkte oder die einzelnen Agendapunkte wie Einstieg, ein Input zu einem Thema usw. zu Blöcken zusammen und schreibe mir dort die Zeit daneben, die ich für diesen Themenbereich eingeplant habe. So kann ich während des Webinars schnell sehen, ob ich mich sputen muss oder noch genug Zeit habe, ein paar mehr Fragen zuzulassen.

## 2. Folien ausdrucken

Bei meinen allerersten Webinaren habe ich die Folien ausgedruckt. Da gibt es verschiedene Varianten:
- ▶ Pro Folie eine Seite.
- ▶ Mehrere Folien auf einer Seite (6 oder 9) – im Hoch- oder Querformat. Zu manchen Folien habe ich mir dann handschriftliche Notizen gemacht, was ich an welcher Stelle erläutern will oder welche Aktion oder Übung ich mit dem entsprechenden Input verbinden will.

## 3. PDF mit Notizen

Sie können aus der Notizansicht Ihrer PowerPoint-Präsentation eine PDF-Datei mit Ihren zur jeweiligen Folie passenden Notizen und Hinweisen erstellen. Im Webinarraum, wo Sie lediglich die reine PowerPoint-Folie hochgeladen haben, sehen Sie Ihre Notizen jedoch nicht. Schließlich wollen Sie nicht, dass die Teilnehmer Ihre Notizen mitlesen können.

Abb.: Folie mit Notiz-
ansicht

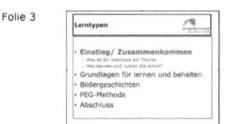

Ein Hinweis:
Sie lernen heute einige Inhalte und Methoden kennen, es geht mir parallel aber auch immer gleichzeitig darum, dass Sie selbst einige Methoden ausprobieren und kennenlernen. Ich höre immer wieder, dass z.B. viele nicht gerne mit dem Whiteboard arbeiten, daher zeige ich auch immer einige kleine Methoden, die Sie vielleicht auch auf Ihre Arbeit übertragen können.

Ideal ist es, wenn Sie daher einen zweiten Monitor oder ein Tablet einsetzen. Dann können Sie dort die PDF mit Ihren Notizen sehen und auf dem eigentlichen Monitor Ihre PowerPoint im Webinar-Raum zeigen. Dann muss man allerdings immer auf beiden Monitoren die Folien weiterklicken – mit ein wenig Übung geht das allerdings sehr gut.

Haben Sie keinen zweiten Monitor, können Sie die PDF-Datei ausdrucken. Inzwischen nutze ich fast nur noch diese Variante. Diese PDF mit den Notizen, also allen Erläuterungen der Folien und Bilder, stelle ich nach dem Webinar den Teilnehmern zur Nacharbeit und zum Nachschlagen als Handout zur Verfügung.

## 4. Handzettel

Abb.: Ein Handzettel

Eine weitere Variante lernte ich von meiner Kollegin Anja Röck, *www.arise-coaching.de*, kennen. Danach schreiben Sie Ihre Anmerkung in den Notizen-Bereich und speichern diese Datei. Dabei klicken Sie auf „Datei speichern und senden an" und wählen dann „Handzettel/Notizen neben den Folien" aus.

Wahrscheinlich kennen das die meisten von Ihnen, denn in dieser Art bekam ich schon häufig auf Kongressen Handouts, nachdem ein Trainer einen PowerPoint-Vortrag gehalten hatte. Ich konnte nie etwas damit anfangen, winzige Bildchen zu erhalten und oft statt Notizen nur leere Zeilen, die wir wohl wie einen Lückentext ausfüllen sollten. Aber in dieser Funktion, nämlich als Orientierung für einen Online-Trainer, finde ich diese Variante auch sehr sinnvoll.

Ganz gleich, welche der Varianten Sie wählen, lesen Sie möglichst nicht einfach Ihre Notizen ab. Das merken Ihre Teilnehmer sofort. Daher sind Mind Maps oder einfache Stichworte neben den Fotos am besten geeignet. Dann sprechen Sie frei und Ihre Teilnehmer können besser zuhören.

# Tools und Technik

Hier erhalten Sie einen knappen Überblick, was an wesentlichen Tools in einem Webinar vorhanden und einsetzbar ist. Im Methodenteil greifen Sie auf eine Vielzahl an Varianten zurück, wie Sie diese Tools unterschiedlich einsetzen und nutzen können. Welche Möglichkeiten Sie nutzen können, hängt von der jeweiligen Webinar-Plattform ab, nicht alle bieten die gleichen Tools. Wer diesen Teil vertiefen möchte, dem empfehle ich das eBook von Michael Schmettkamp: So werden Sie ein Webinarprofi. managerSeminare.

## Präsentationsfläche

Sie haben eine Präsentationsfläche, auf der Sie Ihre PowerPoint-Folien, Fotos etc. zeigen. Auf diesen Folien können die Teilnehmer (wenn Sie das entsprechend freischalten) ebenfalls

▶ Dinge ankreuzen
▶ Worte umkringeln
▶ schreiben und malen
▶ Stempel oder Pfeile setzen
▶ mit dem Textfeld schreiben

## Whiteboard

Sie können ein Whiteboard öffnen, eine Tafel, an der Sie und Ihre Teilnehmer schreiben und zeichnen können. Sie können hier das Gleiche machen, wie auf einer Folie.

## Chat

Im Chat können Sie und die Teilnehmer sich schriftlich austauschen. Oft ist der Chat der entscheidende Kommunikationskontakt der Teilnehmer zu Ihnen. Manche Plattformen bieten zusätzlich einen privaten Chat. Das bedeutet, dass Teilnehmer untereinander oder mit dem Trainer chatten können, ohne dass alle es lesen können.

## Audio

Die Teilnehmer können über ein Headset oder internen Lautsprecher Ihrem Vortrag lauschen und auch sprechen (sobald Sie diese Funktion freischalten).

### Umfragen

Die meisten Tools ermöglichen Umfragen, wo die Teilnehmer anonym etwas ankreuzen (Mehrfachantworten sind möglich).

### Pointer

Mit einem Pfeil können Sie oder die Teilnehmer auf Worte oder Bilder zeigen.

### Arbeitsgruppen-Räume

Zumindest bei Adobe Connect kann man Arbeitsgruppen-Räume einrichten, wo sich die Gesamtgruppe aufteilt und dort in kleinen Gruppen arbeiten kann. Das ist natürlich für längere Webinar-Schulungen ideal und ermöglicht eine Menge weiterer Methoden und Interaktion.

### Icons

Die Teilnehmer haben die Möglichkeit, sich per Icon zu melden (Hand heben), Beifall zu klatschen, zu zeigen, dass sie gerade mal verschwinden, dass sie zustimmen oder ablehnen, dass sie eine Frage haben etc. Die Ausstattung an Icons ist bei verschiedenen Plattformen unterschiedlich.

### Webcam-Live-Bilder

Sie können entweder ein Standfoto von sich einstellen oder per Webcam ein Live-Bild übertragen. Auch die Teilnehmer können per Foto oder Webcam in Erscheinung treten. Sie können das Live-Bild auch auf die ganze Präsentationsfläche vergrößern, wenn sie beispielsweise etwas demonstrieren möchten.

### Teilnehmerliste

Meist sieht man an einer Teilnehmerliste, wer sonst noch alles dabei ist.

### Screenshot

Bei edudip beispielsweise können die Teilnehmer mit einem Klick einen Screenshot einer Folie herstellen.

### Screensharing

Mit dieser Funktion können Sie Ihren Bildschirm freischalten und den Teilnehmern ausgewählte Inhalte zeigen. Auch die Teilnehmer können teilweise ihre Bildschirme freigeben.

### Filme

Sie können Filme von YouTube oder von ihrem PC einfügen und abspielen lassen.

# Das Whiteboard nutzen

Die Möglichkeiten, die Sie an einem Whiteboard haben, sind je nach Plattform etwas unterschiedlich gelagert. Ich stelle Ihnen hier zwei Plattformen beispielhaft vor. Es geht erst einmal darum, dass und wie Sie Ihre Teilnehmer grundsätzlich in die Arbeit mit dem Whiteboard einführen.

Ich führe seit Längerem Trainer-Schulungen auf einer Plattform von Adobe Connect durch. Es ist sicher eine der aktuell anspruchsvollsten und vielseitigsten Plattformen, aber alle haben auch immer ein Handicap. Die Arbeit mit dem Whiteboard ist bei diesen Trainern immer ein herausforderndes Thema. Viele nutzen es einfach gar nicht, weil es ihnen zu kompliziert ist oder sie keine guten Erfahrungen damit gemacht haben. Warum ich es ihnen dennoch nahebringen will, erkläre ich Ihnen hier.

### Warum es sich lohnt, mit dem Whiteboard zu arbeiten

Das Whiteboard bietet die Möglichkeit, alle Teilnehmer gleichzeitig aktiv werden zu lassen. Sie können gemeinsam ein Brainstorming auf dem Whiteboard durchführen, Stichworte zu einer Frage sammeln und sogar darauf zeichnen. Sie finden in diesem Buch zahlreiche Methoden, in denen ich das Whiteboard auf unterschiedliche Weise einbeziehe, etwa als leere weiße Tafel, auf der die Teilnehmern schreiben oder zeichnen.

Aber auch als vorbereitete Folie, wo die Teilnehmer dann etwas ankreuzen, umkringeln oder einen Stempel setzen können. Dabei handelt es sich streng genommen nicht um einen klassischen Whiteboard-Einsatz, es lässt sich aber genauso gut nutzen. Dadurch sieht es optisch immer anders aus und auch die Art der Teilnehmeraktivierung unterscheidet sich jeweils. Natürlich können die Teilnehmer auch in den Chat schreiben. Aber dort wandern die Beiträge schnell nach oben und sind nicht mehr lesbar. Auf einem Whiteboard sieht man alles gesammelt, ähnlich wie auf einem Flipchart im Präsenzseminar.

Noch wichtiger ist, dass auf dem Whiteboard die Teilnehmer anonym schreiben können. Das ist bei manchen Brainstormings oder Übungen sehr wichtig. Es verringert die Hemmschwelle und die Sorge der Teilnehmer, etwas „Falsches" oder „Verrücktes" zu schreiben. Gerade bei öffentlichen Webinaren sind die Teilnehmer sonst vielleicht gehemmt, ihre Meinungen, Fragen oder Erfahrungen im Chat mitzuteilen, wo die anderen ja mitbekommen, wer was schreibt. Auf dem Whiteboard hingegen geht es oft sehr rege zu, wie ich selbst und auch von meinen Kollegen erfahren konnte.

### Die Technik bei Adobe Connect

Es gibt verschiedene Möglichkeiten, wie Sie den Teilnehmern Zugang auf dem Whiteboard gewähren können. Sie können eine Freigabe aktivieren (über drei Schritte, das haben andere einfacher gelöst) oder alle zu Moderatoren hochstufen. Das hat den Nachteil, dass die Teilnehmer dann auch andere Rechte besitzen und unbeabsichtigt Ihre Folien schließen oder verändern können. Außerdem verschwinden dauernd die Ergebnisse, wenn jemand Neues etwas aufs Whiteboard zeichnet und man denkt, alles sei gelöscht. Inzwischen weiß ich, dass ich einfach noch mal auf das Zeichen für Whiteboard klicken muss und alles ist wieder sichtbar. Das bleibt jedoch höchst irritierend.

Wenn Sie eine große und vielleicht auch undisziplinierte Teilnehmergruppe haben, ist es in der Tat eine Herausforderung, mit dem Whiteboard bei Adobe zu arbeiten, da es in der Tat sehr chaotisch zugehen kann. Allerdings erfuhr ich kürzlich, dass ich wohl auf einer älteren Version arbeite. Bei neueren Versionen soll die Handhabung des Whiteboards leichter sein.

Was Adobe vor (fast) allen anderen Plattformen auszeichnet, ist die Möglichkeit, in verschiedenen Gruppenräumen parallel zu arbeiten. Und bei der Arbeit in Arbeitsgruppen finde ich das Whiteboard fast unverzichtbar, wenn die Teilnehmer anschließend die Ergebnisse ihrer Diskussionen präsentieren sollen.

Dazu soll jede Gruppe einen Moderator und einen Protokollanten wählen, der die Ergebnisse oder Stichworte einer Diskussion oder eines Brainstormings auf das Whiteboard schreibt. Das Whiteboard kann dann später in der Gesamtgruppe vom Trainer aufgerufen und allen sichtbar gemacht werden.

Das geht bei allen anderen Tools nicht. Wenn die Teilnehmer in den AGs stattdessen ein Word-Dokument öffnen und dort die Ergebnisse notieren, kann man es anschließend im Plenum nicht so einfach anschauen.

### Technik und Werkzeuge des Whiteboards

Hier nur ein Überblick über die Whiteboard-Werkzeuge bei Adobe Connect:

Wenn Sie das Textwerkzeug anklicken, können Sie unten dann noch Schriftgröße und Farbe einstellen.

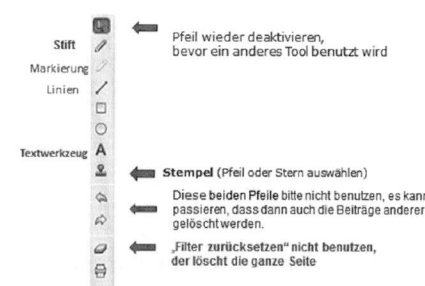

Beim Stempel gibt es verschiedene Möglichkeiten: einen Pfeil oder einen Stern, einen Haken oder ein Kreuz. Auch hier können Sie eine Farbe auswählen. Die Sterne sehen beispielsweise bei Auswertungsskalen sehr nett aus.

### Die Technik bei edudip

Bei edudip ist die Nutzung des Whiteboards sehr viel einfacher. Als Trainer klicken Sie nur auf ein Schloss, das auf der oberen Leiste sichtbar ist und alle Teilnehmer haben Zugang zu den Zeichenwerkzeugen. Damit können sie dann entweder auf vorbereitete Folien schreiben oder zeichnen oder Sie schalten mit einem Klick auf ein Whiteboard um. Allerdings ist es eben nur in der Gesamtgruppe nutzbar, da es keine Arbeitsgruppenräume gibt.

Hier schalten Sie ein neues Whiteboard (= Zeichenfläche) frei.

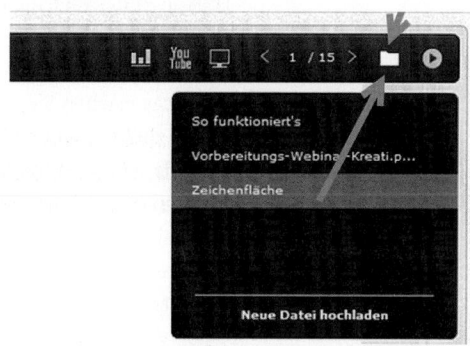

Damit können Sie Textbeiträge verschieben, wenn diese sich überlappen oder nicht am richtigen Platz stehen.

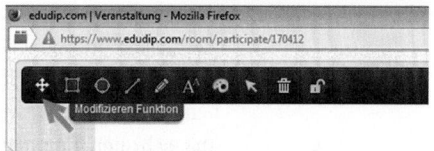

Die Icons stehen für diverse Tools wie Rechteck, Ellipse, Linie, Stift, Farbauswahl, Pointer.

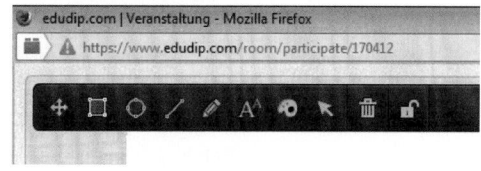

# Gruppenarbeiten anleiten

Bei einigen Methoden habe ich Gruppenarbeiten vorgeschlagen, wie beispielsweise beim „Gruppen-Mind-Map" ab Seite 66. Es gibt Webinar-Plattformen, bei denen parallel zum Webinar-Raum Gruppenräume eingerichtet werden können. Ich selbst habe da nur Erfahrungen mit Adobe Connect, aber beispielsweise bietet Vitero wohl auch solche Möglichkeiten.

Der Wechsel in Gruppenräume ist natürlich die eleganteste Variante. Sie können dort vorher schon Whiteboards vorbereiten und die Teilnehmer dann dort arbeiten lassen. Die Ergebnisse auf dem Whiteboard können anschließend im Plenum wieder vorgestellt werden. Oder Sie wandern mit der Gruppe in die verschiedenen Räume (das erfordert eine kleine Einstellung für den Trainer und ist mit wenigen Handgriffen zu bewerkstelligen).

Aber was machen Sie, wenn Sie eine Plattform nutzen, die diese Möglichkeiten nicht anbietet? Dann gilt es, kreativ zu improvisieren. Es wäre jedenfalls schade, wenn Sie sich dadurch abhalten ließen. Denn nach meiner Erfahrung sind Gruppenarbeiten sehr produktiv und effektiv. Viele Teilnehmer haben auch ein großes Bedürfnis, sich einmal mit anderen Kollegen auszutauschen – und dies vielleicht auch einmal ohne Anwesenheit des Trainers.

### Wann machen Gruppenarbeiten Sinn?

Darauf gibt es eine organisatorische und eine inhaltliche Antwort.

*Organisatorisch* sind sie nur dann sinnvoll, wenn Sie etwas mehr Zeit haben, also mindestens ein 90-minütiges Webinar oder eine längere Schulung mit mehreren Webinaren in Folge halten. Oder wenn Sie über Wochen in einem Forum arbeiten und parallel etliche Webinare durchführen. Dann können Sie es sich durchaus „leisten", die Teilnehmer für 15-30 Minuten in einen anderen Raum zu schicken.

*Inhaltliche* Gründe liegen vor, wenn Sie davon überzeugt sind, dass die Teilnehmer mehr über das Thema lernen, wenn sie eine Weile alleine etwas ohne Ihren Input und Ihre Impulse erarbeiten.

Das können beispielsweise reine Diskussionsthemen sein, wo die Teilnehmern untereinander offen über bestimmte Probleme sprechen möchten. Es kann auch eine Art Erfahrungsaustausch stattfinden: *„Was habt ihr schon zu dem Thema ausprobiert? Womit hattet ihr Erfolg? Was hat nicht so gut geklappt?"* Dann verfolgt die Gruppenarbeit den Zweck, die vielen Ressourcen, die die Teilnehmer mitbringen, zu nutzen.

Gruppenarbeiten können auch dazu dienen, erst einmal in einer kleinen Gruppe etwas auszuprobieren. Eine Mini-Demonstration einer kleinen Webinar-Einheit oder die Anleitung und Durchführung einer Methode oder eines Spiels, bevor es später im Plenum oder sogar bei einer Prüfung ernsthaft durchgeführt wird.

Interessant wird ihr Einsatz auch bei jeder Form von kreativem Brainstorming, der Arbeit mit Kreativitätstechniken etc. Je nach Methoden sollten dabei nicht mehr als fünf Teilnehmer beteiligt sein, weil es sonst nicht produktiv wäre.

### Welche Varianten und Möglichkeiten gibt es, wenn Ihre Plattform keine Gruppenräume anbietet?

Sie können einige Vorschläge aus der folgenden Linkliste zu kollaborativen Web-Angeboten aufgreifen. Es gibt nicht nur öffentliche Plattformen mit Mind Maps, sondern auch virtuelle Pinnwände oder Whiteboards, an denen die Gruppenteilnehmer arbeiten können. Der technische Fortschritt auf diesem Gebiet ist immens. Die Anbieter kommen und gehen. Es ist daher sicher empfehlenswert, einfach nach aktuellen Angeboten zu googeln.

Hier eine Linkliste kollaborativer Web-Angebote
- *padlet: https://de.padlet.com*
- *Trello: https://trello.com*
- *Edupad: https://edupad.ch*
- *Conceptboard: http://conceptboard.com*
- *Stormboard: https://www.stormboard.com*

### Virtuelle Mind Maps auf anderen Plattformen

Es gibt einige Plattformen (auch kostenlose), auf denen verschiedene Teilnehmer gemeinsam ein Mind Map gestalten können. Ich persönlich habe bisher nur mit *mind42.com* gearbeitet. Das müssen Sie vorher einrichten und die Teilnehmer sollten sich schon vorher dort registrieren.

Während des Webinars geben Sie ihnen dann den Link zu ihrem entsprechenden Raum, sodass die Teilnehmer mit einem Klick dorthin gelangen. Damit die Gruppen ungestört miteinander sprechen können, sollten sie sich in der Zeit aus dem Webinar-Raum abmelden und über Skype miteinander verbinden. Dann können sie gleichzeitig miteinander sprechen, während sie am Mind Map arbeiten.

Weitere Empfehlungen sind die Plattformen *MindMeister* oder *Whiteboard Fox*. Bei Letzterem kann man auf einem Tablet mit der Hand zeichnen, das ist natürlich noch mal ganz besonders.

Wenn es Ihnen zu umständlich ist, parallel zu telefonieren oder skypen, dann können Ihre Teilnehmer und Sie auch alle stumm am Mind Map arbeiten und eben nur schriftlich miteinander kommunizieren. In diesem Fall schreibt jeder selbst seine Punkte an die Oberpunkte. Vorsicht: Das könnte unter Umständen etwas chaotisch werden.

Vielleicht kennen Sie auch noch ein anderes kollaboratives Tool, wo Gruppen virtuell zusammenarbeiten können. Es gibt da inzwischen schon sehr viele Plattformen, virtuelle Pinnwände und Whiteboards, wo man so etwas machen kann.

Die Gefahr ist einfach, dass sich die Teilnehmer lange aus dem gemeinsamen Webinarraum entfernen und sich die Energie dann nicht mehr auf das Webinar fokussiert. Bei Gruppen, die länger an einem Thema arbeiten, ist das aber sicher eine gute Sache.

Hier eine Linkliste zu virtuellen Mind Maps
- ▶ *Mind42: http://mind42.com*
- ▶ *MindMeister: https://www.mindmeister.com/de*
- ▶ *Whiteboard Fox: https://whiteboardfox.com/*

**Austausch**

Wenn jede Gruppe an ihrem ersten Mind Map gearbeitet hat, können Sie die URL kopieren und im Plenum (im gemeinsamen Webinarraum) an die anderen weitergeben und die zweite Runde beginnt, indem jede Gruppe zu einem anderen Mind Map geht und dort weiterarbeitet.

**Um zwei Ecken**

Sie können es auch schlichter halten: Die Teilnehmer einer Gruppe telefonieren fünf Minuten über Skype oder eine Telefonkonferenzschaltung und sammeln zu ihrem Thema Stichworte, ein Teilnehmer notiert sie. Anschließend treffen sich alle im Webinarraum und tragen nacheinander ihre Ergebnisse dort auf einer vorbereiteten Mind Map ein. Oder der Teilnehmer liest die Stichworte vor und Sie als Trainer schreiben sie ins Mind Map. Dann kann anschließend der Rest der Gruppe noch Ergänzungen sammeln, die ebenfalls auf dem Whiteboard notiert werden.

# Verschiedene Lerntypen in Online-Seminaren gezielt ansprechen

Eine der brisantesten Fragen bei Online-Seminaren lautet: Wie kann ich mit diesem Medium auf alle Lerntypen eingehen? Ist es schon bei Präsenzseminaren je nach Thema nicht immer ganz so einfach und erfordert es vom Trainer Mut zu ungewöhnlichen Methoden, so ist das bei Webinaren noch mal um einiges schwieriger.

Hier zunächst die Kurzfassung der Zuordnung wesentlicher Lerntypen:
- ▶ Der *visuelle Lerntyp* braucht Visualisierung, Schrift und Bild. Das Webinar scheint für diesen Lerntyp genau die richtige Lernumgebung zu sein. Er bekommt in einem Webinar jede Menge Folien zu sehen. Nicht schlecht, da die meisten Menschen visuelle Lernpräferenzen haben.
- ▶ Der *auditive Lerntyp* muss vor allem selber sprechen, er lernt nicht nur durch Hören. Hier wird es bereits problematischer. Denn viele Webinare bestehen aus reinen Vorträgen. Ab und zu dürfen die Teilnehmer mal etwas in einer Umfrage anklicken oder in den Chat schreiben. Doch damit erschöpft sich häufig bereits die Interaktion. Man könnte meinen, dass die Auditiven mit der Lernform Webinar nichts anfangen können.
- ▶ Der *Kinästhet* braucht Bewegung, Action, Spaß. Vor dem PC ist da üblicherweise im Grunde wenig zu machen. Der Kinästhet hat also im Webinar nichts verloren – oder doch?

**Was können Sie tun?**

Natürlich war es mein Ehrgeiz, mit dieser Methodensammlung Möglichkeiten zu entwickeln, alle Lerntypen einzubeziehen. Daher finden Sie in der Sammlung viele Varianten, die Ihnen zeigen, dass hier doch nicht alles verloren ist. Wenn Ihnen als Trainer die Problematik bewusst ist, möglichst alle Lerntypen mitzunehmen und Sie experimentierfreudig sind, dann können Sie tatsächlich alle mit ins Boot holen, auch Auditive und Kinästheten. Und auch die Visuellen begeistern, die nicht automatisch von jeder langweiligen Folienschlacht fasziniert sind.

In den Methodenbeschreibungen finden Sie jeweils Hinweise darauf, welche Lerntypen vorrangig miteinbezogen werden.

Visuelle Lerntypen bekommen in Webinaren Texte, Bilder, Fotos, Tabellen, Mind Maps. Für sie ist besonders wichtig, zu Beginn des Webinars und zwischendurch immer wieder eine Agenda zur Orientierung zu erhalten. Ebenso sind schriftlich formulierte Aufgabenstellungen hilfreich, sie helfen mitzubekommen, was sie nun machen sollen.

Visuelle brauchen allerdings auch mal Zeit für sich alleine, um in Ruhe lesen und schreiben zu können. Daher ist für sie die Arbeit in einem Forum hilfreich. Wenn Sie ein reines Webinar ohne Forumsverbindung halten, dann sollten Sie dennoch ab und zu ein wenig Zeit einräumen, wo Sie als Trainer nicht sprechen und die Teilnehmer etwas lesen oder schreiben lassen.

Auditive Lerntypen können in Webinaren sehr gut eingebunden werden, wenn die Gruppen nicht zu groß sind. Bei internen Webinaren ist dies sicher leichter umzusetzen als in öffentlichen, wo einige vielleicht Scheu haben, öffentlich zu sprechen. Für sie sind zudem Arbeitsgruppen optimal oder auch der Austausch zu zweit. Bei Runden in der Gesamtgruppe muss der Trainer schon mal moderierend eingreifen, damit sie nicht zu ausschweifend und langatmig sprechen.

Die Kinästheten kommen in der Webinar-Lernumgebung oft zu kurz. Mit Bewegung ist bei Webinaren in der Regel nicht viel los, weswegen Sie gerade im Live-Online-Seminar immer wieder Energizer einbauen sollten. Einmal kurz aufstehen und sich strecken ist eigentlich immer drin. Ich biete zudem auch Yoga am PC an – das ist natürlich schon sehr speziell. Doch schon mit den kleinen Energizern und Übungen, die Sie im Kapitel Energizer (ab Seite 314) finden, können Sie Kinästheten gut unterstützen. Diesen Mangel an körperlicher Bewegung und Action können Sie etwas kompensieren, indem Sie andere Merkmale der Kinästheten besonders berücksichtigen:

Kinästheten sind unabhängig und wollen selbst wählen. Also bieten Sie unterschiedliche Varianten an, wie die Teilnehmer an eine Aufgabe herangehen. Übergeben Sie ihnen Verantwortung und ermöglichen Sie ihnen selbstständiges Arbeiten.

Zudem ist für den Kinästhen der persönliche Kontakt zum Trainer wichtig. Das bekommt zwar vor allem bei der Arbeit in einem Forum Gewicht, lässt sich aber auch in Webinaren berücksichtigen.

Und wenn Sie insgesamt für Spaß und eine lockere Atmosphäre sorgen, dann erfreuen Sie nicht nur die Kinästheten, sondern es wirkt sich sicherlich positiv auf die gesamte Gruppe aus.

# Kapitel III
## 5 kreative Webinar-Beispiele

# 5 kreative Webinar-Beispiele

Bisher haben Sie in diesem Buch teilnehmeraktivierende und kreative Methoden für Webinare kennengelernt sowie Tipps zu deren Vorbereitung und Durchführung. Wenn Sie diese Anregungen aufgreifen, werden Sie sicher erfolgreiche Webinare durchführen und Ihren Kunden und Teilnehmern positiv auffallen.

Sie können aber hin und wieder noch mehr tun. Nämlich ein ungewöhnliches Thema auswählen, einen auffallenden Titel oder sich ein ganz besonderes Format ausdenken. Dazu möchte ich Ihnen einige Beispiele geben. Ich habe mir sehr viele Webinare von anderen angeschaut und dort leider auch viele ermüdende Vorträge erlebt, ätzende Werbeveranstaltungen und großmundige Versprechen von schnellem Erfolg und Reichtum.

Doch bin ich auch auf ganz besondere Webinare gestoßen, die mich begeistert haben, die Freude machten, bei denen ich viel Neues gelernt habe. Ich habe Trainerinnen und Trainer kennengelernt, die mutig genug waren, auch mal unerwartete Formate auszuprobieren. Diese Beispiele sollen Sie ermutigen, Gewohnheiten über Bord zu werfen, die Dinge mal anders zu machen, offen zu sein für Neues und Ungewöhnliches.

Ich werde dazu ein eigenes Beispiel und vier weitere Webinare von Kollegen vorstellen. Sie zeichnen sich nicht durch besondere Perfektion oder durch eindrucksvollen Methodeneinsatz aus, sondern auch dadurch, dass die Gesamtkonzepte einfach sehr besonders waren und aus der Masse der üblichen Webinarangebote hervorstachen.

Viel Spaß mit diesen etwas anderen Webinar-Auftritten.

# Die Schlafanzug-Challenge

*Webinar-Kampagne mit Leonie und Markus Walter, VisuellePR*
*visuellepr.de*

Die Schlafanzug-Challenge – schon allein Titel und Idee sind grandios. Als ich folgenden Tweet las, klickte ich gleich auf den Link: „Wie cool! Ich mache mit bei der 1. Schlafanzug-Challenge, du auch?"

Hier kam gleich mehreres zusammen, was ich als Beispiel für gutes Marketing anführen möchte:

▶ Der Satz „Ich mache mit, du auch?" wurde von einer Twitterin gesendet, die ich kannte. Und diese Botschaft „Ich mache mit, da gibt es etwas Tolles" funktioniert bei mir sehr gut. Ich werde direkt neugierig.

▶ Zudem kannte ich den Anbieter der Challenge, der Faktor „Vertrauen" kam also voll zur Wirkung.

▶ Und es war ein genialer Titel. Der fixte mich sofort an.

### Zahlen und Fakten

Die Challenge wurde ab Anfang Dezember in den Social Media angekündigt, startete aber erst am 15. Januar. In der Zeit vom 15. bis 30. Januar fand jeden Morgen von 6:45-7:00 Uhr ein Kurz-Webinar mit konkreten Aufgaben statt, außer an den Wochenenden, wo Leonie und Markus Walter uns Tipps zu PR und Marketing gaben.

Zur Challenge angemeldet hatten sich über 450 Teilnehmer. Bei den morgendlichen Webinaren waren immer 130-150 Personen anwesend. Dazu gab es eine geschlossene Facebook-Gruppe, der 276 Teilnehmer beitraten.

### Das Format

▶ Tägliches Webinar von 15 Minuten

▶ Anschließend wurden in einem Download-Bereich die Folien als PDF zur Verfügung gestellt, dazu noch die wichtigsten Ergebnisse aus dem

Chat, wo auch ständig Tipps von den Teilnehmern eingestreut wurden sowie die Antworten zu den Fragen und Themen, die Leonie und Markus ansprachen

▶ Dazu gab es die geschlossene Facebook-Gruppe

▶ Gegen Ende organisierten die beiden Veranstalter noch eine Teilnehmer-Liste, wo sich jeder, der mochte, eintragen konnte

## Vorfreude

Schon Wochen vor Beginn war einiges in der Facebook-Gruppe los. Wir stellten uns vor, tauschten uns aus, legten schon vorher los. Markus und Leonie tauchten auch regelmäßig zum Countdown auf ihren jeweiligen Seiten im Schlafanzug auf, mit großen Tafeln in der Hand: Noch 3 Tage! – Noch 2 Tage! ...

Wir haben schon fröhlich rumgealbert, Beispiel:

Markus Walter: Noch 2 Tage, dann klingelt der Wecker bei mir und Leonie früher. Wir freuen uns auf Dich ...

Zamyat M. Klein: Waaas? Wecker früher klingen? Darum macht ihr dieses Riesenevent, damit ihr selbst früher aus dem Bett kommt? Ha! Super Strategie!!

Leonie Walter: Na, für uns soll das doch auch eine Challenge sein!!!

Markus Walter: Erwischt! So sieht es aus, Zamyat ... in den kommenden Tagen bekommen wir richtig was weggearbeitet!

Wir waren also schon voller Vorfreude und Ungeduld, der 15. Januar war mir viel zu spät. Das war wohl auch der Grund, dass ich mich schon am 14.01. im Webinarraum einfand, aber nicht alleine! Noch etliche andere Teilnehmer hatten die Mail am Tag vorher missverstanden und warteten nun, was passierte. Da ich gleich stutzig wurde, als ich den Webinarraum betrat, checkte ich schnell noch mal die Daten und schwang mich dann zur Co-Moderatorin auf, indem ich unverdrossen in den Chat schrieb: „Die Challenge beginnt erst morgen." Und da zeigte sich schon der Geist der Gruppe. Eine Teilnehmerin schlug vor: „Dann können wir uns doch alle einen Tipp des Tages geben." Sie begann mit einem Tool, ich folgte mit Mind Map. So waren wir alle nicht umsonst gekommen.

### Die Challenge

Schließlich begann die Challenge am nächsten Tag. Die beiden tauchten frühmorgens stilgemäß im Schlafanzug und Nachthemd vor der Webcam auf. Mit der Zeit auch meist 5 oder 10 Minuten früher, wo schon die Guten-Morgen-Begrüßungen durch den Chat rauschten.

Derweil machten die beiden ihre Späßchen und es machte wirklich gute Laune. Weil es echt war, und nicht aufgesetzt. Sehr authentisch und auch persönlich. Man bekam einen Eindruck von diesem Paar, dass nicht nur schon lange verheiratet ist, sondern auch zusammen arbeitet. Und beides offensichtlich mit großem Spaß und Engagement.

Punkt 6:45 Uhr startete dann der offizielle Teil. Mit liebevoll visualisierten Folien (zusätzlich hat Leonie auch Zeichentalent) und im Wechsel moderiert. Trotz der riesigen Menge an Teilnehmern wurden wir immer wieder aktiv miteinbezogen. Durch Fragen, zu denen wir uns selbst Notizen machten oder in den Chat Antworten schrieben.

Dort liefen dann auch immer noch Parallelunterhaltungen – und auch das kümmerte die beiden nicht. Ich kenne andere Trainer, die in dieser Frage sehr rigoros sind, konnte hier aber erleben, wie fruchtbar so ein Austausch zwischen den Teilnehmern sein kann.

Diese 15 Minuten brachten uns wirklich in Schwung, energetisch und von der Stimmung her und lieferten immer Impulse, bei denen ich oft direkt danach anfing, sie umzusetzen, etwas aufzuschreiben, etwas zu posten. Natürlich waren nicht alle Tipps neu für mich, schließlich bin ich schon über 30 Jahre im Geschäft. Trotzdem waren immer Anregungen dabei, neue oder längst vergessene. Und die Diskussionen im Chat waren wirklich lustig.

Der Austausch in der Facebook-Gruppe machte mir zusätzlich Spaß. Auch da bekam ich natürlich nicht alle Posts mit, dazu waren es zu viele, aber es wurden etliche Kontakte geknüpft, die sicher weiterbestehen werden. Hier wurden Fragen gestellt, Ergebnisse eingestellt, Webseiten zur Begutachtung verlinkt und die ersten Geschäfte untereinander abgeschlossen. So lernte ich zwei neue Tools kennen, mit denen ich nun arbeite (Wunderlist und Evernote) und vieles mehr.

Gegen Ende wurde dann der Ruf nach Treffen im RL (=Real Life) laut und die ersten Gruppentreffen wurden über Facebook in die Wege geleitet. Mainz und Köln ganz vorne. Der erste Kölner Termin wäre fast aus Versehen auf Rosenmontag gelandet, da hätten wir uns ohne großes Aufsehen tatsächlich in Schlafanzügen treffen können :-).

Es war also nicht nur ein tolles Format mit einem witzigen Titel, man bekam nicht nur jeden Tag richtig gute Tipps, es war auch gut für die Selbstmotivation. Jeden Tag eine kleine Sache zu tun, bringt einen einfach schon enorm weiter. Was aber zusätzlich noch beeindruckte, war einfach dieser Spirit, der dort entstand, diese Aufbruchstimmung, die gute Laune in der Gruppe, das gegenseitige Helfen und Inspirieren. Das ist das Besondere an solchen Online-Aktivitäten, wenn eine gute Zusammenarbeit entsteht, dann summiert sich die freigesetzte Energie enorm.

Weil der Event so erfolgreich war, war es nach Beendigung der Schlafanzug-Challenge dann auch nicht wirklich zu Ende. Es fanden und finden RL-Treffen von Gruppen in verschiedenen Städten statt und inzwischen wurde als Fortsetzung der „Morning-Star"-Club eingerichtet, mit zwei Webinaren im Monat, genau so früh, dafür aber eine Stunde lang, zu konkreten Themen mit Experten.

# Virtuelle Eröffnungsfeier einer Online-Akademie

*Eröffnungsfeier der OAZE – Online Akademie von Zamyat M. Klein*
*www.oaze-online-akademie.de/*

In monatelanger Arbeit hatte ich meine Online-Akademie komplett neu programmieren lassen, nachdem ich in den drei Jahren vorher bei diversen Online-Seminaren erlebt habe, was da noch fehlte, was ich gerne hätte, was einfach noch toll wäre. So habe ich mir meine Wunsch-Akademie basteln lassen und wollte den Neustart dann auch gebührend feiern. Und kam auf die Idee einer virtuellen Eröffnungsfeier.

Die Idee fand ich schon grundsätzlich nett, hatte mir aber zusätzlich noch einiges Besonderes ausgedacht. So zum Beispiel, mit allen Gästen live in einem Webinar zu starten und dann später, nach einigen Eröffnungsaktivitäten per Bildschirmübertragung mit ihnen gemeinsam meine neue OAZE – Online-Akademie zu besichtigen.

Natürlich war ich vorher etwas nervös, ob das auch alles so funktionieren würde, denn die Screensharing-Funktion war noch ein relativ neues Feature der Webinarplattform und erfordert auch eine gewisse Bandbreite im Netz der Teilnehmer.

Damit Sie eine konkrete Vorstellung von den unterschiedlichen Methoden und Aktivitäten bekommen, die ich geplant hatte und schließlich auch durchführte, stelle ich Ihnen meine komplette Webinarplanung mit Folien und entsprechenden Notizen vor. Sie finden sie als Download-Ressource im Netz.

Abb. Agenda der Eröffnungsfeier

## Methodisch-didaktische Erläuterungen

Es ging mir bei der Eröffnungsfeier natürlich um das gemeinsame Feiern und darum, Informationen über die Online-Akademie an interessierte Trainer zu überbringen. Aber gleichzeitig wollte ich auch zeigen, was und wie man methodisch Unterschiedliches in Webinaren machen kann. Selbst in solchen öffentlichen einmaligen Treffen.

## Visualisierung

In der Regel benutze ich drei verschiedene Layouts, die den Teilnehmern eine unbewusste Orientierung geben. Brauner Rahmen zeigt, dass es um einen Input geht, grüner Rahmen zeigt eine Übung oder Methode an, bei der die Teilnehmer aktiv werden. Zwischendurch immer eine Agenda, die zeigt, wo wir sind. Zum Abschluss erscheint noch mal eine Zusammenfassung. Vor allem für visuelle Lerner ist so eine Orientierung zwischendurch sehr wichtig.

## Abwechslung

Ganz besonders achte ich auf Abwechslung in der Art der Visualisierung. Neben „normalen" Folien mit Text gibt es immer wieder handgeschriebene Texte oder Folien mit gezeichneten Bildern oder Fotos. Eine solche Abwechslung fördert die Konzentration der Teilnehmer, vor allem, wenn sie etwas länger passiv bleiben müssen. Den Wechsel von „gedruckt" zu handgeschrieben erleben auch die Teilnehmer nach meinen Rückfragen immer als angenehm. Sie müssen dabei keine Kunstwerke zeichnen. Auch ein handgeschriebenes „Flipchart" ist schon eine schöne Abwechslung fürs Auge. Inzwischen experimentiere ich mit einem Zeichen-Tablet, das eröffnet noch einmal ganz neue Möglichkeiten in Webinaren, wenn ich Texte in Moderationsschrift schreiben kann oder live die Pozesse mitskizziere.

Zudem nutze ich (fast) nur selbst gemachte Fotos und Zeichnungen. Das erspart Kosten und Lizenzärger, aber macht das Ganze auch etwas persönlicher. So bekommen die Teilnehmer nebenbei auch ein wenig über die Trainerin mit.

## Teilnehmeraktivierung

Entscheidend ist natürlich auch, ob und wie Sie die Teilnehmer in das Webinar aktiv miteinbeziehen. Im Buch finden Sie Beispiele, dass es durchaus auch bei großen öffentlichen Webinaren möglich ist, die Teilnehmer direkt anzusprechen und zu innerer und äußerer Mitarbeit zu bewegen. In diesem Fall waren das kleine Aktionen, die aber dennoch für Abwechslung und Aufmerksamkeit sorgten.

Hier zusammengefasst:

▶ Ankreuzen, ob die Darstellungen abfotografierte Flipcharts oder DIN-A4-Blätter waren
▶ Eine Runde mit 3 Tags (Audio oder Chat)
▶ Umfrage (mit Umfrage-Tool von edudip)
▶ Namenskürzel oder ankreuzen bei „Landschaften stellen"
▶ Blume zeichnen
▶ Fragerunde

Andere Aktionen

▶ Beifall klatschen mit der Sound Machine
▶ Bildschirmübertragung und virtuelle Führung
▶ Verlosung vor laufender Webcam

Visualisierungen

▶ Agenda
▶ Folie und handgeschrieben
▶ Foto meiner Fußmatte
▶ Gemalte Sektgläser
▶ Fotos von Beduinenkännchen und türkischem Teeglas
▶ Gezeichnete Rednerbühne
▶ Foto aus einem Seminarraum
▶ Randstimulus: Deutsche Bahn

Der Höhepunkt sollte nach der Führung durch die OAZE ja die Verlosung eines Gewinns vor laufender Kamera sein. Vorher sollten die Teilnehmer eine Blume zeichnen. Genau in dem Moment, wo ich das Los vor der Webcam entfaltete, krachte das System zusammen und wir flogen alle raus – und damit war genau der Höhepunkt zunichte. Das war sehr schade – zeigt aber auch die Risiken, die man bei Online-Seminaren eben immer hat. So extrem habe ich es zwar in all den Jahren noch nicht erlebt, aber in diesem Fall war es eben so. Da konnte ich den Rest nur per E-Mail hinterherschicken und regeln, aber der Effekt war weg und die Teilnehmer hatten auch keine Gelegenheit mehr, Fragen zu stellen.

Dennoch haben die Teilnehmer einiges mitgenommen, einen kleinen Eindruck bekommen, wie die Arbeit in einem Webinar und in einem Forum aussieht und wie sich unterscheidet. Das ist nämlich offensichtlich für viele erst einmal schwer zu verstehen, wenn sie selbst noch nie an Online-Seminaren teilgenommen haben und die Erläuterungen nur auf der Webseite lesen. Erst wenn sie es selbst erlebt haben, wird es klarer.

# Online-Meditation: Der Raum der Stille

*Webinar-Reihe von Gabriele Henriette Panning*
*www.edudip.com/academy/gabriele-henriette.panning*

Gabriele Panning kannte ich virtuell aus einer gemeinsamen Fortbildung, an deren Ende wir uns auch einmal live trafen. Daher habe ich mich dann auch trotz leiser Zweifel zu einer ihrer Webinare angemeldet, nachdem mehrfach eine Einladung zum „Raum der Stille" kam.

Zunächst war ich gehörig skeptisch. Ich vertrete hier ja ständig die Haltung, dass man Neues ausprobieren und experimentieren soll, aber „Meditation am PC"? Das ging selbst mir zu weit. Wobei ich jeden Morgen Yoga mache und auch gerne wieder mehr meditieren möchte. Ich habe also gar nichts gegen Meditation, im Gegenteil. Aber das mache ich für mich alleine im Wohnzimmer. Da will ich in Ruhe sitzen und die Augen schließen. Aber in einem Webinar?

Nun ja, ich war neugierig und eines Tages klappte es dann. Das Webinar hat mich dann doch sehr verblüfft und angenehm überrascht. In die anschließende Bewertung schrieb ich bei edudip: „Eine sehr schöne Idee. Ich ... habe dabei erlebt, dass es wirklich möglich ist, auch online in eine ruhige, entspannte Atmosphäre zu kommen, für sich Dinge zu klären und sich wohlzufühlen. Ich finde solche Experimente außerordentlich kreativ und bin daher sehr begeistert. Es zeigt einfach, was (auch online) alles möglich ist, wenn man sich nur traut und die Idee dazu hat!"

## Format

Es wurde eine ganze Reihe von Meditationen angeboten, mal abends um 19:30 Uhr, mal mittags. Auch das wurde als Experiment betrachtet, um auszuprobieren, welche Uhrzeit besser ankommt oder was für welche Teilnehmer angenehmer ist. Mir erschien es unvorstellbar, mittags zu meditieren. Ich mache zwar möglichst auch Mittagspausen, aber meditativer bin ich abends, nach der Arbeit. Allerdings war mir 19:30 Uhr zu spät, ich wollte nicht bis 20:30 Uhr im Büro hocken.

## Webinar

Das Webinar begann mit einem schönen Einstiegsfoto und einigen Einstiegsworten, in denen Gabriele Panning das Thema des Treffens kurz vorstellte. Es gab immer ein konkretes Thema, eine Fragestellung, mit der sich jeder meditativ beschäftigte.

Dann fand eine kurze Übung zum Einstieg statt. Eine Atemübung oder auch eine kleine Körperübung, wo wir beispielsweise aufstehen und uns schütteln sollten. Es folgte in der Regel eine Betrachtung zum Thema, Gedanken von Gabriele zum Thema, mit entsprechenden Bildern visualisiert.

Danach dann die gemeinsame Meditation, wo jeder für sich weiter über das Thema nachsinnen oder einfach in die Stille gehen konnte. Dazu lief meditative Musik, die es manchen Teilnehmern erleichterte, sich zu entspannen und etwas abzuschalten.

Eigentlich stehe ich solchen Dingen doch eher ein wenig zurückhaltend gegenüber, da ich aus der „alten Schule" der Meditation komme, ganz ursprünglich mal Zen praktizierte. Da bedeutet Meditation Stille und Gedankenleere. Also weder Musik noch „über etwas nachdenken". Aber das muss man hier vielleicht nicht ganz so streng sehen. Das Feedback der Teilnehmer zeigte, dass es vielen gut getan hat – und das ist die Hauptsache.

Nach der Stille-Phase gab es dann noch Gelegenheit zum Austausch, was sehr unterschiedlich verlief. Mal wollten noch etliche was mitteilen, mal waren alle in so einer Stimmung, dass sie lieber nicht mehr reden wollten und das Webinar so in Stille endete.

## Resümee

Dieses Beispiel belegt, dass selbst eine Meditation per Webinar möglich ist. Dass sich Menschen in Stille verbinden – es war wirklich eine sehr nette, herzliche und auch offene Atmosphäre zwischen den Teilnehmern –, sich mit Themen befassen, die wirklich in die Tiefe führen, bereit zur Reflexion und zum Austausch sind.

Und es ist toll, dass Gabriele Panning den Mut aufbrachte, sich zu trauen, obwohl sie noch nicht viel Erfahrung mit Online-Seminaren hatte und vor allem keine Ahnung, ob und wie so etwas angenommen würde. Und da gibt es in der Tat nur einen Weg: Man muss es ausprobieren.

# Webinar-Treff für Reisebüromitarbeiter

*Zielgruppen-Webinare von Margit Heuser*
*www.edudip.com/academy/margit.heuser*

Die Webinar-Ausschreibung bei edudip lautete: „Der brandneue Online-Treff für Reisebüro-Chefs und Mitarbeiter. Hier gibt es neue Energie, Schwung, Unterstützung, Sichtweisen, Wissen, Impulse und viel interaktiven Austausch mit Gleichgesinnten. Impulsvortrag am 7. Juni zum Thema ‚Wunschkunden, wo seid Ihr?'"

Margit Heuser hat an einer meiner früheren Online-Trainer-Ausbildungen teilgenommen und sofort anschließend ihre Idee umgesetzt, Frühschicht-Webinare für Chefs und Mitarbeiter von Reisebüros anzubieten, denn genau das ist ihre Zielgruppe. Da sie in dieser Szene durch ihre Trainings wohl schon ziemlich bekannt ist, hatte sie auch sofort die Bude voll.

Sie gibt vor Arbeitsbeginn Impulse und Anregungen, aber auch die Möglichkeit zum Austausch. Ich war erfreut, auf einer der Videoaufzeichnungen zu sehen, dass sie viele Methoden aus der Ausbildung aufgegriffen und die Teilnehmer auch immer wieder aktiviert und miteinbezogen hat.

Ich möchte hier nicht im Detail auf Inhalte und Verlauf eingehen, wollte dieses Format aber auch vorstellen, als Beispiel dafür, dass es sich lohnt, ein Webinar für eine ganz spezifische Zielgruppe anzubieten, in der man schon zu Hause ist und inhaltlich an etwas anknüpfen kann.

So kann man bestehenden Kunden einen Zusatznutzen bieten und sich früheren Kunden wieder in Erinnerung bringen. Solche Webinare für eine spezifische Zielgruppe kann man außerdem nutzen, um Probleme und Bedürfnisse der Zielgruppe zu erfahren und mithilfe dieser Information konkret zugeschnittene Seminar- oder Coaching-Angebote zu entwickeln.

# Online-Party mit Entertainment-Programm

*Online-Party von Evelyne Maaß, Karsten Ritschl und Cornelia Schmidt zur Eröffnung ihrer Online-Lern-Oase*
*www.edudip.com/w/129722#description*

Die Ausschreibung bei edudip lautete wie folgt: „Wir eröffnen am 10.4. von 17-21 Uhr mit einer virtuellen Party unsere Online-Lern-Oase. Wir sind selber sehr gespannt. Dazu reichen wir Bildungshäppchen und erfrischende Gedanken, es gibt Gewinn-Chancen und ein buntes Quiz- und Entertainment-Programm. Soll mal einer sagen, dass man im Netz nicht lustvolles Lernen feiern kann! Den ‚Spielplan' und die ‚Gewinn-Chancen' findest Du unter Dokumente zum Downloaden."

### Der Webinar-Verlauf

Für eine Party sind vier Stunden natürlich nicht so viel, für ein Webinar aber schon. Obwohl ich es rundum gelungen fand, habe ich mich nach ca. zwei Stunden wieder ausgeklinkt. Es ging mir auch vor allem darum, mir ein Bild zu machen – und dazu reichte die Zeit durchaus.

Ich war nämlich rundum begeistert. Zumal ich weiß, dass Evelyne Maaß und Karsten Ritschl noch in den Anfängen ihrer Online-Laufbahn sind. Aber was sie sich da ausgedacht und akribisch-liebevoll vorbereitet hatten, das war schon großartig.

Sie haben aus der vollen Methoden-Kiste geschöpft, starteten gleich schon mit einem Film und Musik zum Einstieg. Mit vielen kleinen Aktionen bezogen sie uns Teilnehmer gleich zu Beginn ein. Es gab einen wunderbaren Mix von Zusammenkommen und Feiern, von „Bildungshäppchen", wo thematischer Input und ungewöhnliche Einlagen geliefert wurden.

Hier einige Beispiele:

**Roter Teppich und Shuffle Dance**

Zu Beginn wurde ein roter Teppich ausgerollt, auf dem wir darstellen sollten, wie lange wir schon Webinare kennen. Links die Frischlinge, rechts die alten Hasen. Ich fiel fast rechts vom Teppich :-). Es war von der Form her völlig simpel, die Idee entzückte mich aber gleich.

Dann wurde ein Video von einer Busfahrt mit Evelyne und Karsten gezeigt, die sie auf den Bahamas erlebt hatten, wo plötzlich im Bus wildes Tanzen begann. Und es folgte ein Video, wo der Shuffle Dance noch einmal präsentiert wurde und wir wurden aufgefordert, gleich mitzutanzen. Es war ja schließlich eine Fete.

**Quiz**

Nach dem ersten Bildungshäppchen zum Thema „Glück" gab es ein Quiz, bei dem wir auch etwas gewinnen konnten. Das Besondere am Quiz war für mich, dass es sehr unterschiedliche Arten von Aufgaben gab. Das wollte ich sofort für meine Arbeit adaptieren.

▶ Personen raten – Nach und nach werden immer mehr Infos zu einer Person verraten, und wer die Person errät, schreibt den Namen schnell in den Chat. Diese Person war hier als Überraschungsgast geladen und gab später ein kurzes Interview.
▶ Welche Story stimmt? – Es werden drei Storys erzählt (A-B-C), die Teilnehmer sollen den als wahr eingeschätzten Buchstaben in den Chat eintragen.
▶ Schauspieler raten – Es wird eine Filmszene gezeigt und anschließend soll geraten werden, wer der „Schauspieler" der Szene war. Den Namen dann in den Chat eintragen. Es war in diesem Fall Anthony Robbins.
▶ Sänger raten – Es wird ein Filmausschnitt von einem Mann mit Gitarre gezeigt, der ein Lied singt. Wieder soll die Antwort in den Chat geschrieben werden. Die gesuchte Person war Marshall Rosenberg
▶ Buchstabensalat – Aus einer Menge an vorgegebenen Buchstaben soll ein möglichst langes Wort entwickelt werden. Wir hatten eine Minute Zeit, um unsere Antwort in den Chat zu schreiben.

**Stuhl-Tango**

Da „Stuhl-Tango" positiver klingt als „50+", hatte Evelyne die Aktion kurzerhand so umbenannt. Ich biete ja auch Yoga am PC an, aber ihre auf einem Video festgehaltene Darbietung hat mich sehr beeindruckt. Sehr stilvoll, fast tänzerisch führte sie dort zu Musik Übungen vor und lud uns ein, direkt mitzumachen. Die Erklärungen brachte sie dann live während des Webinars – auch eine interessante Möglichkeit.

Es fand noch eine Fantasiereise mit Musik statt, ein weiterer Tanz, wir konnten uns in ein Gästebuch eintragen und viele andere Ereignisse mehr. Wir haben oft etwas aufs Whiteboard schreiben oder auch zeichnen können, was ja bei vielen Webinaren schon selten ist. Aber gemeinsam tanzen und Yoga machen – das habe ich zum ersten Mal erlebt und das hat mich als Kinästhetin natürlich hoch erfreut. Alles in allem ein rundum gelungenes Online-Event und ein toller Mutmacher, einige der bunten Möglichkeiten, die ein Webinar zu bieten hat, selbst auszuprobieren.

# Stichwortverzeichnis

Zamyat M. Klein: 150 kreative Webinar-Methoden